suhrkamp taschenbuch
wissenschaft 1571

W0172772

Der Dialog zwischen den Natur- und den Kulturwissenschaften hat in den vergangenen Jahren an Intensität gewonnen, wobei die Hirnforschung einen zentralen Platz in der disziplinenübergreifenden Diskussion einnimmt. Es sind die mit der Hirnforschung verbundenen Fragen nach Bewußtsein, Identität und Selbstbestimmtheit des Menschen, denen sich der vorliegende Aufsatz widmet. Der Autor führt in das Feld der Neurobiologie ein und zeigt zugleich Chancen und Grenzen des Forschungsgebietes auf. Dabei entstehen zahlreiche Anknüpfungspunkte an die geisteswissenschaftliche Diskussion.

Wolf Singer ist Direktor am Max-Planck-Institut für Hirnforschung in Frankfurt am Main. Von ihm ist weiterhin bei Suhrkamp erschienen: *Ein neues Menschenbild? Gespräche über Hirnforschung*, 2003 (stw 1596).

Wolf Singer
Der Beobachter im Gehirn

Essays zur Hirnforschung

Suhrkamp

Bibliografische Information der Deutschen Nationalbibliothek
Die Deutsche Nationalbibliothek verzeichnet diese Publikation
in der Deutschen Nationalbibliografie;
detaillierte bibliografische Daten sind im Internet über
http://dnb.d-nb.de abrufbar.

suhrkamp taschenbuch wissenschaft 1571
Erste Auflage 2002
© Suhrkamp Verlag Frankfurt am Main 2002
Suhrkamp Taschenbuch Verlag
Druck: Druckhaus Nomos, Sinzheim
Printed in Germany
Umschlag nach Entwürfen von
Willy Fleckhaus und Rolf Staudt
ISBN 978-3-518-29171-9

7 8 9 10 11 12 – 12 11 10 09 08 07

Inhalt

Vorwort

Die in diesem Band versammelten Texte verbindet kein Rahmenthema. Sie sind keine konzentrischen Annäherungsversuche an bestimmte Probleme und entfalten keine argumentativen Synergismen. Sie wurden nicht verfaßt, um in Abfolge gelesen zu werden. Was sie eint, ist das Anliegen, in Verschiedenem nach Bezügen zu suchen. Dahinter steht die Vermutung, daß die Phänomene der erfahrbaren Welt aus einem kontinuierlichen, evolutionären Prozeß hervorgegangen sind und deshalb trotz aller Unterschiede nicht gänzlich unverbunden sein können. Wir erfahren die Welt seit jeher auf vielfältige Weise, und die Bilder, die unsere Sinne vermitteln, decken sich nicht immer mit den Interpretationen, zu denen wir durch Experimentieren und Nachdenken gelangen. Durch die Ausweitung der analytischen Ansätze der Naturwissenschaften auf das Lebendige wurden diese Unterschiede zwischen subjektiver Welterfahrung und wissenschaftlichen Beschreibungssystemen besonders deutlich. Oft aber verweisen die naturwissenschaftlichen Erklärungsmodelle auch auf Gemeinsamkeiten, die unserer Primärerfahrung nicht zugänglich sind. Was uns als verschieden erscheint, beruht nicht selten auf denselben Prinzipien. Zu untersuchen, wie sich die Aussagen einer Wissensdisziplin, hier der Hirnforschung, zu anderen, lebensweltlichen Erfahrungsbereichen verhalten, ist das Anliegen der hier zusammengestellten Texte. Es handelt sich um eine Auswahl von Manuskripten, die meist in der Folge von Vorträgen entstanden sind. Mein Dank gilt deshalb den Initiatoren, die mich zu den interdisziplinären Veranstaltungen einluden und dazu brachten, das Gesagte zu Papier zu bringen.

Ein Literaturverzeichnis befindet sich am Ende des Bandes.

Auf dem Weg nach innen

50 Jahre Hirnforschung in der Max-Planck-Gesellschaft

Die Erforschung des menschlichen Gehirns ist ein eigentümliches, weil letztlich zirkuläres Unterfangen. Ein kognitives System versucht sich selbst zu ergründen, indem es sich im Spiegel naturwissenschaftlicher Beschreibungen betrachtet. Solange es nur um Erklärungsmodelle für sensorische oder motorische Leistungen geht, die sich auch an Tieren studieren lassen, gleichen die erkenntniskritischen Fragen denen der übrigen Wissensdisziplinen. Ganz anders jedoch, wenn es Ziel ist, Erklärungen für jene mentalen und psychischen Funktionen zu finden, die den Menschen ausmachen; wenn es um Erklärungsmodelle für die kognitiven Leistungen geht, die den Übergang von der biologischen zur kulturellen Evolution ermöglichten; wenn die Frage beantwortet werden soll, ob wir erklären können, wie aus dem Zusammenspiel von Nervenzellen, von materiellen Bausteinen also, mentale Phänomene hervorgehen – Gefühle, Gedanken, Erinnerungen, Aufmerksamkeit und Intentionen –, kurzum, wenn erklärt werden soll, wie Bewußtsein in die Welt kommt.

Die moderne Hirnforschung ist dabei, mit ihren analytischen Werkzeugen in diese innersten Sphären des Menschseins vorzudringen. Das Fortschreiten auf diesem Weg bewirkt tiefgreifende Veränderungen unseres Menschenbildes, folgenreichere vielleicht als die kopernikanische Wende und die Darwinsche Evolutionstheorie. Denn diesmal werden nicht mehr nur unser Ort im Kosmos und unsere biologische Bedingtheit hinterfragt, sondern die Begründung unserer Selbstwahrnehmung als freie, geistige Wesen. Dürfen wir diesen Weg weitergehen? Was gewinnen oder verlieren wir, wenn wir beschließen, innezuhalten? Können wir überhaupt noch innehalten, und wie, überhaupt, sind wir soweit gekommen, uns dieser Frage stellen zu müssen? Um Antworten auf diese drängenden Fragen vorzubereiten, ist es nützlich, die Motive und Mechanismen zu benennen, die das Fortschreiten bewirkt haben.

Da sich die Max-Planck-Gesellschaft als eine der institutionellen Verwalterinnen eben jenes Fortschreitens versteht, sollten Antworten in ihrer Geschichte zu finden sein – und da sie Geburtstag hat,

will ich ihr die Lehren zum Geschenk machen, die ich als historischer Laie aus der Geschichte ihrer Hirnforschungsinstitute zu ziehen vermag.

Bis vor wenigen Dekaden war die Hirnforschung fast ausschließlich Domäne der Medizin. Diese war es auch, die mit besonderer
Eindringlichkeit auf die materielle Bedingtheit mentaler Phänomene verwies und die Gegenthese zu herrschenden, dualistischen Positionen einforderte. Die Beobachtung von Patienten lehrte, daß Verletzungen des Gehirns mit selektiven Funktionsausfällen einherge-
hen, welche die höchsten kognitiven Leistungen mit einschließen.
Läsionen können blind, taub, vergeßlich, antriebs- oder sprachlos
machen oder zum Verlust der Fähigkeit führen, den emotionalen
Ausdruck von Gesichtern zu erkennen, Freude und Trauer zu empfinden oder zwischen diesen Emotionen zu unterscheiden. Hirnor-
ganische Veränderungen können sogar die Symptome psychiatri-
scher Krankheitsbilder hervorrufen, tiefste Depressionen oder kognitive Störungen, die zuweilen bis zum wahnhaften Verkennen der
Wirklichkeit und zum Zerfall der Selbstwahrnehmung führen. Auf
die organische Verursachung psychischer Phänomene verwiesen
auch die Wirkung von Rauschgiften und die Vererblichkeit psychia-
trischer Erkrankungen.

Die Mediziner waren also mit den engen Bezügen zwischen Gehirn und Psyche aufs beste vertraut, als sie sich zu Beginn dieses
Jahrhunderts daran machten, das kranke Gehirn systematisch zu
erforschen. Ob sie diese Einsichten mit herrschenden philosophischen und religiösen Überzeugungen in Konflikt sahen, geht aus
den Quellen, die mir zur Verfügung standen, nicht hervor. Die
Kollegen aus den geisteswissenschaftlichen Disziplinen schienen
sich jedenfalls wenig mit diesen beunruhigenden Beobachtungen
befaßt zu haben. Warum auch? Die Überzeugung, daß mentale
Phänomene einen anderen ontologischen Status beanspruchen als
biologische, hat sich unangefochten in allen abendländischen
Denkmodellen behauptet. Zudem entspricht sie voll und ganz unserer Selbsterfahrung. Die beobachtete Abhängigkeit psychischer
Phänomene von Hirnprozessen vermochte diese Position nicht zu
erschüttern, da nicht erklärbar war, wie das eine das andere hervorbringen könnte. Noch 1872 prognostizierte Du Bois-Reymond anläßlich einer Festrede auf der Tagung der Naturforscher und Ärzte:
»Ich werde jetzt, wie ich glaube, in sehr zwingender Weise dartun,
daß nicht alleine bei dem heutigen Stand unserer Kenntnis das

Bewußtsein aus seinen materiellen Bedingungen nicht erklärbar ist, was wohl jeder zugibt, sondern auch, daß es der Natur der Dinge nach aus diesen Bedingungen nie erklärbar sein wird.« Sein berühmtes: »Ignorabimus«. Doch in der Medizin dominierte damals wie heute die Pragmatik, und diese sollte auch das Programm der zukünftigen Hirnforschung diktieren. Emil Kraepelin, der Gründer der Deutschen Forschungsanstalt für Psychiatrie in München, dem späteren MPI für Psychiatrie, formulierte das Programm so: »Unter den naturwissenschaftlich-medizinischen Aufgaben … dürfte es nicht allzuviele geben, die für das Wohl und Wehe des Menschen eine ähnliche Tragweite besitzen wie die Erforschung der Ursachen und des Wesens der Geistesstörungen. Die Tatsache, daß wir als Träger der seelischen Leistungen das Gehirn anzusehen berechtigt sind, … würde an sich schon genügen, um jedem Fortschritte in der Erkenntnis dieser Zusammenhänge größte Bedeutung zu sichern.«

Die Kühnheit dieser Vision läßt sich erst ermessen, wenn man die damals konkurrierenden Konzepte bedenkt und die aus unserer Sicht äußerst bescheidenen Werkzeuge in Betracht zieht.

Breuer hatte durch den Erfolg seiner Gesprächstherapie, die er an Berta Pappenheim, alias Anna O., erprobte, den Nachweis erbracht, daß sich schwere psychische Störungen ohne Eingriffe in somatische Prozesse auflösen lassen. Es genügte offenbar, dem Patienten die verursachenden psychischen Verletzungen im Kontext bewußten Erlebens erfahrbar zu machen. Anna O. litt an Hysterie, einer damals häufigen neurotischen Erkrankung, die sich in dramatischen psychischen und körperlichen Symptomen äußert. Damit war die Antithese zu Kraepelin formuliert. Nicht organische Prozesse, so Freud, waren die Verursacher psychischer Erkrankungen, sondern seelische Traumata, nicht die biologischen Erblasten, sondern die psychischen Verletzungen, erlitten in der empfindlichen Phase der Ich-Konstitution – Psychosen und Neurosen als Fehlleistungen der kulturellen, nicht der biologischen Evolution. Folgerichtig suchten nicht wenige Psychiater, auch solche mit schulmedizinischer Ausbildung, ihre Rückbindung in den Geistes- und Kulturwissenschaften. In weiten Bereichen der Psychiatrie mutierte der medizinische Diskurs zu einem philosophischen. Umgekehrt griffen die Geisteswissenschaften die tiefenpsychologischen Denkfiguren mit Verve auf. Karl Jaspers und Jacques Lacan, beide Psychiater, aber auch Binswanger, Merleau-Ponty und sogar Martin Heidegger verdienen in diesem Kontext Erwähnung. Die Gegenposition zur biologischen Psychiatrie war aus mehreren Gründen attraktiv: Sie erwies sich als vereinbar mit philosophischen Traditionen, sie entsprach dem Bedürfnis, Psychisches nicht mit Stofflichem verbunden zu sehen – und sie wies offenbar den Weg zu therapeutischen Erfolgen. Für geraume Zeit, und dies schließt die Jahre nach dem 2. Weltkrieg, und damit die Geburtsstunde der Max-Planck-Gesellschaft (MPG) durchaus noch mit ein, war nicht entschieden, ob die Psyche samt ihren Erkrankungen den Geistes- oder den Naturwissenschaften zugeschrieben werden sollte.

Was also wußten und konnten die Hirnforscher zu Beginn dieses Jahrhunderts, als Oskar Vogt das Kaiser-Wilhelm-Institut für Hirnforschung in Berlin-Buch und Emil Kraepelin die Deutsche Forschungsanstalt für Psychiatrie in München, die ersten Hirnforschungsinstitute der Welt, gründeten? Wie das Evolutionsdiagramm (Seite 22/23) ausweist, waren diese Institute die direkten Vorläufer der ersten eigenen Hirnforschungsinstitute der MPG.

Das Kraepelinsche Institut war 1966 zum MPI für Psychiatrie geworden, das Berliner Hirnforschungsinstitut, vor dem Krieg das weltweit größte, wurde, als sich der Zusammenbruch ankündigte, abteilungsweise in den Westen verlagert. Keine Universität war in der Lage, dieses Institut insgesamt aufzunehmen und so fanden die durch Krieg, Emigration und politische Verfolgung dezimierten Abteilungen Zuflucht in Göttingen, Marburg, Gießen, Dillenburg, Wuppertal und Köln. In ihrer Gesamtheit wurden sie dann zum MPI für Hirnforschung zusammengefaßt, blieben aber räumlich getrennt, bis eine erste Konzentration 1962 mit dem Neubau des MPI für Hirnforschung in Frankfurt erfolgte. Dieses und das später verselbständigte MPI für neurologische Forschung in Köln-Mehrheim sind also direkte Nachkommen des Berliner Instituts.

Die Werkzeuge zur Erforschung des Gehirns beschränkten sich zu Beginn des Jahrhunderts auf das Seziermesser und das Lichtmikroskop. Und das sollte bis in die frühen 50er Jahre, über die Gründung der ersten Max-Planck-Institute hinaus, so bleiben. Während dieser Zeit posieren Direktoren von Hirnforschungsinstituten für die Nachwelt über Mikroskope gebeugt. Erkennbar war also nur, was sich dem Auge post mortem rei erschließt: daß Nervenzellen höchst unterschiedliche, oft bizarre Formen annehmen können, daß sie spezifische Affinitäten für Farbstoffe aufweisen, daß sie miteinander auf verwirrend komplexe Weise vernetzt sind, und daß Gehirne eine stereotype, hochdifferenzierte Organisation aufweisen, die der von Tieren auf frappierende Weise gleicht. Naturgemäß waren auch pathologische Veränderungen nur dann erkennbar, wenn sie sich über den Tod hinaus in Strukturänderungen manifestierten. Solange die Patienten lebten, mußten die Bezüge zwischen Läsionsart und Funktionsausfall hypothetisch bleiben. Zwar war bekannt, daß Nervenzellen elektrisch erregbar sind, und man vermutete zu Recht, daß Hirnleistungen auf der Verarbeitung von elektrischen Signalen beruhen, doch fehlten die elektronischen Techniken, um die Aktivität von Nervenzellen im intakten Gehirn zu registrieren. Bis diese Verfahren zur Verfügung standen – sie wurden erst in den 50er Jahren Routine und zu einer der wichtigsten Erkenntnisquellen in der Hirnforschung –, blieb der Weg zur Analyse neuronaler Verarbeitungsprozesse versperrt. Die einzig meßbaren Manifestationen der elektrischen Vorgänge im Gehirn waren die von Hans Berger in den 30er Jahren entdeckten Hirnströme, globale Potentialschwankungen, die von der Kopfhaut abgeleitet werden können. Doch die Messung dieser Ströme blieb unergiebig, da ihre Herkunft ungeklärt war. Alois Kornmüller, der mit seiner Abteilung von Berlin-Buch nach Göttingen umgezogen war, gilt als einer der Pioniere der Hirnstromregistrierung. Gemeinsam mit Schwarzer konstruierte er den ersten einsatzfähigen Elektroenzephalographen und konnte damit die Ströme fortlaufend registrieren. Sie zeigten eine frappierende Abhängigkeit von Aufmerksamkeitsschwankungen und vom Schlaf-Wach-Zyklus, hatten also offensichtlich mit den Verarbeitungsprozessen im Gehirn zu tun. Man wußte sich auf der richtigen Fährte, doch solange die Herkunft dieser Signale unbekannt war, erklärten sie wenig mehr als die schlichte Verhaltensbeobachtung. Erst den Schülern von Alois Kornmüller, Manfred Klee am MPI in Frankfurt und Hans Dieter Lux, zusammen mit Otto Creutzfeldt am MPI für Psychiatrie, gelang es in den 60er Jahren mit Experimenten an narkotisierten Tieren, die Herkunft der Hirnströme zu klären: Sie gehen auf die Aktivität von Nervenzellen in der Großhirnrinde zurück. Jetzt waren die Signale interpretierbar, und die Elektroenzephalographie konnte sich zu einem für Forschung und Klinik gleichermaßen unverzichtbaren Meßinstrument fortentwickeln.

Die methodischen Begrenzungen in der Vergangenheit verweisen auf ein Dilemma, das für die Hirnforschung zunehmend schmerzlicher wurde und ihre Befindlichkeit bis weit in die Gründerjahre der MPG hinein prägen sollte. Die Forscher erbrachten zwar einen Beweis nach dem anderen dafür, daß neurologische Erkrankungen und wohl auch die meisten psychischen Störungen auf pathologischen Vorgängen im Gehirn beruhen, scheiterten jedoch an der Herausforderung, kausale Erklärungsmodelle zu erarbeiten und auf deren Basis wirksame Therapien zu entwickeln. Wie bedrängend die Situation empfunden wurde, bezeugt der heroische Selbstversuch von Kornmüller: Er ließ sich von seinem Kollegen Wilhelm Tönnis, dem Leiter der neurochirurgischen Abteilung des MPI für Hirnforschung, ein Loch in die Schädeldecke bohren, um eine seiner Elektroden möglichst nahe ans Gehirn zu bringen.

Uns ist solches Insistieren fremd, doch es mag symptomatisch gewesen sein für die Befindlichkeit einer sich überfordernden Wissensdisziplin. Sie hatte sich der Lösung dringlicher medizinischer Probleme verschrieben, eine Fülle wichtiger Entdeckungen vorzuweisen, aber sie vermochte das selbstverfügte Ziel nicht zu erreichen, direkt anwendbare Erkenntnisse zu generieren. Falls die Hypothese zutrifft, daß es frustrierte Wissensdisziplinen gibt und daß diese ihre Akteure zu extremen Taten drängen können, muß uns dies aus zwei ernsten Gründen interessieren. Zum einen, weil wir verpflichtet sind, soweit uns dies möglich ist, herauszufinden, wie es geschehen konnte, daß sich auch Hirnforscher aus Instituten der Kaiser-Wilhelm-Gesellschaft aktiv an Eugenik- und Euthanasieprogrammen beteiligten, und warum diejenigen, die nicht daran teilnahmen, sich diesen Angriffen auf den Menschen und seine Würde nicht widersetzten; zum anderen, weil uns daran gelegen sein muß, das, was wir uns heute an Eingriffen zugestehen, im antizipierten Rückblick unserer Nachfolger zu reflektieren. Ich bin nicht kompetent, und es ist dies auch nicht der Ort, um im Einzelfall die notwendige Ausdeutung möglicher Motive vorzunehmen, zu unterscheiden zwischen korruptem Verhältnis zu Macht und Politik, dem Einfluß wahnhafter Rassenideologien, dem schleichenden Verfall der Achtung vor dem Mitmenschen und den medizinisch-wissenschaftlichen Ambitionen. Aber was letztere betrifft, so mag es lohnend sein, auch die forschungsimmanenten Bedingtheiten und die damit verbundene Selbstwahrnehmung der Hirnforscher zu untersuchen. Es wäre wichtig zu wissen, inwieweit sie die heute offensichtliche Diskrepanz zwischen Anspruch und Vermögen bewußt erfahren oder verdrängt haben. Zu hinterfragen ist auch die unterschiedliche Bewertung des Kreatürlichen, hatte doch das gleiche

Regime, das Menschenmord legitimierte, das weltweit erste Gesetz zum Schutz von Tieren erlassen. Ein kritischer historischer Zugriff wird auch dies aufzuarbeiten haben.

Als Sprößlinge der KWG-Institute blieben die Hirnforschungsinstitute der jungen MPG zunächst den traditionellen Forschungsansätzen treu. Damit erfüllten sie zwar eine bedeutende Funktion als Statthalter der biologisch orientierten Psychiatrie – die meisten psychiatrischen Lehrstühle hatten damals Vertreter tiefenpsychologischer und Daseins-analytischer Ausrichtung inne –, blieben jedoch mit den gleichen Problemen konfrontiert wie die KWG-Institute. Die biologische Psychiatrie hatte empirische Argumente, aber nach wie vor keine überzeugenden Erklärungsmodelle. Der couragierte Versuch, das erkrankte menschliche Gehirn zum Forschungsgegenstand zu machen, um auf diesem direkten Wege möglichst schnell zu therapeutisch verwertbaren Erkenntnissen zu gelangen, erwies sich als zu schwierig. Dieser Weg führte zwar zu einer geradezu enzyklopädischen Sammlung pathologischer Befunde – jeder, der eines dieser Institute besucht hat, weiß, welchen zentralen Raum diese Präparatesammlungen einnahmen –, erlaubte aber nur in Ausnahmefällen die Aufklärung funktioneller Zusammenhänge. Erst seit wenigen Jahren, seit moderne molekularbiologische Ansätze zur Verfügung stehen, erbringen diese Sammlungen die Früchte, die die Neuropathologen seinerzeit nicht zu ernten vermochten.

Ein Paradigmenwechsel war also notwendig, und eine bemerkenswerte Pioniertat von Horst Jatzkewitz in den 60er Jahren signalisierte, daß er bereits eingeleitet war. Jatzkewitz, Direktor am MPI für Psychiatrie, gelang es, die Ursache einer erblichen, zu Debilität führenden degenerativen Erkrankung, der von Willibald Scholz am gleichen Institut entdeckten Form der metachromatischen Leukodystrophie, aufzuklären. Ein angeborener Enzymdefekt führt hier zur Ansammlung von Lipidmolekülen, die sich im Gewebe anreichern und Nervenzellen abtöten.

Was war das Neue? Ein Biochemiker, nicht ein Arzt oder Pathologe, hatte sich an die Erforschung des Schwachsinns gemacht. Als Modell wählte er ein Krankheitsbild, das äußerst selten, klinisch also wenig relevant ist, aber mit besonders auffälligen strukturellen Veränderungen einhergeht – er suchte also, wo Licht war, und nicht dort, wo die dringlichsten klinischen Probleme lagen. Und er suchte mit methodischem Rüstzeug, das in einer anderen Wissensdisziplin für gänzlich andere Fragestellungen entwickelt worden war. Es waren die in Tierversuchen gewonnenen Erkenntnisse über Enzyme des Fettstoffwechsels, die zur Aufklärung der Ursachen einer Form erblichen Schwachsinns beim Menschen führten.

Dem Jatzkewitzschen Forschungsansatz folgend, ist es inzwischen gelungen, die Ursachen nahezu aller degenerativen Speicherkrankheiten des Nervensystems aufzuklären und für jene, die erblich sind, die verantwortlichen Gene zu identifizieren. Die Ursachen der Alzheimerschen Erkrankung wurden über eine ähnliche Forschungsstrategie geklärt, allerdings mit modernen, molekularbiologischen Verfahren. Auch hier führt die Anreicherung von Stoffwechselprodukten, in diesem Fall von Eiweißmolekülen, zum Tod von Nervenzellen im Gehirn.

Ich wählte dieses Beispiel aus dem MPI in München, weil es den Übergang in eine neue Epoche der Hirnforschung mit besonderer Klarheit markiert, den Übergang in eine Epoche, die ich wegen ihrer außerordentlichen Erkenntnisträchtigkeit als das Goldene Zeitalter der Hirnforschung apostrophieren möchte.

Thomas S. Kuhn folgend könnte man anführen, der Paradigmenwechsel habe sich vollzogen, weil die Gründerväter der Hirnforschung abtraten, jene Generation, die sich, der Kraepelinschen Vision verpflichtet, auf die Erforschung des kranken Gehirns konzentriert hatte. Dieser Generationenwechsel mag den Übergang erleichtert haben, greift als Erklärung aber zu kurz. Aufschlußreicher sind die Fachausrichtungen der Nachfolger und besonders die methodischen Entwicklungen. Nicht wenige der Neuberufenen kamen aus nicht-medizinischen Disziplinen oder hatten zumindest ihr Handwerkszeug von anderen Wissenschaftszweigen entlehnt. Die Neuropathologie war zwar nach wie vor tragende Säule der Institute in München und Frankfurt, aber sie hatte sich neue Aufgaben gestellt. In Berlin hatte Ruska das Elektronenmikroskop erfunden und am Fritz-Haber-Institut der Max-Planck-Gesellschaft für biologische Präparate tauglich gemacht. Damit eröffnete sich den Anatomen und Pathologen eine faszinierende, nie geschaute Welt. Nur – der Blick auf menschliches Hirngewebe blieb getrübt, weil es nicht möglich war, Gewebe von Verstorbenen so zu konservieren, daß die jetzt potentiell sichtbaren Feinstrukturen erhalten blieben. Folglich verlagerte sich das Interesse der anatomisch arbeitenden Hirnforscher auf die Untersuchung von Tiergehirnen. Die Forschung beschränkte sich also auf das Mögliche und klammerte die unlösbaren klinischen Probleme zunächst aus. Die experimentelle

Neuroanatomie, eine primär am Gesunden interessierte Disziplin, zog wieder in die Hirnforschungsinstitute ein und ergänzte die Neuropathologie, nachdem sie von dieser 50 Jahre vorher verdrängt worden war.

Zunächst das Normale zu ergründen, hatte sich auch die Neurophysiologie vorgenommen, ein neuer Zweig der Physiologie, der sich dank der Fortschritte im Bereich der Elektrotechnik rasch entwickeln konnte. In Frankfurt wurde Rolf Hassler berufen. Er war Neurologe und Psychiater, hatte aber bei Walter Heß in Zürich gelernt und mit Tieren experimentiert. Heß hatte bewiesen und dafür 1949 den Nobelpreis erhalten, daß sich durch elektrische Reizung ausgewählter Hirnstrukturen in hochselektiver Weise Verhaltensmuster auslösen ließen – und zwar nicht nur Bewegungsfragmente, sondern Vollbilder emotionaler Reaktionen wie Furcht und Flucht oder Aggression und Angriff. Hasslers Anliegen waren seit seiner Promotion bei Oskar Vogt die Bewegungsstörungen, Parkinson und Chorea Huntington, beides Erkrankungen mit erblicher Disposition. Wie die meisten Hirnforscher der zweiten Generation war er überzeugt, daß dem Verständnis von Störungen die Kenntnis des Normalen vorausgehen mußte, und er konnte sich diese Überzeugung leisten, da ihm erstmals die erforderlichen Methoden zur Verfügung standen. Bastlern in aller Welt, so auch J. F. Tönnies, dem einstigen Elektronikingenieur von Kornmüller, war es inzwischen gelungen, Elektroden anzufertigen, mit denen sich die elektrische Aktivität einzelner Nervenzellen im Gehirn messen ließ. Der Signalaustausch zwischen Nervenzellen konnte verfolgt, die Sprache der Neuronen aufgezeichnet werden. Naturgemäß war auch diese neue Methode wegen der erforderlichen operativen Eingriffe nur im Tierversuch anwendbar. Diese Beschränkung wiederum zog die systematische Untersuchung der Anatomie tierischer Gehirne nach sich, weil die elektrophysiologischen Methoden ohne profunde Kenntnis der anatomischen Gegebenheiten nicht hätten genutzt werden können.

Am MPI für Psychiatrie in München vollzog sich der gleiche Paradigmenwechsel. Wir befinden uns bereits tief in den 60er Jahren. Auch hier blieb die Neuropathologie unter Gerd Peters zunächst bestimmend, entwickelte sich aber unter dem Einfluß der Elektronenmikroskopie und der Biochemie – ich erwähnte das Beispiel Jatzkewitz – immer mehr zu einer experimentellen Disziplin. Die Klinik wurde Detlev Ploog übertragen; er war Psychiater, aber er hatte bei McLean in Bethesda in Tierversuchen über die zentral-nervöse Steuerung sexueller bzw. reproduktiver Verhaltensweisen gearbeitet. Überzeugt, daß psychiatrische Erkrankungen eng mit Störungen kommunikativen Verhaltens verbunden sind, nahm er sich vor, die neuronalen Grundlagen des Sozialverhaltens bei Primaten zu untersuchen. Zur gleichen Zeit kam Otto Creutzfeldt nach München. Auch er war Neurologe und Psychiater, hatte aber bei Richard Jung in Freiburg die kapriziöse Kunst erlernt, die Aktivität von Nervenzellen der Hirnrinde narkotisierter Tiere zu registrieren. Sein Plan war, die funktionelle Organisation jener Hirnstrukturen zu analysieren, die kognitiven Leistungen zugrunde liegen. Wie seinen charismatischen Lehrer, den Pionier der Elektrophysiologie in Deutschland, faszinierte ihn der Gesichtssinn. Doch er war, und wie wir heute wissen, zu Recht, davon überzeugt, daß aufgefundene Funktionsprinzipien auf alle anderen Sinnessysteme übertragbar sein würden.

Die Zusammenführung dieser, von ihrer Ausrichtung her so verschiedenen Forscherpersönlichkeiten war damals eine richtungsweisende Pioniertat der MPG. Um so mehr, als dem Klinischen Institut zusätzlich eine psychologische Abteilung unter Brengelmann und sogar eine psychoanalytisch-tiefenpsychologisch ausgerichtete Forschungsstelle unter Paul Matussek angegliedert wurde. Die Fruchtbarkeit dieser Mischung klassischer medizinischer Fachrichtungen mit experimentellen Disziplinen der biologischen Grundlagenforschung belegen nicht nur die Forschungsergebnisse, deren Fülle und Vielfältigkeit wegen auf die Lektüre der Jahrbücher verwiesen sei. Ebenso aufschlußreich sind die Curricula von Forscherpersönlichkeiten, die in der Kraepelinstraße gelernt hatten. Mehr als 20 wissenschaftliche Mitglieder und Direktoren von Max-Planck-Instituten haben entscheidende Jahre vor ihrer Berufung am Institut in München verbracht. Allein die Abteilung Creutzfeldts hat in den Jahren 1966 bis 1972 mindestens neun zukünftige Ordinarien ausgebrütet, ferner sieben Max-Planck-Direktoren, von denen zwei, Bert Sakmann und Erwin Neher, für die Arbeiten, die sie später am neugegründeten MPI für biophysikalische Chemie vollendeten, mit dem Nobelpreis ausgezeichnet wurden. Sie hatten eine Ableitetechnik erfunden, mit der es ihnen erstmals gelang, die Aktivität einzelner Ionenkanäle in der Membran von Nervenzellen sichtbar zu machen. Diese Methode hat die Zellbiologie revolutioniert.

Die Gründe für die außerordentliche Erkenntnisträchtigkeit der neuen Ansätze lassen sich im Rückblick leicht ausmachen: Verzicht auf die Bearbeitung von Problemen, für die kein gangbarer Lösungsweg erkennbar ist, auch wenn sie noch so dringlich scheinen; geduldige Erforschung von Prinzipien statt forcierter Suche nach therapie- bzw. anwendungsrelevanten Ergebnissen; und die Bearbeitung von Modellsystemen, an denen sich die vermuteten Prinzipien besonders leicht erforschen lassen, unabhängig davon, ob direkte Bezüge zu medizinischen Problemen erkennbar sind. Kurzum: Dort zu suchen, wo Erkenntnisse und Durchbrüche wahrscheinlich sind, und nicht dort, wo zwar drängende Probleme ihrer Lösung harren, aber keine bearbeitbaren Hypothesen formuliert werden können. Unschwer läßt sich feststellen, daß just dies die Merkmale von Grundlagenforschung sind: Das Eingeständnis von Nichtwissen, das Bekenntnis zum Eigenwert von Erkenntnis, und schließlich der Mut, Wege zu gehen, für die sich nicht angeben läßt, zu welchem Ziel sie führen.

Dem für die Zukunft blinden Betrachter muß vieles von dem, was die Kollegen damals taten, als reines Spiel aus Neugier erschienen sein: die Untersuchung von Ionenkanälen an Nervenzellen von Schnecken (Lux), die Analyse der funktionellen Architektur der Hirnrinde von Katzen (Creutzfeldt), die Identifikation synaptischer Überträgerstoffe in entlegenen Bereichen des Gehirns von Ratten (Herz) und die Verfolgung des Transports von Eiweißmolekülen im überlangen Riechnerv des Hechtes (Kreutzberg). Nach dem Sinn des Tuns gefragt, hätten die Forscher kaum anders antworten können als: weil sich mit der Klärung dieser oder jener Frage Hoffnungen für das Verständnis gewisser Funktionsprinzipien verbinden. Es wäre in der Tat vermessen gewesen, hätten die Antworten auf konkrete Anwendungen, wie etwa die Entwicklung therapeutischer Verfahren, verwiesen. Erst im Rückblick wird erkennbar, wozu die Suche gut war. Ein Beispiel soll genügen: Die weitgehende Aufklärung der Ursachen von epileptischen Anfällen und die daraus resultierenden medikamentösen und operativen Behandlungsmethoden verdanken sich den grundlegenden Erkenntnissen, die in Untersuchungen der oben geschilderten Art gewonnen wurden. Durch sie wurde einsichtig, warum die Erregung von Nervenzellen in Krämpfen eskalieren kann.

Auch konnten jetzt erstmals präzise und testbare Hypothesen über die Funktionsabläufe im Gehirn formuliert werden. Die Neurophysiologen in der Kraepelinstraße folgten dem Fluß neuronaler

Signale und drangen, von den Sinnesorganen ausgehend, in die inneren Hirnbereiche vor, wo sie das Substrat von Wahrnehmungsleistungen zu entschlüsseln hofften. Experimentatoren in Frankfurt, die sich für die Steuerung von Bewegungen interessierten, wählten den umgekehrten Weg und arbeiteten sich von den motorischen Zentren im Rückenmark zu den Gehirnregionen zurück, in denen Bewegungen initiiert und programmiert werden. Inzwischen sind sich die beiden Forschungsansätze, die längst weltweit mit großer Intensität verfolgt werden, begegnet. Heute ist nachvollziehbar, wie sensorische und motorische Prozesse ineinandergreifen, wenn wir ein Objekt mit den Augen verfolgen oder nach ihm greifen. Entsprechend konkret sind auch die Vorstellungen darüber, auf welchen Fehlfunktionen Störungen dieser Koordinationsleistungen beruhen. Die operativen und medikamentösen Therapien von Bewegungsstörungen, etwa der Parkinsonschen Erkrankung, beruhen ebenso auf diesem Wissen wie die modernen Rehabilitationsverfahren. Heute bezieht dieser systemphysiologische Erklärungsansatz auch die höchsten kognitiven Leistungen wie Sprache, Gedächtnis und Aufmerksamkeit mit ein und wird in mehreren der jüngeren Max-Planck-Institute verfolgt. Im Diagramm auf Seite 22/23 sind diese grün markiert. Ich werde auf die faszinierenden Entwicklungen in diesem zukunftsträchtigen Forschungsbereich zurückkommen, muß jedoch vorher einer Verzweigung nachgehen, die uns zunächst vom Verhalten fort und hinunter auf die molekulare Ebene führt.

Katalysiert durch die Entwicklung molekularbiologischer Methoden, fusionierten die klassischen Disziplinen der Pharmakologie und Biochemie bald zu einer neuen Disziplin, der molekularen Neurobiologie. Genauso wie die lateinischen Buchstaben allen westeuropäischen Sprachen gemeinsam sind, gleichen sich die molekularen Grundlagen der verschiedenen Organfunktionen. Der Vorstoß auf die molekulare Analyseebene erschloß somit ein Beschreibungssystem, in dessen Sprache sich Pharmakologen, Immunologen, Biochemiker, Entwicklungs- und Zellbiologen, Neuropathologen und Genetiker erstmals direkt verständigen konnten. Die Folgen sind bekannt. Der Synergieeffekt dieser Begegnung war gewaltig und ist anhaltend. Kaum jemals zuvor förderte eine Wissensdisziplin in so kurzer Zeit so viele neue, oft grundlegende Fakten zutage. Die Hirnforschung profitierte von diesem Elan in hohem Maße. Zum einen verwies dieser neue, integrierte Ansatz auf eine ungeahnte Diversität der molekularen Kommunikationsprozesse: Es wurde deutlich, daß sich Nervenzellen nicht nur über elektrische, sondern auch ausgiebig über molekulare Signale austauschen. Damit war jeder vorschnelle Vergleich zwischen Nervenzellen und Transistoren oder natürlichen und elektronischen Gehirnen obsolet geworden. Zum anderen wurde aber auch erkennbar, daß sich Nervenzellen in ihren molekularen Bausteinen von anderen Zellen nicht grundlegend unterscheiden. Damit stand all das Wissen, das in Untersuchungen anderer Organe und Organismen gesammelt worden war, für die Erforschung des Gehirns zur Verfügung.

Der molekulare Ansatz machte auch deutlich, wie konservativ die Evolution vorging, wie zäh sie an Bewährtem festhielt. Hinsichtlich der molekularen Zusammensetzung unterscheiden sich die Nervenzellen des menschlichen Gehirns kaum von denen anderer Spezies, Insekten und Schnecken eingeschlossen. Bemerkenswerte Unterschiede finden sich lediglich hinsichtlich des Entwurfs und der Komplexität der Verschaltungsmuster. Diese Erkenntnis legitimierte und stimulierte die Arbeit an niederen Organismen, an denen sich Prinzipien oft leichter aufdecken lassen als an komplexen Systemen – was den Erkenntnisgewinn weiter beschleunigte und zudem zu einer Reduktion von Versuchen mit höheren Wirbeltieren führte. Ein Großteil der anstehenden molekular- und zellbiologischen Probleme läßt sich heute dank methodischer Entwicklungen, die samt und sonders von der Grundlagenforschung getragen wurden, entweder an wirbellosen Tieren oder an kultiviertem Hirngewebe von Wirbeltieren untersuchen.

Die Gründungsgeschichte neurobiologischer Max-Planck-Abteilungen dokumentiert, daß die Mitglieder der biologisch-medizinischen Sektion die Zeichen der Zeit frühzeitig erkannten. Mit Ausnahme des MPI für Biokybernetik, das ich später anspreche, verfügen inzwischen alle MPIs, die sich mit der Erforschung des Nervensystems befassen, über starke molekularbiologisch ausgerichtete Abteilungen. Sie finden sich im Diagramm rot eingefärbt. Um sich von der Erkenntnisträchtigkeit dieses durch Reduktion zur Generalisierung befähigenden Ansatzes zu überzeugen, genügt es, die Jahresberichte aus den rot markierten Abteilungen durchzublättern. Eine repräsentative Würdigung verbietet sich des Umfangs wegen, und eine Auswahl, weil in der Grundlagenforschung das sehr Bedeutende vom nur Bedeutenden oft erst im nachhinein unter-

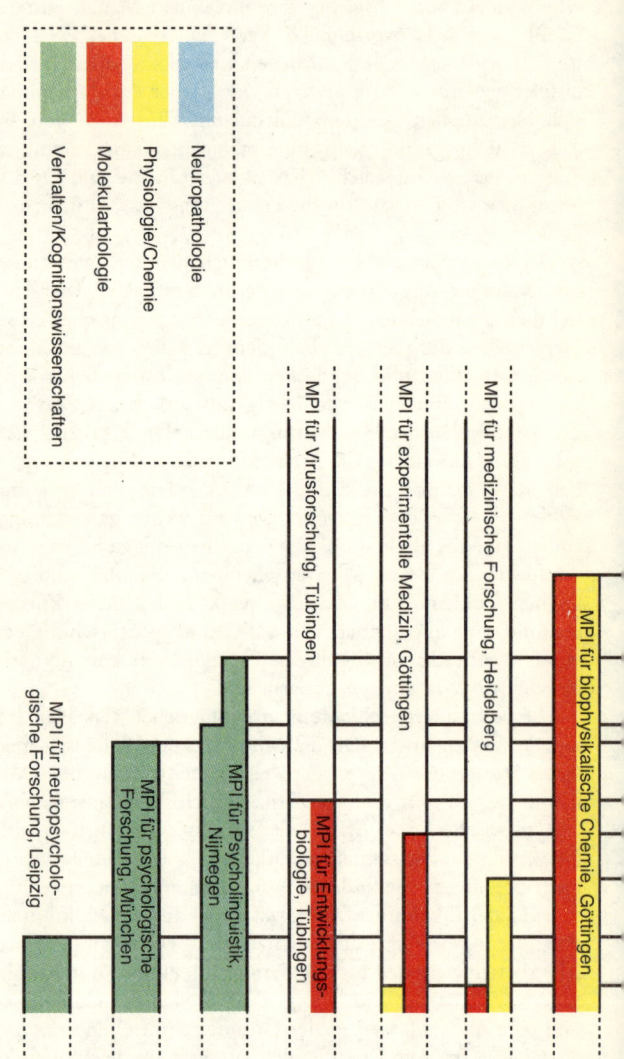

Verhalten/Kognitionswissenschaften
Molekularbiologie
Physiologie/Chemie
Neuropathologie

MPI für Virusforschung, Tübingen
MPI für experimentelle Medizin, Göttingen
MPI für medizinische Forschung, Heidelberg
MPI für biophysikalische Chemie, Göttingen
MPI für neuropsychologische Forschung, Leipzig
MPI für psychologische Forschung, München
MPI für Psycholinguistik, Nijmegen
MPI für Entwicklungsbiologie, Tübingen

Überblick über die zeitliche Entwicklung der Hirnforschung in der Max-Planck-Gesellschaft

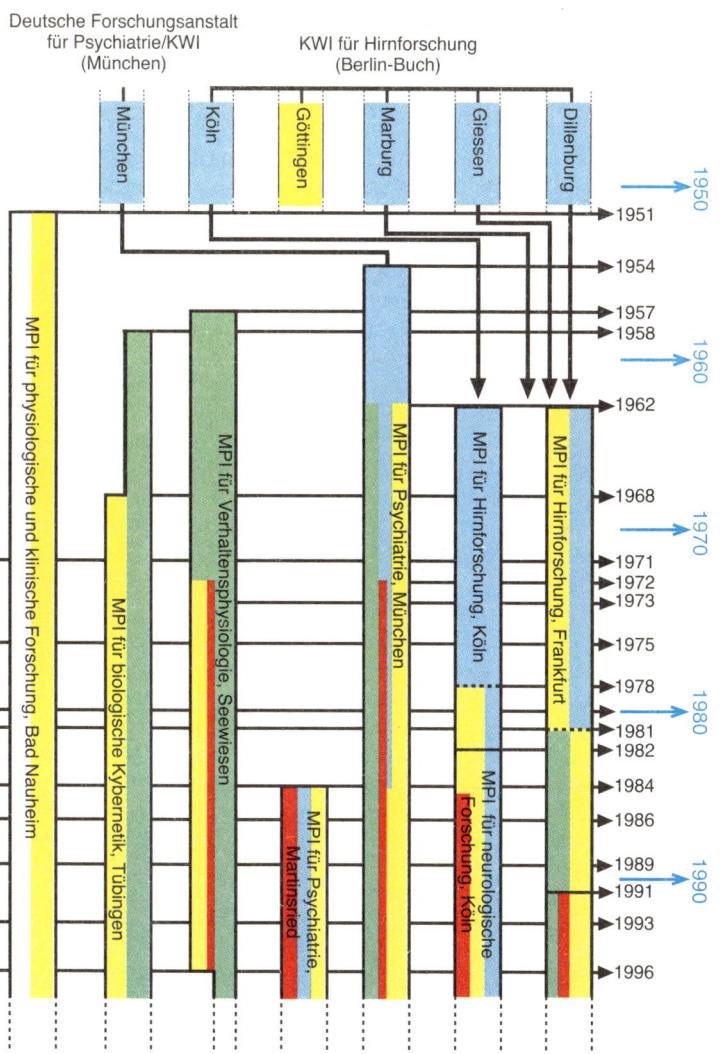

scheidbar wird. Aber auch, weil sich in der Regel große Durchbrüche dem Synergismus unzähliger Teilbeiträge verdanken, möchte ich hier keine Einzelleistungen hervorheben. Diese herauszustellen, bleibt der Weisheit von Fachbeiräten, Preiskomitees und forschungsfördernden Institutionen vorbehalten.

Die auf diese Weise gewonnenen Minuten möchte ich für eine Prognose nutzen. Mir scheint, daß in den molekular orientierten Disziplinen der Neurobiologie die Frage nach der Erreichbarkeit der Forschungsziele nur mehr eine Frage der noch benötigten Zeit ist, nicht mehr ein grundsätzliches erkenntnistheoretisches Problem. Konzeptionell erscheinen die Wege als erschlossen. Wenn das Human-Genom-Projekt abgeschlossen ist, werden die molekularen Bausteine des menschlichen Organismus bekannt sein. Zwar bedarf es dann immer noch einer herkulischen Anstrengung, um die Funktion der neu entdeckten Proteine ausfindig zu machen, aber die Suchstrategien sind bereits erprobt.

Abzusehen ist auch, daß in nicht zu ferner Zukunft die molekularen Wechselwirkungen und Entscheidungsprozesse zumindest im Prinzip bekannt sein werden, die, von den Genen gesteuert, dafür sorgen, daß Nervenzellen während der Hirnentwicklung in der vorgesehenen Zahl gebildet werden, an die richtigen Stellen wandern, dort ihre spezifische Struktur und chemische Individualität ausbilden und dann mit den richtigen Partnern in Verbindung treten. Damit rücken kausale Therapien für genetisch bedingte Erkrankungen in greifbare Nähe. Für einige der erblichen neurologischen Erkrankungen, zum Beispiel der Myasthenia gravis und der Chorea Huntington, gelang bereits die lückenlose Rekonstruktion der molekularen Ursachen. Andere Erkrankungen werden auf gleiche Weise ihre molekulare Deutung erfahren, und so wird es auch mit Fehlfunktionen sein, die auf Entwicklungsstörungen zurückgehen. Die genaue Kenntnis der molekularen Krankheitsursachen erlaubt in vielen Fällen auch dann eine effektive Bekämpfung der Symptome, wenn die Ursachen nicht beseitigt werden können, wenn Eingriffe in das Genom der erkrankten Zellen nicht möglich sind. So berechtigt z.B. die fortgeschrittene Aufklärung der Kommunikation zwischen Immun- und Nervensystem zu der Hoffnung, entzündliche Erkrankungen, wie Multiple Sklerose, beherrschbar zu machen.

Eine völlig überraschende und in ihrer therapeutischen Tragweite kaum zu überschätzende Konsequenz hatte die Identifikation der molekularen Mechanismen, die das Auswachsen von Nervenfasern während der Embryonalentwicklung kontrollieren. Experimente, die am MPI für Neurobiologie begannen und später von Martin Schwab in Zürich weitergeführt wurden, erbrachten den Nachweis, daß eben jene Moleküle, die das erstmalige Auswachsen von Nervenfasern kontrollieren, auch die Regeneration verletzter Nervenzellen im ausgereiften Gehirn beeinflussen. Im Tierversuch ist es bereits gelungen, Querschnittslähmungen durch gezielten Einsatz dieser wachstumsregulierenden Eiweißmoleküle zu behandeln. Die Tiere gewannen die Kontrolle über die gelähmten Körperteile zurück, weil die durchtrennten Nervenbahnen zur Regeneration gebracht werden konnten. Was diese Entwicklung für die Klinik bedeutet, bedarf keiner weiteren Erläuterung.

Schließlich revolutionierten molekularbiologische Techniken auch die Neuropharmakologie. Die genaue Kenntnis der molekularen Struktur von Chemorezeptoren gestattet es heute, Pharmaka maßzuschneidern und damit die erwünschte Wirkung zu steigern, ohne Nebenwirkungen befürchten zu müssen.

Dieses sind vorzeigbare Ergebnisse nicht nur für jene, die verstehen wollen, sondern auch für jene, die nach Anwendung fragen. Die fürwahr eindrucksvollen Erfolge des molekularen Ansatzes dürfen aber den Blick dafür nicht verstellen, daß es mit der lückenlosen Aufklärung der molekularen Komponenten des Gehirns und mit der erschöpfenden Charakterisierung der funktionellen Eigenschaften von Nervenzellen nicht getan ist. Selbst wenn dies alles gesichertes Wissen wäre, bliebe nach wie vor unverstanden, wie aus neuronalen Wechselwirkungen spezifisches Verhalten entsteht. Solange diese Erklärungslücke nicht geschlossen ist, kann aber das bereits angesammelte Wissen über molekulare und zelluläre Bedingtheiten neuronaler Verarbeitungsprozesse nicht für das Verständnis höherer Hirnleistungen und deren Störungen genutzt werden. Nach meinem Dafürhalten liegt im Versuch, diese Lücke zu schließen, die gegenwärtig größte Herausforderung der Hirnforschung. Denn immer noch können wir für die Hirnfunktionen, die den höchsten kognitiven Leistungen zugrunde liegen, und es sind dies die empfindlichsten, keine testbaren Erklärungsmodelle erdenken.

Da jedem reduktionistischen Ansatz die Definition der Explananda vorausgehen muß, sind hier zunächst Verhaltensforschung und Psychologie gefordert. Keine dieser Disziplinen war in der KWG vertreten, und so fanden auch bei der Neuordnung der Hirnforschung in der MPG die Verhaltenswissenschaften zunächst keine institutionelle Heimat. An deutschen Universitäten gab es nach der Vertreibung namhafter jüdischer Vertreter der Gestaltpsychologie kaum noch experimentell arbeitende Psychologen. Der behaviouristische Ansatz, der mit dem Namen Skinner verbunden ist und in angelsächsischen Ländern zum Rückgrat der Experimentalpsychologie wurde, hatte in Deutschland keine institutionelle Basis, beeinflußte aber die Denkmodelle. Die Hypothese war, daß das Gehirn eine Reizbeantwortungsmaschine sei, die nur tätig werde, wenn sie von außen angeregt wird. Wie stark dieses Dogma wirkte, wird aus dem Erstaunen deutlich, das Kornmüller äußerte, als er beobachtete, daß die Hirnströme über den Sehzentren nicht verschwanden, wenn die Probanden die Augen schlossen. Die heutige, auch vom Konstruktivismus usurpierte Position, daß die Initiative beim Gehirn liegt, daß Wahrnehmungen, Empfindungen und Motivation das Ergebnis aktiver, konstruktiver Prozesse sind, war in den 50er Jahren nur wenigen vorstellbar. Aber es gab einige Vordenker, die das behaviouristische Dogma überwunden hatten und dem Gehirn mehr zutrauten: Carl von Frisch, Erich von Holst und Konrad Lorenz, charismatische Forscherpersönlichkeiten von hohem Rang. Von Frisch analysierte die Tanzsprache der Bienen. Von Holst war von den synthetischen Leistungen der Sinnessysteme fasziniert und von den koordinativen Fähigkeiten der Neuronenverbände, die sich mit der Steuerung von Bewegung befassen. Lorenz suchte nach Herkunft und Interaktion von Handlungsmotiven, Trieben und Verhaltensdispositionen.

Auf die Hypothese, daß die Initiative beim Gehirn liegt, verwies auch die Evidenz, daß es sich seine eigene Zeit zumißt, daß es über eigene Uhren verfügt. Dies ging aus Experimenten des Ornithologen Kramer und des Chronobiologen Jürgen Aschoff hervor. Der eine, Kramer, postulierte die Uhr, weil Zugvögel ohne sie den Sonnenkompaß nicht hätten lesen können, der andere, Aschoff, brauchte sie, um zu erklären, daß Tiere ihren Schlaf-Wach-Rhythmus beibehalten, auch wenn ihnen alle äußeren Zeitgeber vorenthalten werden. Hier also waren Verhaltensforscher, die der Hypothese anhingen, daß Gehirne selbstbestimmte Produzenten von Verhalten sind und keine passiven Reflexmaschinen. Im Rückblick ist dieser konzeptionelle Bezug leicht zu erkennen, ihn damals gesehen und in das Gründungskonzept für das Max-Planck-Institut in Seewiesen umgesetzt zu haben, gleicht einem Geniestreich. Für die Protagonisten der neuen, verhaltensanalytischen Richtung wurde, weiterhin getreu dem Harnackschen Prinzip, ein großes Institut gegründet. Wie tragfähig und zukunftsweisend dieser Ansatz war, belegt der Umstand, daß Seewiesen sein integriertes Forschungsvorhaben durchzuhalten vermochte, obwohl Kramer noch in der Gründungsphase verunglückte und von Holst, viel zu jung, wenige Jahre später starb.

Aus der Seewiesener Geschichte lassen sich mindestens zwei wissenschaftspolitisch bedeutsame Lehren ziehen. Die Gründungsphase belegt eindrucksvoll, daß Wissenschaft etwas sehr Persönliches ist; nicht die Verordnung eines Forschungszieles, sondern die geschickte Zusammenführung von herausragenden Forscherpersönlichkeiten war es, die Seewiesen zu Weltruhm verhalf und den Grundstein für eine moderne, den Behaviourismus überwindende, gehirnorientierte Verhaltensforschung legte. Seewiesen belegt auch, und ich greife hier auf Arbeiten von Dietrich Schneider und seinem Lehrer Butenandt zurück, daß Ergebnisse der Grundlagenforschung ihre Anwendung zwar erhofft, aber meist auf verschlungenen Wegen finden. Wer hätte gedacht, daß die doch recht exotischen Studien über Pheromone, über Sexuallockstoffe, von Seidenspinnern zu einer der wirksamsten und ökologisch sanftesten Strategien der Schädlingsbekämpfung führen würden? Nach dem schmerzlichen Schließungsbeschluß des letzten Jahres bleibt uns im Augenblick nur die Hoffnung, daß der MPG alsbald noch einmal ein so genialer Wurf im Bereich der Ethologie gestattet sein möge wie damals mit Seewiesen. Jetzt, wo die Techniken zur Verfügung stehen, um auch höhere Hirnleistungen auf ihr neuronales Substrat zurückzuführen, ist es die Neuroethologie, der wir in Zukunft unsere Aufmerksamkeit zuwenden sollten, nicht zuletzt auch aus ökologischen Gründen.

Eine Benennung der Quellen der modernen Hirnforschung wäre unvollständig, berücksichtigte sie nicht die starken Impulse, die aus der Physik und Informationstheorie kommen. Die Entwicklung des MPI für Kybernetik in Tübingen dokumentiert, welch nachhaltigen Einfluß auch nichtbiologische Disziplinen auf die Hirnforschung haben. Die ausnehmend originelle Gründungsinitiative in den 60er Jahren reagierte mit bewundernswerter Sensibilität auf Signale aus Disziplinen, die später unter den Begriffen Informatik, künstliche Intelligenz und Robotik bekannt werden sollten. Sie legte damit den Grundstein für einen weiteren Zweig der Neurowissenschaften, die Neuroinformatik oder die »Computational Neurosciences«, wie die Angelsachsen sagen. Shannons Informationstheorie machte »Information«, also das, was in Nervensystemen rezipiert, umgewandelt und produziert wird, zur quantifizierbaren Größe. Norbert Wiener hatte mit seiner Theorie geregelter Prozesse auf die rudimentäre Intelligenz sich selbst stabilisierender technischer Systeme verwiesen und deren Organisationsprinzipien aufgezeigt. Turing war mit dem Beweis beschäftigt, daß sich beliebige logische Operationen auf die Addition und Subtraktion binärer Zahlen zurückführen lassen, und John von Neumann hatte die prinzipielle Möglichkeit der Realisierung des Turing-Algorithmus in elektronischen Schaltkreisen erkannt. Der Beweis war erbracht, daß auch künstliche Systeme im Prinzip zu intelligenten Leistungen fähig sind und somit vermutlich gewisse Eigenschaften mit Nervensystemen gemein haben. Folglich sollten Organisationsprinzipien, die sich in technischen Systemen für die Informationsverarbeitung und Prozeßsteuerung bewährt haben, auf Gehirne übertragbar sein.

Naturgemäß waren es mehr die Physiker als die Biologen, und später die Informatiker und Vertreter der künstlichen Intelligenz, die sich solchen Erwartungen hingaben. Einer der Protagonisten dieser Übernahme biologischen Territoriums durch Physiker war Werner Reichardt, ein Mitstreiter Hassensteins, der seinerseits Schüler von von Holst war. Reichardt, mit dem Aufbau des MPI für biologische Kybernetik beauftragt, umgab sich naheliegenderweise vorwiegend mit Physikern und wählte die Fliege als Modell. Seine Vision war es, das Navigations- und Flugstabilisierungssystem der Fliege vom Facettenauge über die verschiedenen Stufen des miniaturisierten Gehirns hinweg bis hin zu den Flugmuskeln vollständig zu analysieren und in Begriffe der Systemtheorie zu fassen. Dieses Unternehmen wurde ein voller Erfolg. Aber noch blieb diesem Ansatz der Zugang zu höheren Hirnleistungen verwehrt. Die ungeheuere Komplexität der neuronalen Interaktionen im Gehirn von Wirbeltieren und vor allem deren nichtlineare Dynamik trotzte den analytischen Werkzeugen der linearen Systemtheorie. Erst als die Hirnforschung auf die Hilfe von Hochleistungsrechnern zurückgreifen konnte, ließ sich auch diese Schwelle überwinden. Jetzt war es möglich, die verwirrende Vielfalt neuronaler Wechselwirkungen in der Großhirnrinde zu ordnen, Verarbeitungsprinzipien aufzudecken und deren Stimmigkeit in Simulationsexperimenten zu überprüfen. Ich übertreibe nicht, wenn ich behaupte, daß ohne diese Rechenknechte der Versuch aussichtslos geblieben wäre, die neuronalen Grundlagen höherer Hirnleistungen aufzuklären. Inzwischen fließt die Information aber auch in die andere Richtung. Der Wissenstransfer ist reziprok. Die Konstrukteure von Computern profitieren seit einigen Jahren auch ganz erheblich von den Ergebnissen der Hirnforschung, sie lernen von der Natur. Die neuen Rechnerarchitekturen, die sogenannten neuronalen Netze, basieren auf Verarbeitungsalgorithmen, die denen in der Hirnrinde ähneln, und sie bewähren sich überall dort, wo die klassischen von Neumann-Rechner Schwierigkeiten haben: bei der Mustererkennung, beim assoziativen Lernen und beim flexiblen Reagieren auf Unvorhersehbares.

Die Verfügbarkeit gewaltiger Rechenkapazitäten war auch Voraussetzung für die Entwicklung der modernen, bildgebenden Verfahren, die gegenwärtig die kognitiven Neurowissenschaften und die Neuropsychologie revolutionieren. Es sind das teure Geräte, deren Einzelpreis in die Millionen geht und deren Namen mit dem Suffix »graph« enden: Computertomograph, Magnetenzephalograph und Kernspintomograph. Gemeinsam ist diesen Methoden, daß sie nicht invasiv sind und deshalb am Menschen angewandt werden können. Die einen erlauben es, Struktur und metabolische Aktivität von Hirnregionen mit einer räumlichen Auflösung im Millimeterbereich darzustellen. Die anderen bilden elektrische Aktivität von Hirnzentren in Echtzeit ab. Diese neuen Verfahren machen sichtbar, welche Hirnregionen aktiviert werden, wenn sich Versuchspersonen bei geschlossenen Augen Gegenstände vorstellen, wenn sie stumm Sätze formulieren, wenn sie sich Aktionen vornehmen, aber auch wenn sie träumen oder Halluzinationen erleben. Der reduktionistische Erklärungsansatz kann damit zum ersten Mal in der Geschichte der Hirnforschung bis auf die höchsten kognitiven und mentalen Leistungen des menschlichen Gehirns ausgedehnt werden. Obgleich diese Geräte erst seit wenigen Jahren verfügbar sind, werden sie inzwischen in allen Max-Planck-Instituten, die sich mit dem Gehirn des Menschen befassen, eingesetzt, und dies ist andernorts genauso. Die direkte Erforschung des menschlichen Gehirns erfährt dadurch gegenwärtig eine gewaltige Renaissance. Ob pathologische Prozesse im Vordergrund des Interesses stehen wie an den Max-Planck-Instituten für Psychiatrie in München, Neuropsychologie in Leipzig und neurologische Forschung in Köln, oder ob es um Wahrnehmungsfunktionen geht, wie an den Instituten für Biokybernetik in Tübingen und Hirnforschung in Frankfurt, oder um die Sprache wie am MPI für Psycholinguistik in Nijmegen und am MPI für Neuropsychologie in Leipzig, immer kommen bildgebende Verfahren zum Einsatz, mit denen sich Funktionsmodelle am menschlichen Gehirn überprüfen lassen.

Nun wird von Politik und Öffentlichkeit immer vernehmbarer eingefordert, die Hirnforschung solle hinfort auf Tierversuche verzichten, da sie ihre Ziele jetzt auch über Computersimulationen und Untersuchungen am Menschen erreichen könne. Es steht Geburtstagsrednern an, nicht nur Würdigungen von Vergangenem, sondern auch Wünsche für die Zukunft zu formulieren. Und so wünsche ich unseren Instituten, daß es ihnen gelingen möge, die Öffentlichkeit davon zu überzeugen, daß sie hier irrt und daß auch die moderne Hirnforschung auf Tierversuche nicht verzichten kann. Die neuen Verfahren beweisen, daß auch höchste mentale Funktionen auf der Aktivität von Nervenzellen beruhen, aber sie vermögen nur zu sagen, wann welches Hirnareal aktiv wird. Sie geben wegen ihrer begrenzten räumlichen Auflösung keine Auskunft darüber, was in diesen Arealen geschieht. Um dies herauszufinden, müssen die raumzeitlichen Aktivitätsmuster der einzelnen Nervenzellen analysiert werden, und dies erfordert nach wie vor das Einbringen von Mikroelektroden. Solche Ableitungen werden zwar aus diagnostischen Gründen immer häufiger auch an wachen, nicht narkotisierten Patienten vorgenommen – dies ist möglich, weil das Gehirn nicht schmerzempfindlich ist –, verbieten sich aber an Versuchspersonen, da sie nach wie vor operative Eingriffe erfordern. Messungen am Tier bleiben deshalb weiter unumgänglich, wenn Hirnforschung sein soll. Diese Versuche sind deshalb so wichtig, weil sich die vom menschlichen Gehirn ableitbaren Aktivitätsmuster nur dann interpretieren lassen, wenn sich klären läßt, welche Verarbeitungsprozesse ihnen zugrunde liegen. Weltweit werden aus diesen Gründen Mikroelektrodenableitungen an wachen, verhaltenstrainierten Primaten vorgenommen, so auch an den Max-Planck-Instituten für Biokybernetik und Hirnforschung. Die Techniken bei der Elektrodenimplantation gleichen denen, die beim Menschen angewandt werden. Sie sind schmerzfrei und ähneln den Verfahren zur Implantation von Herzschrittmachern.

Wo also stehen wir im Augenblick mit unseren Bemühungen, auch höhere Hirnfunktionen verstehen zu wollen? Ähnlich wie vor zwei Jahrzehnten die Reduktion zellulärer Prozesse auf ihre molekulare Basis zu einer Verschmelzung bislang getrennter Disziplinen führte, bewirkt nun die Reduktion von kognitiven Phänomenen auf ihr neuronales Substrat unverhoffte Begegnungen zwischen den vormals eigenständigen psychologischen und neurobiologischen Forschungsrichtungen. Entsprechend kooperieren unsere geisteswissenschaftlichen und biomedizinischen Sektionen bei der Betreuung unserer Hirnforschungsinstitute. Jede der mit Hirnfunktionen befaßten Disziplinen – von denen alle mit den Namen von Max-Planck-Instituten verbunden sind, die Psychologie, die Neuropsychologie, die Psycholinguistik, die biologische Kybernetik, die Psychiatrie, die Neurologie, und schließlich die system- und zellphysiologisch arbeitenden Abteilungen der Max-Planck-Institute für Neurobiologie, Hirnforschung und medizinische Forschung –, sie alle verfügen inzwischen über konzeptionelle oder methodische Brückenköpfe, welche direkte Verbindungen zur nächst niedrigeren Analyseebene ermöglichen. Wie schon bei der molekularen Neurobiologie, so sind auch in diesem Bereich der Hirnforschung die synergistischen Effekte gewaltig, und dies ist der zweite Grund, weshalb ich eingangs vom Goldenen Zeitalter der Hirnforschung sprach. Weil es unmöglich ist, aus der Fülle neuer Erkenntnisse die bedeutendste herauszufinden, will ich mich darauf beschränken, Ihnen das verwirrendste der Probleme vorzustellen, die uns derzeit umtreiben. Entgegen der Vermutung Descartes', daß es irgendwo im Gehirn ein singuläres Zentrum geben müsse, in dem alle Informationen zusammenkommen und einer einheitlichen Interpretation zugeführt werden – einen Ort an der Spitze der Verarbeitungspyramide, wo das innere Auge die Welt und sich selbst betrachtet –, entgegen dieser plausiblen Annahme erbrachte die Hirnforschung den Beweis, daß ein solches Zentrum nicht existiert. Korbinian Brodmanns Vermutung hat sich bestätigt. Er folgerte schon zu Beginn dieses Jahrhunderts aus seiner Entdeckung funktionell und anatomisch abgrenzbarer Hirnrindenareale: »Wir müssen daher die Annahme, daß eine Verstandesleistung oder ein Gemütsvorgang … in einem einzelnen umschriebenen Rindenteile zustande komme, mag man diesen nun ›Assoziationszentrum‹ oder ›Denkorgan‹ oder ähnlich nennen, als eine ganz unmögliche psychologische Vorstellung ablehnen.« Uns stellt sich heute das Gehirn als extrem distributiv organisiertes System dar, in dem zahllose Teilaspekte der einlaufenden Signale parzelliert und parallel abgearbeitet werden. Zwar stehen alle Zentren miteinander über mächtige und reziproke Bahnverbindungen in intensiver Wechselwirkung, aber es ist völlig unklar, wie ein derart parallel organisiertes System dazu kommt, das Bild einer kohärenten Wahrnehmungswelt zu entwerfen und sich insgesamt zielgerichtet zu verhalten. Ja, es ist noch nicht einmal klar, wie in diesen distributiven Architekturen einzelne Inhalte repräsentiert werden können, Wahrnehmungsobjekte, Worte, präzise Erinnerungen oder erlernte motorische Programme. Wir bezeichnen dieses faszinierende Rätsel als das Bindungsproblem und wissen, daß wir ohne seine Lösung keine geschlossene Hirntheorie formulieren können.

Besonders spannend ist, daß sich bei der Bearbeitung dieses Problems überraschende Parallelen zu anderen komplexen Systemen ergeben, die ebenfalls distributiv organisiert sind, lenkender Konvergenzzentren entbehren und dennoch insgesamt koordiniertes, gerichtetes Verhalten zeigen, weil sie über mächtige Mechanismen der Selbstorganisation verfügen. Hierzu gehören die Superorganismen der Insektenstaaten ebenso wie unsere verflochtenen Wirtschafts- und Sozialsysteme. Es wäre lohnend, der epistemologischen Frage nachzugehen, ob es unsere postmoderne Weltsicht ist, die uns komplexe Systeme so sehen läßt, oder ob unsere gegenwärtige Weltsicht durch die Erfahrung mit solchen Systemen geprägt wird.

Lassen Sie mich mit einer Prognose schließen. Wenn Verstehen meint, daß beobachtbare Phänomene durch Prozesse auf der jeweils nächst niedrigen Analyseebene erklärbar werden, dann deutet alles darauf hin, daß die Hirnforschung auf dem Weg ist, ihren reduktionistischen Ansatz auf alle relevanten Ebenen lückenlos auszudehnen. Sie wird die Phänomene neuronaler Kommunikation auf ihre molekularen und zellulären Grundlagen zurückführen und ist dabei, Verhaltensphänomene, einschließlich psychischer und mentaler Funktionen, durch neuronale Kommunikationsprozesse zu erklären.

Diese Prognose hat weitreichende erkenntnistheoretische und ethische Implikationen, gehören doch zu den Explananda nicht nur Sinnesfunktionen und motorische Leistungen, sondern auch die unser Menschenbild prägenden Erfahrungen psychischen Erlebens: unsere Motivationen, Denkstrukturen, Wahrnehmungen und Empfindungen. Wenn sich der eingeschlagene reduktionistische Weg tatsächlich bis zum Ende als gangbar erweisen sollte, dann wird er uns mit völlig neuen Fragen konfrontieren, auf die wir uns schon jetzt vorbereiten sollten. Wie verhält es sich dann mit unserer Erfahrung, daß wir frei entscheiden können? Wie verhält es sich mit Schuldzuschreibungen und unserem Kulturgut der Verantwortlichkeit? Wie sollen wir mit der Erkenntnis umgehen, daß in unserem Gehirn kein Konvergenzzentrum auszumachen ist, wo allein Entscheidungen fallen, wo Handlungspläne entworfen werden, und wo das Bewußtsein seinen Sitz hat? Wie sollen wir uns vorstellen, daß ein willentlicher Entschluß gefaßt wird, der dann auf unser Gehirn einwirkt, damit dieses, dem willentlichen Impuls gehorchend, diese oder jene Aktion ausführt? Wo sollen wir das selbstbestimmte Ich verorten, das wir wahrnehmen, als sei es von Hirnfunktionen losgelöst und ihnen gegenübergestellt? Welche Veränderung wird der Erkenntnisbegriff erfahren, wenn wir erkennen können, welche neuronalen Prozesse unseren kognitiven Funktionen, unseren Werkzeugen der Erkenntnis, zugrunde liegen? Und wie werden wir die als zwingend erfahrene Dichotomie von Geist und Körper, von Leib und Seele verteidigen wollen, wenn wir uns gleichzeitig anschicken, das eine auf das andere zurückzuführen?

Wie immer auch die Suche ausgehen wird, gleich, welchen Erscheinungen wir auf dem Weg in unser Innerstes begegnen werden, fest steht, daß die Hirnforschung unser Selbstverständnis tiefgreifend verändern wird. Erkennbar ist auch, daß die Hirnforschung dort, wo sie nach den höchsten Funktionen fragt, in angestammte Territorien der Geisteswissenschaften eindringt – mit der faszinierenden Konsequenz einer erneuten Annäherung von Natur- und Kulturwissenschaften. Und wir werden dieser Annäherung bedürfen, wenn wir die philosophischen, ethischen und moralischen Probleme bewältigen wollen, mit denen wir auf unserem Weg nach innen mehr und mehr konfrontiert sein werden. Wir werden nicht innehalten können, sondern fortfahren müssen, verstehen zu wollen, wenn wir unsere Verantwortung für die Zukunft ernst nehmen.

Das Jahrzehnt des Gehirns

Der amerikanische Senat hat die neunziger Jahre zur *decade of the brain*, zum Jahrzehnt des Gehirns, erklärt. Etwa zur selben Zeit wurde das weltumspannende »human science frontier program« beschlossen, in dem die Förderung der Neurowissenschaften ebenfalls beträchtlichen Raum einnimmt. Die Beweggründe für diese gezielte Intensivierung der Hirnforschung sind ebenso vielfältig wie die möglichen Folgen der erhofften Ergebnisse. Zunächst drängen medizinische Gründe. Die Geistes- und Gemütskrankheiten, so die Schizophrenie und die Depression, entbehren bisher jeglicher kausaler Erklärung und Therapie. Obgleich sich die Hinweise mehren, daß diese Erkrankungen auf fehlerhaften Funktionen des Gehirns beruhen, also strukturelle und biochemische Ursachen haben, die zum Teil sogar genetisch bedingt sind, ist es bisher nicht gelungen, die Störungen einzugrenzen. Bei einer Gruppe anderer Erkrankungen sind Ort und Art der pathologischen Prozesse bekannt, es fehlen jedoch wirksame Therapien. Dies gilt für die multiple Sklerose ebenso wie für eine Vielzahl degenerativer Erkrankungen des Zentralnervensystems. Die Alzheimersche Erkrankung, die wegen der steigenden Lebenserwartung immer bedrohlicher wird, gehört hierzu.

Diesen ungelösten Fragen stehen Erfolge bei Krankheiten gegenüber, die hoffen lassen, daß eine langfristig angelegte Grundlagenforschung schließlich zur Entwicklung kausaler Therapieverfahren führen wird. Wir wissen, daß wesentliche Fortschritte bei der Behandlung von Epilepsien, Schmerzsyndromen, Angstzuständen und der Parkinsonschen Erkrankung auf der Analyse zellulärer und biochemischer Prozesse im Gehirn beruhen. Und selbst die schwierige Lage der Hirnverletzten und Schlaganfallpatienten könnte sich als weniger ausweglos erweisen, als es zunächst scheinen mag. Man entdeckte natürliche Substanzen, die das Wachstum von Nervenzellen kontrollieren. Mit ihnen lassen sich selbst nach Abschluß der Hirnentwicklung regenerative Wachstumsvorgänge stimulieren. Außerdem zeigte sich, daß auch Nervenzellen transplantierbar sind und unter ganz bestimmten Bedingungen die Funktion zerstörter Zellen übernehmen können.

Die Untersuchung der Hirnentwicklung brachte die überraschende und klinisch bedeutsame Erkenntnis, daß die strukturelle Reifung des Gehirns höherer Säugetiere einschließlich des Menschen bei der Geburt noch lange nicht abgeschlossen ist, sondern sich bis in die Pubertät fortsetzt. Während dieser Zeit erfährt die Verschaltung verschiedener Hirnzentren noch eine tiefgreifende Überformung. Die Grundverschaltung des Gehirns ist zwar genetisch festgelegt, doch werden zunächst Verbindungen im Überschuß angelegt. Während der postnatalen Entwicklung erfolgt dann eine Auswahl der Verbindungen, die den funktionellen Anforderungen am besten entsprechen. Unpassende Verbindungen werden unwiderruflich zerstört.

Aufregend ist, daß das heranwachsende Gehirn die Kriterien für diesen Selektionsvorgang zum Teil aus der Interaktion mit seiner Umwelt gewinnt. Wenn etwa die Augen während der ersten Lebensjahre wegen einer Hornhauttrübung nicht benutzt werden können, werden die für den normalen Sehvorgang in der Hirnrinde erforderlichen Verbindungen nicht optimiert. Die Patienten bleiben blind, selbst wenn im Auge durch Hornhauttransplantation normale optische Bedingungen hergestellt werden. Das Gehirn hat gleichsam versäumt, die Strukturen auszubilden, die für die Interpretation von Signalen aus den Augen erforderlich sind. Ähnliches scheint für alle kognitiven Funktionen zu gelten, so auch für den Spracherwerb. Ein Beispiel dafür ist das Unvermögen des Japaners, den Unterschied zwischen R und L zu hören. Diese Laute kommen in seinem Sprachraum nicht vor. Entsprechend hat das Gehirn die entsprechenden kognitiven Strukturen nicht optimiert. Japanische Kinder, die in anderen Sprachräumen aufwachsen, »lernen« diese Unterschiede natürlich mühelos. Das provoziert die spannende Frage, ob wir nicht alle für bestimmte kognitive Bereiche empfindungslos sind, weil wir während unserer Entwicklung keine einschlägigen Erfahrungen sammeln konnten. Vielleicht ist das einer der Gründe, warum wir zwar alle lesen, schreiben und rechnen können, nicht aber komponieren, malen und tanzen.

Nun hängt natürlich nicht alles von der Umwelt ab. In der genetisch vorgegebenen Grundverschaltung des Gehirns ist bereits erhebliches »Wissen« über die Welt repräsentiert, in welche das werdende Gehirn hineingeboren wird. Dieses Wissen wurde im Laufe der Entstehung der Arten in den Genen gespeichert und drückt sich in den angeborenen Verhaltensmustern aus. Aufgrund dieses Vorwissens ist das junge Gehirn in der Lage, selbst Fragen an die Umwelt zu stellen und die Informationen abzurufen, die es für seine Entwicklung benötigt. Postnatale Hirnentwicklung vollzieht sich also auf der Basis eines Frage-und-Antwort-Spiels, wobei das werdende Gehirn meist die Initiative hat. Von außerordentlicher Brisanz wäre es schließlich, wenn sich herausstellte, daß auch die kognitiven Fähigkeiten, die wir für unser soziales Verhalten benötigen, über einen solchen Dialog entwickelt werden müssen.

Die medizinischen Perspektiven der Hirnforschung sind aber nicht die einzigen Gründe für ein wachsendes gesellschaftliches Interesse an den Neurowissenschaften. So zeigte sich, daß künstliche »intelligente« Systeme, die »Elektronengehirne«, bei all jenen Problemen versagen, die von natürlichen Gehirnen mit besonderer Eleganz und Leichtigkeit gelöst werden. Der Grund ist, daß die bisher entwickelten Rechner- und Expertensysteme nach gänzlich anderen Prinzipien organisiert sind als ihre natürlichen Vorbilder. Zwar lassen sich gewisse Analogien zwischen den logischen Funktionen einzelner Nervenzellen und den Schaltelementen in Rechnern herstellen; die Architekturen, in welche diese logischen Elemente jeweils eingebettet sind, unterscheiden sich jedoch radikal. Da sich die Organisationsprinzipien unseres Gehirns offenbar weder durch Selbsterkenntnis noch durch angestrengtes Nachdenken erschließen lassen, richtet sich die Hoffnung auf die Neurowissenschaften.

Eine weitere Attraktion der Hirnforschung liegt darin, daß natürliche Gehirne als ideale Modelle für das Studium von Wechselwirkungen in komplexen, sich selbst organisierenden Systemen erkannt werden. In keiner anderen uns bekannten Struktur sind so viele Einzelelemente zu einem funktionstüchtigen Ganzen verkoppelt. Das Nervensystem ist »lebender Beweis« dafür, daß komplexe, stark vernetzte Systeme stabile Zustände einnehmen können und zu zielgerichtetem Handeln fähig sind, obgleich sie einer übergeordneten Steuerzentrale entbehren. Die Hoffnung ist nun, daß ein vertieftes Verständnis des Gehirns helfen wird, jene Regeln zu erkennen, die zur Stabilisierung und Selbstorganisation hochkomplexer, dynamischer Systeme beitragen. Diese Regeln sind deshalb von erheblicher Bedeutung, da ähnliche Organisationsprobleme in Öko- und Wirtschaftssystemen, aber auch in sozialen Systemen auftreten.

Während die Erforschung anderer Organe ausschließlich Domäne der Biowissenschaften ist, stellt das Gehirn auch für Psychologen, Linguisten, Psychiater, Neurologen, Verhaltensforscher und Informatiker eine faszinierende Herausforderung dar. Bis vor wenigen Jahren entwickelten sich diese Wissensgebiete jedoch recht autonom. Besonders tief war natürlich die Trennung zwischen den Verhaltenswissenschaften und den biologischen Disziplinen. Insbesondere in Deutschland gab es bis vor einigen Jahren kaum Kontakte zwischen Psychologen und Neurobiologen. Jetzt aber erfolgt Annäherung der verschiedenen Wissensgebiete, wodurch die Hirnforschung in eine besonders erkenntnisträchtige Phase eingetreten ist.

In Einzelfällen kann man jetzt für bestimmte Verhaltensleistungen von Tieren die zugrundeliegenden neuronalen Prozesse über die verschiedenen Ebenen hinweg bis hinunter zu den molekularen Vorgängen fast lückenlos angeben. Ein besonders eindrucksvolles Beispiel ist die Aufklärung von Lernmechanismen bei der Meeresschnecke *Aplysia*. Faszinierend ist besonders, daß die gleichen molekularen Abläufe auch in der Hirnrinde von Säugetieren gefunden wurden, wo sie ebenfalls mit Lernvorgängen in Verbindung zu stehen scheinen. Ein weiterer Beweis, daß grundlegende und erfolgreiche »Erfindungen« in der Natur über die stammesgeschichtliche Entwicklung der Arten hinweg beibehalten werden.

Auch Teilleistungen komplexer Gehirne konnten auf neuronaler Ebene analysiert werden. Hierzu zählen die Vorverarbeitung von Sinnessignalen, das Erkennen von Mustern, Lern- und Gedächtnisvorgänge und das Entwerfen von Handlungsfolgen. Mit Hilfe leistungsfähiger Rechenanlagen ließen sich zum Beispiel die Neuronengruppen orten, die eine Erinnerung an nur kurz sichtbare Objekte ermöglichen und die sicherstellen, daß eine spätere Greifbewegung zu dem nun unsichtbaren Objekt dennoch zum Ziel führt. Die entsprechenden Zellen werden aktiv, sobald das Objekt erscheint, halten ihre Aktivität aufrecht, auch nachdem es wieder verschwunden ist, und verstummen erst, wenn Minuten später die Bewegung abläuft.

Den Hirnforschern wird es zunehmend möglich, auch für menschliches Verhalten enge Beziehungen zwischen Struktur und Funktion darzustellen. Ganz wesentlich war hierfür die Entwicklung bildgebender Verfahren. Dadurch lassen sich mentale Prozesse wie das Aufrufen von Gedächtnisinhalten, das Vorstellen von Szenen, das stumme Sprechen und das Planen von Handlungen bestimmten Hirnregionen zuordnen. Psychologische Modelle über die Struktur und Repräsentation kognitiver und mentaler Vorgänge können auf diese Weise mit Abläufen im Gehirn in Verbindung gebracht werden. So führt die Analyse von Gedächtnisleistungen zu dem Schluß, daß es verschiedene Arten von Gedächtnis geben müsse: ein prozedurales Gedächtnis, welches das Erlernen und Wiederaufrufen motorischer Fertigkeiten, etwa Fahrradfahren, ermöglicht. Ein räumliches Gedächtnis, ohne das wir uns in einer bekannten Stadt nicht zurechtfinden könnten. Ein episodisches Gedächtnis, das uns erlaubt, eigene Erlebnisse zu erinnern, und schließlich ein deklaratives Gedächtnis, das wir brauchen, um bekannte Objekte benennen zu können.

Neuropsychologische Untersuchungen haben nun tatsächlich gezeigt, daß diese verschiedenen Erinnerungsleistungen aufgrund von Läsionen in unterschiedlichen Hirnregionen einzeln ausfallen können. Ein weiteres Beispiel liefert die Sprachforschung. Linguisten kamen aufgrund sprachenanalytischer Untersuchungen zu dem Schluß, daß es für die Repräsentation von Lexikon und Grammatik, für das Vokabular und das Regelwerk der Sprache verschiedene funktionell unterscheidbare Module geben müsse. Diese sollten zudem für Erst- und Zweitsprachen unterschiedlich organisiert sein. Neuropsychologen haben dies bestätigt und weitere unerwartete Ergebnisse erzielt. So zeigte sich zum Beispiel, daß Eigennamen an anderen Stellen gespeichert werden als funktionsbezogene Bezeichnungen und hier wiederum Begriffe für Lebewesen anders abgelegt werden als Worte für unbelebte Objekte.

Die Konvergenz vormals getrennter Wissensbereiche findet in zunehmendem Maße auch ihre institutionelle Verankerung in eigenen, interdisziplinär strukturierten Forschungseinrichtungen. In den Vereinigten Staaten gibt es bereits zahlreiche Institute im Bereich der »neuroscience«. In Deutschland, sowohl in den alten wie in den neuen Bundesländern, sind solche Einrichtungen jedoch noch selten. Die Neurowissenschaften werden bei uns vorwiegend von Lehrstühlen in den klassischen Disziplinen der Medizin und Biologie vertreten, gelegentlich auch von biochemisch ausgerichteten Fachbereichen der Chemie. An psychologischen Instituten fehlen sie fast ganz. Dagegen haben sich an vielen physikalischen Instituten neuerdings Arbeitsgruppen konstituiert, die auf dem Teilgebiet »theoretische Neurobiologie« tätig werden. Hier mangelt es jedoch meist an der Verbindung zur Biologie. Entsprechend verschlungen sind oft die Wege, über die Studenten den Zugang zur Hirnforschung finden. Es scheint an der Zeit, darüber nachzudenken, ob wir das fächerübergreifende Unternehmen Hirnforschung nicht durch einen eigenen Studiengang und durch multidisziplinäre Hirnforschungsinstitute besser koordinieren sollten.

Die Tatsache, daß im Bereich der Hirnforschung immer häufiger

Brücken geschlagen werden zwischen Beschreibungssystemen, die auf ganz verschiedene Phänomene angewandt werden, wirft erkenntnistheoretische Fragen auf. Die Wissenschaftler setzen voraus, daß sich die Funktionen eines komplexen Systems aus dem Zusammenspiel seiner Einzelkomponenten ergeben, die, jede für sich genommen, weniger komplexe Eigenschaften aufweisen als das Gesamtsystem. Dieser reduktionistische Ansatz ist seit jeher Gegenstand philosophischer Auseinandersetzungen, führt aber im Zusammenhang mit den Neurowissenschaften zu besonders spannenden Fragen. Da er impliziert, daß sich auch psychische und seelische Phänomene Mechanismen zuordnen lassen, die in und zwischen Nervenzellen ablaufen, also an ein materielles Substrat gebunden sind, rührt er an die Grundfesten unseres Selbstverständnisses. Das uralte Leib-Seele-Problem, die Frage nach dem Verhältnis von Geist und Materie, ist mit einem Male nicht mehr nur Gegenstand philosophischer Diskurse, sondern auch ein zentrales Thema der Hirnforschung.

Die neuropsychologischen Befunde und vor allem die entwicklungsbiologischen Erkenntnisse belegen eindrucksvoll, daß mentale Funktionen aufs engste mit der Funktion der Nervennetze verbunden sind. Läßt sich doch bei der Erforschung der Hirnentwicklung Schritt für Schritt nachvollziehen, wie aus der Aggregation einfacher Grundbausteine der Materie zunehmend komplexere Strukturen entstehen und wie der jeweils erreichte Komplexitätsgrad des Systems mit der Komplexität der je erbrachten Leistung zusammenhängt. Die Entwicklung von Gehirnen stellt sich als stetig und im Rahmen der bekannten Naturgesetze erklärbar dar.

Dieser im Alltag des Forschens selten hinterfragten Annahme einer materiellen Gebundenheit mentaler Phänomene wird eine Reihe gewichtiger Argumente entgegengehalten. So führt man an, daß subjektive Empfindungen, sogenannte Qualia, wie die Empfindung von Schmerz oder die Gestimmtheit beim Genuß von Musik, prinzipiell nicht auf Wechselwirkungen zwischen materiellen Komponenten des Gehirns zurückgeführt werden können. Entgegnet wird ferner, daß der reduktionistische Ansatz nicht mit unserer Erfahrung vereinbar sei, über freien Willen zu verfügen und zielgerichtet handeln zu können. Nicht zuletzt wird darauf hingewiesen, daß moralische Kategorien, Wertesysteme und soziale Verantwortung nur aus kulturhistorischen und gesellschaftlichen Bezügen herleitbar und nicht auf die Funktion individueller Gehirne reduzierbar seien.

Wie läßt sich eine Annäherung zwischen diesen scheinbar unversöhnlichen Positionen erreichen? Zunächst muß man sich klarmachen, daß sowohl die Aussagen der Hirnforschung wie die skizzierten philosophischen Positionen nur innerhalb der jeweiligen Beschreibungssysteme Gültigkeit beanspruchen können. In den Geisteswissenschaften wie in den Naturwissenschaften erfolgt alles Erklären, alles Verstehen ausschließlich innerhalb abgegrenzter Bezugssysteme. Als wahr oder zutreffend wird akzeptiert, was innerhalb dieser Wissensgebiete widerspruchsfrei und mit den Phänomenen des jeweiligen Objektbereiches vereinbar ist. Bei allen Konstrukten und Theorien handelt es sich jedoch immer nur um Beschreibungen von Erfahrungen, die wir als forschende Subjekte machen, also um Produkte der geistesgeschichtlichen Entwicklung. Diese Entwicklung setzte ein, als Hirne damit begannen, ihre Umwelt abzubilden, Begriffe und Symbole für Erfahrungen zu erfinden, sich darüber zu verständigen, sich gegenseitig zu beschreiben. Kurzum, sie fügten der vorgefundenen materiellen Welt eine weitere Ebene hinzu, die aus immateriellen Konstrukten, Beschreibungen und Zitaten besteht, eine Ebene, die zu analysieren sich die geisteswissenschaftlichen Disziplinen vorgenommen haben.

Nun lehrt uns aber die Sinnesphysiologie, daß dem Gehirn durch die Sinnesorgane nur ein sehr eingeschränkter Bereich der umgebenden Welt zugänglich ist. Aus diesem Ausschnitt werden überdies nur jene Merkmale verarbeitet, die zu kennen dem Überleben dienlich ist. Aus diesem bereits stark eingeschränkten Spektrum von Signalen aus der Umwelt synthetisiert das Gehirn dann in einem aktiven Vorgang seine »Erfahrungen«. Die Wahrnehmungspsychologie liefert eindrucksvolle Beispiele dafür, daß Wahrnehmen ein deutender Vorgang ist, in dem wir unsere Bilder von der Welt konstruieren. Die Regeln, nach denen wir diese Bilder entwerfen, sind naturgemäß im Gehirn verankert und durch dessen funktionelle Architektur vorgegeben. Somit reflektieren sie das in den Genen gespeicherte »Wissen« ebenso wie die Erfahrungen, die während der Individualentwicklung gewonnen wurden.

Akzeptiert man aber, daß unsere Weltbilder Hirnkonstrukte sind, dann erscheint der Konflikt zwischen dem reduktionistischen Ansatz der modernen Hirnforschung und den geisteswissenschaftlichen Positionen lösbar. Die Untergliederung der Welt in die Ebenen der unbelebten Materie, der lebenden Organismen sowie der psychischen und geistigen Prozesse spiegelt dann nur die Koexistenz von Beschreibungssystemen für unterscheidbare Erfahrungen. Aus der Existenz von verschiedenen Beschreibungssystemen folgt jedoch noch nicht, daß sich die in ihnen angesprochenen Phänomene nicht aufeinander beziehen lassen. Es könnte sich zum Beispiel verhalten wie mit den verschiedenen Ansichten eines Gegenstandes. Reduktion oder Erklären würde dann nichts anderes bedeuten als das Herstellen von Bezügen zwischen Phänomenen, die von unterschiedlichen Positionen aus eine unterschiedliche Beschreibung erfahren haben. Dies jedoch ist ein Vorgang, der in den Naturwissenschaften unangefochten und mit großem Erfolg vollzogen wird.

Selbst im Bereich der dinglichen Welt sprechen wir den beobachteten Phänomenen äußerst unterschiedliche Qualitäten zu, weil wir sie als verschieden erleben. So deutet zunächst nichts darauf hin, daß der Druck eines Gases, die Temperatur eines Körpers und das Kräftespiel zwischen zusammenstoßenden Gegenständen aufeinander bezogen werden können. Im Beschreibungssystem der klassischen Mechanik läßt sich der Druck eines Gases dadurch angeben, daß man die Wahrscheinlichkeit und das Moment berechnet, mit dem Gasmoleküle an die Wand des Gefäßes prallen. Andererseits kann der Druck eines Gases aber auch in Abhängigkeit von seiner Temperatur formuliert werden. Beide Beschreibungen sind innerhalb ihrer jeweiligen Bezugssysteme richtig und liefern zutreffende Voraussagen. Nun kann man versuchen, über den in beiden Beschreibungen vorkommenden Begriff des Druckes die Temperatur mit der Bewegung der Moleküle in Beziehung zu setzen. Hierbei wird dann deutlich, daß das Phänomen Temperatur auch als die mittlere kinetische Energie der im Gas enthaltenen Moleküle beschreibbar ist. Es hat ein reduktiver Vorgang stattgefunden, durch den die Äquivalenz von Phänomenen bewiesen werden konnte, die zunächst unabhängig voneinander in unterschiedlichen Beschreibungssystemen definiert wurden.

Nichts anderes ist hiermit gemeint, wenn von Reduktion psychischer Phänomene auf Prozesse in Gehirnen gesprochen wird. Es geht lediglich darum, Phänomene, die in unterschiedlichen Beschreibungssystemen erfaßt und definiert wurden, miteinander zu verbinden. Konkret bedeutet dies, daß Beschreibungen für Phänomene, die von den Verhaltens- und Geisteswissenschaften mit Begriffen wie Lernen, Vorstellen, Erinnern oder Empfinden belegt wurden, über Brückentheorien mit Beschreibungen verbunden werden, die die Naturwissenschaften für vergleichbare Phänomene bereithalten. Gelänge dies, käme es im Rahmen dieser intertheoretischen Reduktionen zum ersten Mal zu einem direkten Brückenschlag zwischen Geistes- und Naturwissenschaften.

In Gesprächen über Hirnforschung wird immer wieder die Befürchtung geäußert, sie banalisiere unser Menschenbild, zerstöre metaphysische Dimensionen und degradiere Tier und Mensch zu Maschinen unterschiedlicher Komplexität. Sie erzeuge eine Weltsicht, in der für Freiheit, Intentionalität, Moral und Religion kein Platz mehr sei. Intertheoretische Reduktionen führen aber lediglich zu neuen Beschreibungen, die als Brücken zwischen bereits bestehenden Beschreibungen aufgebaut werden. Sie heben jedoch nicht die in den jeweiligen Systemen dargestellten Inhalte auf. Somit bleibt es uns Menschen belassen, an den erfahrbaren Wirklichkeiten festzuhalten. Jeder Brückenschlag wird dann Begriffe von Materie und Dinglichkeit eher aufwerten, nicht aber unser Menschenbild entwerten. Schließlich sind wir es, die Weltbilder entwerfen und uns unseren Platz darin zuweisen.

Eine weitere, ernst zu nehmende Befürchtung besteht darin, vermehrtes Wissen über Hirnfunktionen könnte Manipulationsmöglichkeiten erschließen, die unsere Fähigkeiten zum verantwortungsvollen Umgang mit Wissen übersteigen. Hier sind, und das gilt für alle Wissensbereiche gleichermaßen, unsere Erziehungssysteme gefordert. Sind sie in der Lage, uns die moralischen Kategorien und Handlungsmaximen an die Hand zu geben, die wir brauchen, um der Zunahme des Machbaren gewachsen zu sein? Es wird immer klarer, daß Verhalten und damit auch Verhaltensstörungen, einschließlich solcher, die von der Gesellschaft als kriminelle Verhaltensweisen klassifiziert werden, wesentlich durch die funktionelle Architektur des Gehirns bestimmt werden. Damit sind sie dem Einfluß der Gene, den frühen Prägungen und verschiedensten Störungen ausgesetzt. Das wird uns in vielen Fällen zu Toleranz und Hilfe verpflichten, wo früher Ausgrenzung und Strafe angewandt wurden. Andererseits können die gleichen Erkenntnisse genutzt werden, um Verantwortung zu leugnen und fatalistische Positionen zu verteidigen.

Da wir aber nun einmal damit angefangen haben, planend und handelnd in jene Abläufe auf unserem Planeten einzugreifen, die uns hervorgebracht haben, können wir nicht umhin, uns weiter mit Wissen über die Bedingungen unserer Existenz zu versorgen. Denn nichts ist vermutlich gefährlicher, als unwissend handeln zu müssen.

»Was kann ein Mensch wann lernen?«[1]

Ich werde über frühe Phasen der Entwicklung sprechen. Ich werde über Mechanismen sprechen, über welche Wissen ins Gehirn gelangt. Ich werde also weniger politische Stellung beziehen zu Fragen der Ausbildung jenseits der Pubertät; das bleibt späteren Werkstattgesprächen vorbehalten. Ich möchte mit zwei Erfahrungsberichten und einem Gedankenexperiment beginnen, um Ihnen die Spannbreite des Themas vor Augen zu führen.

Viele von Ihnen werden sich noch erinnern – vielleicht ein Drittel –, daß es vor dreißig Jahren als ausgemacht galt, das Menschengehirn käme als frei instruierbare Tabula rasa zur Welt, jedes Gehirn etwa mit den gleichen Voraussetzungen ausgestattet, offen für alles. Entsprechend waren Menschen, die über besondere Fertigkeiten verfügten, Privilegierte, die besondere Förderung genossen hatten. Und die »mal-faiteurs« waren solche, die das Pech hatten, in Umwelten aufgewachsen zu sein, die weniger favorabel waren. Unbotmäßiges Verhalten und Aggression wurden damals als Antwort auf repressive Erziehung gesehen. Selbst Krankheiten, die wir heute als genetisch mitbedingt erkannt haben, wie z. B. die Schizophrenie, wurden damals noch ganz auf soziale Faktoren zurückgeführt, z. B. auf das Phänomen des »Double-Bindings«: Das ungewollte Kind, das von der Mutter nicht angenommen, nicht geliebt und als lästig empfunden wird, erfährt emotionale Ablehnung. Weil aber die Mutter das schlechte Gewissen plagt, wird das Kind zur Kompensation mit materiellen Verwöhngütern überwältigt. Man dachte damals, daß aufgrund dieser widersprüchlichen Signale psychische Erkrankungen wie z. B. Schizophrenie entstehen könnten.

Desgleichen hat man den Autismus, die Unfähigkeit, emotionale Kontakte aufzubauen, der emotionalen Kälte der Mutter zugeschrieben, ihrem »Nicht-Kommunizierenkönnen«. An sehr vielem waren damals die Mütter schuld und trugen eine schreckliche Last. Für den Rest war die Gesellschaft als Ganzes zuständig.

Heute ist zu vernehmen – und ich berichte aus dem Leben – von einem Lehrerseminar: Es sei ja ohnehin alles genetisch festgelegt –, was fast wie eine Rechtfertigung pädagogischen Fatalismus klingt.

---

1 Vortrag anläßlich des ersten Werkstattgespräches der Initiative *McKinsey bildet* in der Deutschen Bibliothek, Frankfurt am Main, am 12. Juni 2001.

Man könne sich im Unterricht auf Disziplinarmaßnahmen beschränken, damit die Ordnung so weit aufrechterhalten wird, daß der Unterricht überlebt werden kann, daß Erziehung aber im übrigen keine Rolle spiele, denn es würde aus den Kindern das, was aufgrund ihrer Anlagen aus ihnen werden müsse. Und dann wird immer wieder angeführt – und auch das habe ich aus Pädagogenmund gehört –: Wir wüßten doch, daß das verwöhnte Einzelkind versagen kann und das Straßenkind reüssieren. Ich vermute, daß solche Positionen Folge der medialen Euphorie über die mißverstandenen Implikationen des abgeschlossenen Genomprojektes sind. Sie zeugen von einer tiefen Unkenntnis über die tatsächlichen Bedingtheiten der Hirnentwicklung. Es gibt fast keine Eins-zu-Eins-Beziehung zwischen genetischen Instruktionen und bestimmten Eigenschaften, schon gar nicht im Bereich von Begabungsspektren und Persönlichkeitsmerkmalen.

Und nun das Gedankenexperiment:

Es ist anzunehmen, daß sich unsere genetische Ausstattung seit den letzten 30–40 000 Jahren nur unwesentlich, wenn überhaupt, verändert hat. Jedenfalls nicht mehr als es der Streubreite der genetischen Ausstattung der heute lebenden Menschen entspricht. Das bedeutet aber auch, daß ein Baby höhlenbewohnender Steinzeiteltern so werden würde wie wir, wenn es von Geburt an in unserer Gesellschaft aufgezogen würde, vielleicht ein Studium aufnähme oder eine Geigenvirtuosin würde. Umgekehrt würden unsere Kinder, wären sie den früheren Menschen anvertraut, so geworden wie deren Kinder. Wir wissen nicht sehr viel über diese Menschen. Aber gewiß ist, daß sie sich drastisch von uns unterschieden haben müssen, und zwar vor allem im Hinblick auf höhere mentale Fertigkeiten und kognitive Leistungen wie Sprach- und Abstraktionsvermögen. Dies zeigt, wie obsolet die derzeitige Überbetonung genetischen Determinismus ist.

Welches nun ist die wissenschaftlich fundierte Position zum Verhältnis von Genen und Umwelt? Lassen Sie mich zunächst rekapitulieren, wie sich aus Eizellen Embryonen und aus diesen Babys und schließlich erwachsene Menschen entwickeln.

Festzuhalten ist zunächst, daß Gene nie alleine, sondern immer in einer Umwelt eingebettet sind, daß es Signale aus der Umwelt sind, die das Auslesen der genetischen Information initiieren und die Entwicklung vom Ei zum Organismus maßgeblich koordinieren. Die Entwicklung setzt ein, weil molekulare Signale im Zellkern auf das Genom einwirken und die Expression der ersten Gene veranlassen. Deren Expression führt zur Synthese neuer Eiweißmoleküle, die zum einen Strukturänderungen realisieren und zum anderen die Expression weiterer Gene auslösen. Die Zellen teilen und differenzieren sich und informieren sich durch Austausch chemischer Signale über die sich ständig wandelnden Nachbarschaftsbeziehungen. Dadurch verändert sich das molekulare Milieu in den Zellen, was wieder unterschiedliche Genexpressionsmuster nach sich zieht. Spezifische Umgebungsbedingungen bestimmen die Expression ausgewählter Gene und deren Produkte verändern die Umgebung, so daß wiederum neue Gene exprimiert werden und so fort. Es vollzieht sich ein sich selbst organisierender Prozeß, der, getragen von einem kontinuierlichen Dialog zwischen Genom und umgebendem Milieu, zur Bildung zunehmend komplexerer Strukturen führt. Schließlich beginnen bestimmte Zellen damit, gerade jene Gene zu exprimieren, welche die Synthese von Bausteinen steuern, die für Nervenzellen charakteristisch sind. Es entstehen die ersten Nervenzellen. Welche Zellen diesen Weg gehen, bestimmt also deren Umgebung. Zellen erkennen über Rezeptormoleküle in ihrer Membran, an welcher Stelle des Embryos sie sich befinden, und entwickeln sich dann je nach Lage zu Nerven- oder Muskel- oder Leberzellen usw.

Die im Kontext der gegenwärtigen Diskussion über Stammzellenforschung brisante Frage ist, ab wann das Schicksal der embryonalen Zellen so weit festgelegt ist, daß sie sich nicht mehr zu einem eigenständigen Organismus entwickeln können, wenn man sie aus dem Zellverband löst. Unter natürlichen Bedingungen ist dies nach dem 8-zelligen Stadium der Fall. Doch nun zurück zu unseren Nervenzellen. Sie entwickeln Dendriten und Axone – Fortsätze für den Empfang und die Weiterleitung elektrischer Signale –, nehmen miteinander Kontakt auf und beginnen lokale Geflechte zu bilden, wobei sie ihre Partner über molekulare Signalsysteme identifizieren und finden. Schließlich werden diese Nervenzellen elektrisch aktiv. Sie eröffnen damit eine neue Kommunikationsform, die es ermöglicht, Signale schnell und mit großer räumlicher Präzision über weite Entfernungen auszutauschen und miteinander zu verrechnen. Von herausragender Bedeutung für unser Thema ist dabei, daß diese elektrischen Signale eine zentrale Funktion bei der Steuerung der weiteren Entwicklung des Nervensystems übernehmen. An den

Kontaktstellen zwischen den Nervenzellen werden die elektrischen Impulse in chemische Signale umgesetzt und diese erfüllen eine Doppelfunktion. Zum einen werden sie von den nachgeschalteten Zellen wieder in elektrische Signale umgewandelt, welche als Grundlage für informationsverarbeitende Prozesse dienen. Zum anderen wirken sie auf die Genexpression ein. Damit eröffnen sich neue und faszinierende Optionen für den Selbstorganisationsprozeß. Es kann jetzt ein Ereignis an einer Stelle des Embryos über neuronale Signaltransduktion Zellen an entfernten Orten veranlassen, ganz bestimmte Gene zu exprimieren. Auf diese Weise kann die Ausdifferenzierung des Organismus und des Gehirns über große Entfernungen hinweg koordiniert werden. Die tragende Rolle spielt dabei zunächst selbsterzeugte Aktivität, mit welcher sich die Nervenzellen mitteilen, ob sie benachbart oder weit voneinander entfernt liegen, welcher Natur sie sind, mit welchen Muskeln oder Sinnesorganen sie verbunden sind usw. In dem Maße, in dem Sinnesfunktionen ausreifen, werden diese selbsterzeugten Aktivitätsmuster dann zunehmend von Sinnesreizen moduliert und damit gerät die Steuerung der Genexpression bzw. der Strukturentwicklung mehr und mehr unter den Einfluß extrakorporaler Faktoren. Es weitet sich das Milieu, das auf Entwicklungsprozesse einwirken kann. Vor der Geburt beschränken sich die Einflüsse jedoch auf das wenige, was in utero rezipiert werden kann. Zudem ist das Nervensystem beim Nesthocker Mensch zum Zeitpunkt der Geburt noch sehr unreif. Nur die Basisfunktionen, die für die Aufrechterhaltung von Lebensprozessen benötigt werden, sind schon ausgebildet.

Schließlich kommt der Fötus auf die Welt und heißt hinfort »Baby«. Beim Menschen ereignet sich dieser Übergang im Vergleich zu anderen Primaten etwa zwei Monate zu früh. Das Kind kann nicht länger Fötus bleiben, weil der Kopf für den Geburtskanal zu groß würde. Würden die Föten länger im Uterus bleiben, was sie eigentlich müßten, um richtig auszureifen, dann würden sie den Weg in die fragwürdige Freiheit nicht finden.

Mit der Geburt vollzieht sich ein dramatischer Sprung in der Hirnentwicklung. Die Sinnesorgane sind nun in der Lage, Signale aus der Umwelt aufzunehmen. Der Selbstorganisationsprozeß – das Wechselspiel zwischen Signalen aus der Umgebung und den Genen – wird jetzt plötzlich von Aktivitätsmustern bestimmt, die von der Umwelt mitgeprägt werden. Alles, was auf die Sinnesorgane des

Babys einwirkt, nimmt ab jetzt Einfluß auf die weitere Entwicklung des Gehirns. Berücksichtigt man ferner, daß sich diese aktivitätsabhängigen Entwicklungsprozesse des Gehirns bis zur Pubertät fortsetzen, wird deutlich, welch prägenden Einfluß frühe Erfahrungen auf die strukturelle Entwicklung des Gehirns nehmen können.

Worauf also beruht diese aktivitätsabhängige und nach der Geburt auch erfahrungsabhängige Ausreifung von Hirnstrukturen? Die Nervenzellen sind zum Zeitpunkt der Geburt im wesentlichen alle angelegt, aber in bestimmten Bereichen des Gehirns noch nicht miteinander verbunden. Dies gilt vor allem für die Großhirnrinde. Viele Verbindungen wachsen erst jetzt aus, aber ein erheblicher Anteil wird nach kurzer Zeit wieder vernichtet. Es vollzieht sich ein stetiger Umbau von Nervenverbindungen, wobei nur etwa ein Drittel der einmal angelegten erhalten wird. Welche bleiben, hängt von der Aktivität ab, die sie vermitteln. Das bedeutet, daß die Ausbildung der funktionellen Architektur der Großhirnrinde in erheblichem Umfang von Sinnessignalen und damit von Erfahrung beeinflußt wird. Genetische und epigenetische Faktoren kooperieren in untrennbarer Wechselwirkung, weshalb eine strenge Unterscheidung zwischen Angeborenem und Erworbenem unmöglich ist.

Es erinnert dieser Vorgang der Selektion von Nervenverbindungen an einen darwinistischen Ausleseprozeß. Kontakte werden im Überschuß angelegt und solche, die einer funktionellen Validierung standhalten, bleiben.

Die ersten und eindrucksvollsten Beispiele für die eminente Bedeutung dieses erfahrungsabhängigen Selektionsprozesses kamen aus der Klinik. Früher litten Neugeborene häufig an Infektionen ihrer Augen, die sie sich während der Geburt zugezogen hatten. Die Folge waren Trübungen der Hornhaut oder gar der Linse. Die Kinder erblindeten und konnten nur noch diffuse Helligkeitsschwankungen wahrnehmen. Als es dann möglich wurde, Linsen und Hornhäute zu transplantieren oder gegen künstliche Medien auszutauschen, war die Erwartung – dem Gehirn selbst fehlte ja nichts –, daß mit solchen Operationen die Sehfähigkeit wieder hergestellt werden könnte. Entsprechend groß war die Enttäuschung, als sich erwies, daß diese spät operierten Patienten blind blieben. Sie hatten jetzt zwar funktionstüchtige Augen, konnten aber mit den Informationen, die jetzt erstmals zur Verfügung standen, nichts anfangen. Viele Patienten empfanden das, was sie jetzt plötzlich wahrnehmen konnten, nicht als visuelle Eindrücke, sondern als Geräusche oder als etwas Schmerzhaftes, als etwas nicht näher Beschreibbares. Sie lernten nicht, sich in der Sehwelt zu orientieren, Räume auszumessen oder Objekte zu identifizieren. Viele dieser spät operierten Patienten wurden tief depressiv, weil ihre Erwartungen nicht erfüllt wurden, und die meisten fielen in ihren Blindenalltag zurück und trugen wieder dunkle Brillen. Der Grund ist, daß das Nichtverfügbarsein von visuellen Signalen in bestimmten Entwicklungsphasen nach der Geburt dazu führt, daß Verbindungen, die eigentlich konsolidiert werden müßten, eingeschmolzen werden. Dem Auswahlmechanismus fehlen die richtigen Signale, er mißinterpretiert Verbindungen, die im Grunde funktionstüchtig sind, als sinnlose und vernichtet sie. Und dieser Vorgang ist irreversibel. Wenn die kritische Phase für die Entwicklung von Verbindungen in der Sehrinde durchlaufen ist, und sie beginnt beim Menschenkind kurz nach der Geburt und klingt dann im Laufe der ersten Lebensjahre ab, dann kommt Hilfe zu spät.

Etwas ähnliches ereignet sich beim frühkindlichen Schielen, einer sehr häufigen Entwicklungsstörung. Hier werden Verbindungen in der Hirnrinde zerstört, die man braucht, um mit beiden Augen gleichzeitig sehen zu können. Die Kinder verlieren die Fähigkeit des Stereosehens. Die Ursache ist wieder, daß aufgrund der Fehlstellung der Augen falsche Signale zur Hirnrinde gelangen und dort Verbindungen irreversibel vernichten. Diese Mechanismen konnten durch Untersuchungen am Tier aufgeklärt werden, wofür Hubel und Wiesel den Nobelpreis erhielten. Auf der Basis dieses Wissens gelang es dann, geeignete Verfahren zur Frühdiagnose und Therapie zu entwickeln, so daß heute das Sehvermögen trotz frühkindlicher Störungen der Signalaufnahme meist erhalten werden kann.

Warum aber läßt sich die Natur auf das Risiko ein, daß vorübergehende Störungen in der Signalaufnahme zu so katastrophalen Veränderungen von Hirnfunktionen führen. Und das, obgleich es doch offenbar möglich ist, einen Vogel so weit zu entwickeln – durch genetische Instruktionen alleine –, daß er, ohne je geübt zu haben, aus dem Nest hüpfen und fliegen kann. Eine außerordentlich komplizierte Leistung des Vogelgehirns, die sich offenbar erfahrungsunabhängig programmieren läßt.

Der gewiefte Darwinist vermutet natürlich, daß mit der Einbeziehung von Umwelteinflüssen in den Entwicklungsprozeß Vorteile verbunden sind, die alle Nachteile wettmachen. Und dies scheint der Fall zu sein. Es können Funktionen ausgebildet werden, die auf

Verschaltungsmustern beruhen, die durch genetische Instruktionen alleine nicht realisiert werden können. Ein Beispiel ist das beidäugige Sehen. Wir messen die Entfernung von Objekten durch den Vergleich der leicht verschiedenen Bilder, die in den beiden Augen entstehen. Die hierfür erforderlichen Verschaltungsmuster sind schwer zu realisieren, weil sichergestellt werden muß, daß die Nervenverbindungen von den beiden Augen so auf gemeinsame Zielzellen in der Hirnrinde verschaltet werden, daß nur Fasern von korrespondierenden Orten der beiden Netzhäute zusammengeführt werden. Es sind dies Orte, die beim beidäugigen Sehen Signale von den gleichen Bildpunkten erhalten. Welche Netzhautorte korrespondieren, hängt jedoch von einer Fülle von Variablen ab, die von genetischen Instruktionen nicht antizipiert werden können. Dies gilt zum Beispiel für die Größe und den Abstand der Augen. Diese Variablen ändern sich während der Entwicklung und hängen u. a. davon ab, wie schnell der Säugling wächst. Beidäugiges Tiefensehen bietet beträchtliche Selektionsvorteile, weil es erlaubt, getarnte Objekte vom Hintergrund abzugrenzen und mit präzise gesteuerten Bewegungen zu greifen. Wie aber die hierfür notwendige Verschaltung realisieren? Hier hilft die funktionelle Validierung. Faserverbindungen von korrespondierenden Netzhautorten müssen ähnliche Aktivitätsmuster aufweisen, da sie per definitionem Signale von den gleichen Bildpunkten vermitteln. Es genügt also, über eine Korrelationsanalyse herauszufinden, welche Fasern immer gemeinsam aktiv sind, und diese dann an den jeweiligen Zielzellen zu konsolidieren. Die Auswahlregeln sind einfach: »Neurons wire together if they fire together.« D. h., Verbindungen zwischen Neuronen, die oft zusammen aktiv sind, werden bestätigt und bleiben erhalten. Es ist dies eine der Grundlagen von assoziativem Lernen.

Dieses Beispiel lehrt noch ein weiteres, das für die spätere Diskussion von zentraler Bedeutung sein wird: Der Auswahlprozeß kann seinen Zweck nur erfüllen, wenn die aktivitätsabhängige Identifikation von Verbindungen einer zusätzlichen internen Bewertung unterzogen wird. Die Signale von den beiden Augen sind nur dann korreliert, wenn das Baby beide Augen koordiniert bewegt und auf das gleiche Objekt richtet. Nur wenn diese Bedingung erfüllt ist, kann das Gehirn die Signale verwenden, um Verschaltungen zu optimieren. In allen anderen Fällen, etwa wenn das Baby nicht aufmerksam ist und die Augen wandern läßt, würden unweigerlich Fehlverschaltungen entstehen. Deshalb sind alle erfahrungsabhängigen Selektionsprozesse einem zusätzlichen Kontrollmechanismus unterworfen, der die Adäquatheit der Aktivierungsbedingungen überprüft und nur den Aktivitätsmustern erlaubt, Veränderungen zu verursachen, die als geeignet identifiziert wurden. Das Nervensystem tastet die Umwelt aktiv ab, sucht nach Mustern, die den Selektionsvorgang unterstützen können, und erlaubt diesen Aktivitäten nur dann, Verschaltungen zu verändern, wenn sie in einem weiteren Kontext als adäquat identifiziert wurden. Offenbar hat die Natur jedoch nicht mit Augeninfektionen und Schielproblemen gerechnet, denn hier versagt diese interne Bewertung. Die abnormen Signale werden nicht als solche erkannt.

Die Existenz interner Bewertungssysteme ist nun von herausragender Bedeutung für die Beurteilung umweltabhängiger Entwicklungsprozesse. Das Gehirn entscheidet, gesteuert von seinen eigenen Bewertungen, welche Aktivitätsmuster Veränderungen der Verschaltung induzieren dürfen. Das hierfür benötigte Vorwissen ist in der funktionellen Architektur der Bewertungssysteme gespeichert und ist genetisch festgelegt, also angeboren. Ein verwandter Mechanismus sorgt ferner dafür, daß Sinnessignale nur dann strukturierend auf die Entwicklung einwirken können, wenn sie Folge aktiver Interaktion mit der Umwelt sind, bei denen der junge Organismus die Initiative hat. Diese Erkenntnis geht auf einen sehr eleganten und frühen Versuch von Hind und Held am MIT zurück. Die Forscher setzten zwei Kätzchen in ein Karussell. Das eine hatte die Pfoten auf dem Boden und konnte durch sein Laufen das Karussell bewegen. Das andere saß in der Gondel und wurde passiv transportiert. Beide sahen natürlich genau das gleiche, bloß zu verschiedenen Zeiten. Die spätere Bestimmung der kognitiven Leistungen der beiden Tiere zeigte jedoch, daß nur das aktive Tier gelernt hatte, das nur beobachtende war nahezu blind und hinsichtlich seiner visuo-motorischen Koordination schwer gestört. Nur-Zuschauen genügt also nicht. Selbermachen ist entscheidend, weil nur dann der interaktive Dialog mit der Umwelt einsetzen kann, der für die Optimierung von Entwicklungsprozessen unabdingbar ist.

Noch eine Bemerkung zur zeitlichen Staffelung aktivitätsabhängiger Entwicklungsphasen. Verschiedene Bereiche der Hirnrinde entwickeln sich mit unterschiedlicher Geschwindigkeit, was sich in der sequenziellen Ausreifung kognitiver Leistungen widerspiegelt. Entsprechend benötigt das Gehirn in verschiedenen Entwicklungsphasen unterschiedliche Informationen aus der Umwelt, um seine

Entwicklung optimieren zu können. Die bereits erwähnten elementaren Verschaltungen in der Sehrinde werden sehr früh ausgebildet und dann erfahrungsabhängig optimiert: Bei Kätzchen dauert diese kritische Phase etwa sechs Wochen, bei Primaten einige Monate, und beim Menschen einige Jahre. Dabei ist die Plastizität und auch die Vulnerabilität der neuronalen Architekturen zu Beginn der kritischen Phasen am höchsten und nimmt dann mit der Zeit kontinuierlich ab.

Die folgenden Beispiele zeigen, wie nachhaltig Umwelteinflüsse auch unter ganz normalen Bedingungen die Ausbildung kognitiver Leistungen prägen. Besonders eindrucksvoll zeigt sich dieser Zusammenhang beim Spracherwerb. Die Erstsprache wird mühelos erlernt, wenn die Interaktionen mit einer sprachkompetenten Umwelt im richtigen Zeitfenster erfolgen. Die Zweitsprache, die meist erst im Schulalter, bei uns in der Regel erst im Gymnasialalter angeboten wird, erlernt sich sehr viel schwerer und auf ganz andere Weise als die Erstsprache. Lernen erfolgt jetzt regelbasiert und unter Kontrolle des Bewußtseins. Entsprechend bilden sich unbewußt ablaufende Automatismen für die Decodierung und Produktion von Sprache nur unvollkommen aus. Die Zweitsprache erreicht nur selten das Perfektionsniveau der Erstsprache. Die Prosodie – der Akzent und die Melodie der Erstsprache – hingegen prägen sich so stark und irreversibel ein, daß sie ein Leben lang begleiten und meist auch die später erlernten Sprachen durchdringen. Beim Erlernen der Erstsprache werden neuronale Verarbeitungsroutinen ausgebildet, die sich später nicht mehr ändern lassen und auf denen alle anderen Lernprozesse aufbauen.

Eine wichtige Voraussetzung für das Sprachverständnis ist die Fähigkeit, den Sprachfluß zu segmentieren. Gesprochene Sprache besteht aus einem kontinuierlichen Strom von Lauten. Das Gehirn muß also zunächst lernen, diese Laute – man spricht auch von Phonemen – zu unterscheiden und zu Worten zusammenzufassen. Erst dann kann Wissen über die sprachspezifische Syntax erworben werden. Die Fähigkeit, Phoneme und Worte als Einheiten zu identifizieren, wird für die Muttersprache sehr früh erworben und die entsprechenden Verarbeitungsprozesse vollziehen sich dann nahezu automatisch, mühelos und sehr schnell. Für die Zweitsprache, vor allem, wenn sie erst im Gymnasialalter erworben wird, bilden sich diese Automatismen nur noch unvollkommen aus. Selbst wer eine Zweitsprache hervorragend beherrscht, kommt in Schwierigkeiten, wenn bei einer Tischgesellschaft viele gleichzeitig in der fremden Sprache sprechen. Es wird dann anstrengend oder gar unmöglich, einzelne Stimmen herauszufiltern. Nicht so in der Muttersprache.

Ein eindrucksvolles Beispiel für die frühe und irreversible Prägung der Phonemwahrnehmung ist das Unvermögen von Asiaten, die Phoneme »r« und »l« akustisch voneinander zu unterscheiden. Sie hören den Unterschied trotz deutlicher Aussprache nicht. Der Grund ist, daß in ihrem Sprachraum die Unterscheidung dieser Phoneme keine Rolle spielt. Als Babys verfügen sie über diese Fähigkeit, und wenn sie im westlichen Sprachraum aufwüchsen, würde sie auch erhalten bleiben. Exposition mit asiatischen Sprachen führt jedoch zu Verschaltungsänderungen, die diese Phonemkategorien zum Verschmelzen bringen. Ein weiteres Beispiel ist die Fähigkeit von Skandinaviern, mehr als ein Dutzend verschiedener A-Schattierungen heraushören zu können. Auch dies eine Folge früher Prägung akustischen Unterscheidungsvermögens.

Aber auch höhere kognitive Leistungen wie z. B. die Abstraktionsfähigkeit scheinen prägbar. Dies folgt aus Untersuchungen von taubstummen Kindern, die eine Zeichensprache erlernt haben. Es gibt verschiedene Arten von Zeichensprachen: zum einen ist da die *American-Signe Language* (ALS), die auf den gleichen syntaktischen und grammatischen Regeln aufbaut und ähnlich abstrakte Symbole verwendet wie die gesprochene Sprache. Hier ersetzen lediglich die Hände die Sprachwerkzeuge und die Augen die Ohren. Diese Sprache wird in den gleichen Hirnstrukturen analysiert und produziert wie die gesprochene Sprache. Es gibt aber auch Zeichensprachen, die sich mehr abbildender, mimetischer Strategien bedienen. Hier also läßt sich überprüfen, ob das Erlernen unterschiedlich abstrakter Sprachen Einfluß auf die Entwicklung kognitiver Fähigkeiten hat. Die Antwort lautet: ja. Kinder, die mimetische Sprachen erlernt haben, tun sich schwerer, logische Zusammenhänge höherer Ordnung zu durchschauen. Solche lassen sich mit mimetischen Sprachen nur unvollkommen darstellen, weil mangels abstrakter Symbole und differenzierter Syntax keine komplexen logischen Strukturen aufgebaut werden können. Offenbar kann man also durch den übenden Umgang mit einer differenzierten Sprache, die abstrakte Konstrukte auszudrücken erlaubt, erlernen, solche Konstrukte auch zu denken und sich vorzustellen. Aus diesem Grund werden mimetische Sprachen nicht mehr gelehrt. Heute versucht man zudem, wann immer möglich, tauben Kindern mit elektronischen Cochlea-

Implantaten zu helfen. Diese vermitteln über direkte elektrische Reizung der Hörnerven eine rudimentäre Lautwahrnehmung und ermöglichen bei früher Anwendung das Verstehen gesprochener Sprache. Wenn dieses Verfahren versagt, wird die ALS mit deutschem Vokabular gelehrt.

Daß es auch sensible Entwicklungsphasen für den Erwerb motorischer Fertigkeiten gibt, ist Gemeingut der Alltagspsychologie. Fahrradfahren ist ein Beispiel. Menschen, die erst als Erwachsene Bekanntschaft mit dem Fahrrad machen, haben in der Regel größte Schwierigkeiten, im Sattel zu bleiben. Der Grund ist, daß Radfahren eine kontraintuitive Bewegungskontrolle erfordert. Will man eine Linkskurve fahren, muß man zunächst nach rechts lenken. Dies bewirkt eine Neigung nach links, die dann unter Ausnutzung der Zentrifugalkraft durch Lenken nach links abgefangen wird. Auch wenn diese komplizierte Dynamik durchschaut wird, gelingt es nur wenigen, die entsprechenden Bewegungsabläufe so zu koordinieren, daß aufgeschundene Knie vermieden werden. Auch das Beherrschen von Musikinstrumenten muß früh erlernt werden, wenn Virtuosität das Ziel ist. Schließlich gibt es Hinweise – aber hier ist die Beweislage schon schütterer –, daß geschlechtsspezifische Verhaltensweisen und gewisse soziale Kompetenzen schon früh eingeprägt werden und dann nur noch schwer, wenn überhaupt, modifizierbar sind. Während es in vielen Fällen gelungen ist, für die Prägungsvorgänge im Bereich sensorischer und motorischer Leistungen entsprechende Veränderungen auf neuronaler Ebene dingfest zu machen, steht die Identifikation der neuronalen Grundlagen für diese sozialen Prägungs- und Lernvorgänge noch aus. Die naheliegende Vermutung ist jedoch, daß auch die Prägung dieser komplexeren Verhaltensdispositionen auf erfahrungsabhängigen Veränderungen neuronaler Architekturen in den jeweiligen Verarbeitungszentren beruht.

Diese Beispiele für frühe Prägungsphasen sollen jedoch nicht den Blick dafür verstellen, daß sich die Hirnentwicklung bis zum Abschluß der Pubertät hinzieht und daß es durchaus auch sehr späte sensible Entwicklungsphasen gibt. Diese verdanken sich der langsamen Ausreifung des sogenannten Präfrontalhirns. Es sind dies Areale der Großhirnrinde, die erst spät in der Evolution hinzutraten und an den vorderen Polen der Hirnhemisphären liegen. Auf ihren Funktionen beruhen die komplexen kognitiven Leistungen, die beim Menschen ihre höchste Differenzierung erreicht haben. Hierzu zählen die

Fähigkeiten, die eigene Existenz in der Zeit zu begreifen, Handlungen aufzuschieben und von vorausgehenden Überlegungen abhängig zu machen, ein Konzept vom eigenen Ich zu entwickeln und sich in soziale Wertgefüge einzuordnen. Kinder entdecken sich erst spät als eigenständiges Ich. Erst ab dem zweiten oder dritten Lebensjahr suchen sie nicht hinter dem Spiegel, sondern erkennen sich in ihm und beginnen sich als autonome Agenten zu erfahren. Die Entwicklung dieser Fähigkeiten korreliert direkt mit der späten Ausreifung präfrontaler Hirnstrukturen. Erst wenn diese funktionstüchtig werden, gelingt es den Kindern, Handlungen aufzuschieben und vorher darüber nachzudenken, ob es opportun ist, jetzt oder später zu agieren. Wenn diese Entwicklungsprozesse behindert werden, etwa durch Verletzungen in den entsprechenden Hirnrindenregionen, dann kann die Entwicklung dieser kognitiven Leistungen irreversibel geschädigt werden. Es kann dann Probleme bei der Ausbildung sozial angepaßten Verhaltens und moralischer Verbindlichkeiten geben. Man kann nur vermuten, daß soziale Deprivation ähnliche Folgen hätte, doch fehlen hier gesicherte Daten, weil Vergleiche zwischen Gruppen mit wohldefinierten, unterschiedlichen sozialen Erfahrungen notwendig wären, diese aber durch eine Flut unkontrollierbarer Variablen erschwert werden.

Welches nun sind die Auswirkungen modifizierter Erfahrung auf neuronale Netzwerke? Wenn die visuellen oder akustischen Signale nicht verfügbar sind, die während der entsprechenden sensiblen Entwicklungsphasen benötigt werden, so führt dies zu Strukturänderungen, die im Mikroskop sichtbar sind. Die Nervenzellen schrumpfen, ihre Fortsätze, mit denen sie Signale von anderen Zellen aufnehmen, die sogenannten Dendriten, bilden weniger Verzweigungen aus, und die Zahl der Kontakte zwischen den Nervenzellen, den Synapsen, nimmt dramatisch ab. Auch die Fläche der insgesamt für eine bestimmte Funktion zur Verfügung gestellten Bereiche der Großhirnrinde kann schrumpfen, wenn diese Funktion nicht trainiert oder nicht gebraucht wird. Bei früh Erblindeten kann es vorkommen, daß Hirnrindenareale, die eigentlich mit der Verarbeitung visueller Signale befaßt sind, die Auswertung taktiler oder akustischer Signale übernehmen. Blinde, die Braille lernen – also mit den Händen lesen –, benutzen einen Teil der normalerweise für das Sehen zuständigen Hirnrindenareale, um die taktilen Muster zu dechiffrieren. Die Funktionen von Hirnrindenarealen sind also durch Deprivation in Grenzen verschiebbar.

Entgegengesetzte Veränderungen lassen sich durch intensives Training oder durch Überexposition auf bestimmte Sinnesreize induzieren. Wer früh anfängt, intensiv Geige zu üben, kann erreichen, daß die Repräsentation der linken Hand, welche die Saiten greift, in der Großhirnrinde mehr Platz eingeräumt bekommt als bei Nicht-Übenden oder spät Berufenen. Ob dies auf Kosten anderer Funktionen geschieht, und falls ja, welcher, ist unbekannt. Weil es im Gehirn keine Leerstellen gibt, steht zu erwarten, daß sich das eine nur auf Kosten des anderen ausbreiten kann. Dies auch deshalb, weil die verfügbare Zeit nicht dehnbar ist. Wer Geige übt, kann nicht gleichzeitig sozial kommunizieren und umgekehrt. Übertraining und Deprivation gehen oft zusammen, weil die Zeit und die Lernfähigkeit von Gehirnen begrenzt sind.

Es ist eine Mär, die von Wochenendtrainern gewinnträchtig vermarktet wird, daß der Mensch nur einen ganz kleinen Teil seiner neuronalen Ressourcen nutzt. Das ist Unsinn: Es gibt im Gehirn nirgends Bereiche, die brachliegen. Wäre dem so, könnte man von dort Gewebe entnehmen, ohne Funktionseinbußen befürchten zu müssen. Dem aber ist es nicht so.

Training bewirkt also das Gegenteil von Deprivation. Die Zahl der Kontakte zwischen Nervenzellen nimmt zu, die für die geübten Funktionen zuständigen Areale dehnen sich aus und die neuronalen Antworten spezialisieren sich auf die trainierten Inhalte. Während gesichert ist, daß Deprivation zur suboptimalen Ausbildung neuronaler Architekturen führt, ist weit weniger klar, inwieweit die strukturelle Komplexität durch Üben über das Maß hinaus gesteigert werden kann, das unter normalen Bedingungen erreicht wird. Auch läßt sich im Einzelfall nie angeben, inwieweit ein bestimmtes Verbindungsmuster von genetischen oder erfahrungsbedingten Faktoren geprägt ist, es sei denn, es gibt deutliche Anzeichen für Deprivation. Der Grund ist, daß Hirnstrukturen das Ergebnis eines fortwährenden Dialogs zwischen genetischen und epigenetischen Faktoren sind und daß beide Einflüsse auf dieselben Mechanismen der Strukturbildung einwirken. Ob eine fehlende Verbindung genetisch nicht angelegt oder durch Umwelteinflüsse gelöst wurde, läßt sich a posteriori nur selten rekonstruieren.

Ein weiterer Grund, warum diese Unterscheidung in der Regel mißlingt, ist, daß es keine Eins-zu-Eins-Relation zwischen genetischen Instruktionen und bestimmten Verhaltensweisen gibt. Das Genom enthält eine Fülle von Instruktionen, die wie in einem

Netzwerk miteinander wechselwirken. Genetische Instruktionen sind komplizierten Sätzen vergleichbar, die über eine eigene Grammatik verfügen. Diese Sätze werden durch den Entwicklungsprozeß in Strukturen und Funktionen übersetzt. Die meisten Eigenschaften verdanken sich dem differenzierten und noch wenig verstandenen Zusammenspiel einer großen Zahl verschiedener Gene.

Ich will nun versuchen, aus diesen Fakten einige Schlußfolgerungen zu ziehen. Dabei bin ich mir der Gefahr bewußt, meine Kompetenz zu überschreiten. Vielleicht ist das eine oder andere auch Rechtfertigung eines selbst manchmal »versagt-zu-haben-glauben-den-Vaters«.

Eine sichere Schlußfolgerung ist, daß kein Kind dem anderen gleichen kann, und das gilt auch für eineiige Zwillinge, weil im Laufe der Entwicklung eine riesige Zahl von Verzweigungen durchlaufen werden müssen und Entscheidungen darüber, welche Gabelung gewählt wird, oft von kleinen, mitunter zufälligen Fluktuationen der Umgebungsbedingungen abhängen. Ferner gibt es gewaltige, interindividuelle Unterschiede in der Entwicklungsgeschwindigkeit, selbst zwischen Geschwistern. Und auch hier wirken genetische und epigenetische Faktoren zusammen. Eine gute Korrelation besteht zum Beispiel zwischen Geburtsgewicht und dem Reifegrad des Gehirns, und zumindest beim Tier bleibt diese Korrelation zwischen Körpergewicht und Hirnreife lange erhalten. Dies legt nahe, was Pädagogen ohnehin postulieren, daß Förderung in hohem Maße auf die individuellen Bedingungen abgestimmt sein muß. Wegen unterschiedlicher Anlagen und Entwicklungsgeschwindigkeiten ist kaum damit zu rechnen, daß Kinder gleichen Alters gleiche Bedürfnisse und Fähigkeiten haben. Dies stellt das fast ausschließlich altersorientierte Klassensystem in Frage.

Die Existenz zeitlich gestaffelter sensibler Phasen für die Ausbildung verschiedener Hirnfunktionen führt zu dem Postulat, daß das Rechte zur rechten Zeit verfügbar oder angeboten werden muß. Es ist nutzlos und womöglich sogar kontraproduktiv, Inhalte anzubieten, die nicht adäquat verarbeitet werden können, weil die entsprechenden Entwicklungsfenster noch nicht offen sind. Da bislang nur wenig experimentelle Daten darüber vorliegen, wann das menschliche Gehirn welche Informationen benötigt, ist wohl die beste Strategie, sorgfältig zu beobachten, wonach die Kinder fragen. Ich hatte ausgeführt, daß das Gehirn bei der Organisation seiner Entwicklung die Initiative hat und sich die jeweils benötigte Information selbst sucht. Es sollte demnach ausreichen und wäre wohl auch die optimale Strategie, sorgfältig darauf zu achten, wofür sich das Kind jeweils interessiert, wonach es verlangt, und wodurch es glücklich wird. Babys können auch schon im vorsprachlichen Stadium durch Lachen, Weinen und differenzierte Mimik signalisieren, was für sie richtig und wichtig ist.

Wie läßt sich also das Angebot optimieren? Natürlich muß die Umwelt hinreichend reich sein, damit das, was benötigt wird, auch vorhanden ist, und die Kinder das, was sie suchen, auch finden können. Aber dies dürfte in aller Regel der Fall sein. Über die Sonderbegabungen werde ich noch sprechen. Wenig hilfreich dürfte es sein, die Kleinen mit Überangeboten zu überschütten und die Umgebung so früh wie möglich so komplex wie möglich zu gestalten: Mozart nicht nur im Kuhstall, sondern auch im Babyzimmer, Musik und Malerei aller Stilrichtungen, vielleicht sogar etwas hohe Literatur vorlesen. Das ist natürlich alles Unsinn, dem vehement Einhalt geboten werden muß. Hier vermischt sich Elternehrgeiz mit mißverstandenen Botschaften über die Bedeutung kritischer Entwicklungsphasen. Es macht keinen Sinn, Entwicklungen forcieren zu wollen. Die Kinder werden aufgezwungene Angebote nicht annehmen, unnütze Zeit mit Abwehr verbringen, und es schwerhaben, das für sie Wichtige herauszufiltern.

Wichtig ist vielmehr, daß Deprivationen vermieden werden. Diese Gefahr ist am größten, wenn Sonderbegabungen vorliegen, auf welche die Eltern und später die Kindergärten und Schulen nicht vorbereitet sind. Weil Begabungen normal verteilt sind, muß mit erheblichen Abweichungen vom Mittelwert gerechnet werden, in beide Richtungen natürlich. Hier besteht dann in der Tat die Gefahr, daß das Rechte nicht zur rechten Zeit angeboten wird. Hier könnten Evaluierungsprogramme vorbeugen, mit denen sich bei Verdacht auf Sonderbegabungen überprüfen ließe, ob die Kleinen in Spezialbereichen besondere Förderung benötigen.

In den allermeisten Fällen wird es aber genügen, darauf zu vertrauen, daß die jungen Gehirne selbst am besten wissen, was sie in verschiedenen Entwicklungsphasen benötigen und dank ihrer eigenen Bewertungssysteme kritisch beurteilen und auswählen können. Kinder sind in aller Regel genügend neugierig und wißbegierig, um sich das zu holen, was sie brauchen. Elternehrgeiz ist hier wenig dienlich, entscheidend ist nicht, was die Eltern wollen, sondern was das Kind mitbringt und will. Hier ein praktisches Beispiel von vielen. Kinder wollen sprechen und durchlaufen eine sensible Phase, in der sie Sprachkompetenz besonders schnell und mühelos erlangen. Hier könnte das frühe Angebot einer zweiten Sprache die Nutzung natürlicher Ressourcen ohne Überforderung optimieren.

Abschließend möchte ich noch einen Aspekt hervorheben, an dem mir ganz besonders gelegen ist. Die differenzierte Entwicklung kognitiver Funktionen hängt ganz wesentlich von den Kommunikationsfähigkeiten und -möglichkeiten der Kleinen ab. Die Entwicklung von Autismus wird unter anderem darauf zurückgeführt, daß es den Kindern nicht gelingt, die emotionalen Signale zu dechiffrieren, die ihre Bezugspersonen in ihrer Mimik und Gestik ausdrücken. Über diesen nicht-sprachlichen Kommunikationsprozeß wird den Kindern vermittelt, wie ihre Aktionen und Fragen von ihrem sozialen Umfeld bewertet werden und diese Information scheint für die Einbindung in das sozio-kulturelle Umfeld und alle damit verbundenen Lernprozesse von herausragender Bedeutung zu sein. Wenn die Kinder nicht in der Lage sind, diese bewertenden Signale zu dechiffrieren, führt dies zu sozialer Isolation und in der Folge zu gravierenden Fehlentwicklungen aller höheren kognitiven Funktionen. Der Dialog mit der Umwelt bricht ab und umweltabhängige Entwicklungsprozesse werden fehlgeleitet. In diesem Fall liegt eine pathologische Störung der Kommunikationsfähigkeit vor. Sie belegt aber, wie außerordentlich wichtig kommunikative Prozesse für die Hirnentwicklung sind. Somit stellt sich die Frage, ob wir genügend investieren, um die normalen Kommunikationsmöglichkeiten auszuschöpfen.

Wie aber kann die Kommunikationsfähigkeit der Kinder so umfassend wie möglich gefördert werden? Wir setzen derzeit vor allem auf die rationale Sprache als Kommunikationsinstrument. Sie ist das einzige der uns mitgegebenen Ausdrucksmittel, das unser Erziehungssystem mit Nachdruck ausbildet. Nun ist es kein Geheimnis, daß bei einem kommunikativen Akt – selbst bei diesem Vortrag – ein erheblicher Teil der vermittelten Information über Mimik, Gestik und Intonation transportiert wird. Auch ist wohlbekannt, daß durch bildnerische, musikalische, mimische, gestische und tänzerische Ausdrucksformen Information transportiert werden kann, die sich in rationaler Sprache nur sehr schwer fassen läßt. Überzeugende Schilderungen widersprüchlicher Gestimmtheiten gelingen nur selten mit Worten allein, es sei denn, es liegt lyrische Sonderbegabung vor. Aber die angesprochenen nicht-rationalen Kommunikationstechniken können gerade solche Inhalte hervorragend vermitteln, weil sie nicht an binäre Logik gebunden sind. Ich behaupte, und entferne mich damit sicher nicht zu weit von der Wahrheit, daß alle Kinder mit dem Angebot kommen, diese nicht-rationalen Kommunikations- und Ausdrucksmittel zu nutzen und daß alle Kinder über sie verfügen, daß wir diese aber zu wenig und wenn überhaupt, dann zu spät fördern und sie auf Kosten der Ausbildung der rationalen Sprache vernachlässigen oder gar unterdrücken. Hier liegt nach meiner Einschätzung ein Fall von Deprivation vor. Und so müssen wir uns meist damit begnügen, uns mit dem relativ jämmerlichen Vehikel rationaler Sprachen verständlich zu machen. Gerade die Informationen, die bei der Stabilisierung sozialer Systeme eine so wichtige Rolle spielen, lassen sich damit aber selbst bei hoher Sprachkompetenz nur sehr unvollkommen transportieren.

Abschließend möchte ich Sie noch mit einer Utopie befassen, die mir oft durch den Kopf geht. Die ethnischen Konflikte, die derzeit ein Hauptproblem darstellen, beruhen nicht zuletzt auf der Unfähigkeit, sich in die kognitiven Schemata der jeweils anderen hineinzuversetzen: Das gleiche Ereignis wird von den Kontrahenten unterschiedlich wahrgenommen, und so fühlt sich jeder im Recht – ein eindrucksvolles und folgenreiches Beispiel für die kulturelle Prägung von kognitiven Funktionen. Wenn sich die Kontrahenten auch der nicht-rationalen Sprachen bedienen könnten, um sich verständlich zu machen, würden sie vermutlich schnell erkennen, daß ihre Befindlichkeiten und Sehnsüchte die gleichen sind. Ich denke da z. B. an eine Friedenskonferenz, bei der versucht wird, mit allen verfügbaren Ausdrucksmitteln – also nicht nur Sprache, sondern auch Musik, Gesang, Tanz und Bildern – zu erklären, welches die respektiven Ängste und Nöte sind, eine Art »Jam-Session« ausdruckskompetenter Vermittler. Wenn solche Ausdrucks- und damit auch Rezeptionskompetenz früh gepflegt und eingeübt würde, hätte dies vermutlich segensreiche Auswirkungen auf unsere Sozialgefüge.

Vom Gehirn zum Bewußtsein

Vor etwa 130 Jahren sprach ein prominentes Mitglied der preußischen Akademie der Wissenschaften folgende Sätze:

Dies Neue, Unbegreifliche ist das Bewußtsein. Ich werde jetzt, wie ich glaube, in sehr zwingender Weise dartun, daß nicht allein bei dem heutigen Stand unserer Kenntnis das Bewußtsein aus seinen materiellen Bedingungen nicht erklärbar ist, was wohl jeder zugibt, sondern auch, daß es der Natur der Dinge nach aus diesen Bedingungen nie erklärbar sein wird. Welche denkbare Verbindung besteht zwischen bestimmten Bewegungen bestimmter Atome in meinem Gehirn einerseits, andererseits den für mich ursprünglich nicht weiter definierbaren, nicht wegzuleugnenden Tatsachen, ich fühle Schmerz, ich fühle Lust, ich fühle warm, ich fühle kalt, ich schmecke Süßes, rieche Rosenduft, höre Orgelton, sehe Rot, und der ebenso unmittelbar schließenden Gewißheit, also bin ich. Es ist in keiner Weise einzusehen, wie aus ihrem [gemeint ist: der Atome] Zusammenwirken Bewußtsein entstehen könnte. Sollte ihre Lagerung und Bewegungsweise ihnen nicht gleichgültig sein, so müßte man sie nach Art der Monaden schon einzeln mit Bewußtsein ausgestattet denken. Weder wäre damit das Bewußtsein überhaupt erklärt, noch für die Erklärung des einheitlichen Bewußtseins das Mindeste gewonnen.

So Emil Du Bois-Reymond in seinem Vortrag über die Grenzen der Naturerkenntnis, den er 1872 auf der Tagung der Naturforscher und Ärzte gehalten hat. Emil Du Bois-Reymond war Mitglied der Preußischen Akademie der Wissenschaften, die jetzt die Berlin-Brandenburgische heißt. Er äußert, wie ich glaube, begründete und nachvollziehbare Zweifel im Hinblick auf die Möglichkeit einer reduktionistischen Erklärung mentaler Phänomene, unserer subjektiven Empfindungen, unserer Möglichkeit zur freien Entscheidung und unserer Erfahrung, ein autonomes Selbst zu sein, das zwar in einem biologisch begründeten Organismus residiert, von diesem aber als ontologisch verschieden empfunden wird. Diese mentalen Phänomene, so die über Jahrhunderte unveränderte Position, verschlössen sich einer reduktionistischen Erklärung im Rahmen naturwissenschaftlicher Beschreibungssysteme. Und je überzeugender die Beweise dafür werden, daß wir unser Dasein und unser Sosein einem kontinuierlichen evolutionären Prozeß verdanken, in dessen Verlauf es keinerlei Hinweise auf ontologische Sprünge gibt, um so zwingender wird natürlich die Notwendigkeit, sich erneut mit dem Phänomen der Emergenz mentaler Qualitäten auseinanderzusetzen. Da die Phänomene, die wir gemeinhin unter Bewußtsein subsumieren, unzweifelhaft auf kognitiven Funktionen unserer Gehirne beruhen, möchte ich das Phänomen des Bewußtseins im Lichte dessen erneut kommentieren, was wir heute über die Evolution unserer Gehirne und über deren Funktionsweise zu wissen glauben.

Ein epistemologisches Caveat

Bevor ich mich dem Gehirn als Objekt naturwissenschaftlicher Nachforschungen selbst zuwende, soll ein erkenntnistheoretisches Problem in Erinnerung gerufen werden, das alle angeht, aber jemandem, der Hirnforschung betreibt, besonders oft und eindringlich begegnet. Bei der Erforschung des Gehirns betrachtet sich ein kognitives System im Spiegel seiner selbst. Es verschmelzen also Erklärendes und das zu Erklärende. Und es stellt sich die Frage, inwieweit wir überhaupt in der Lage sind, das, was uns ausmacht, zu erkennen. Natürlich ist dies ein generelles Problem, dem sich alle stellen müssen, die Aussagen über die Natur der Dinge machen. Ist doch nur erkennbar, was unser kognitiver Apparat, unser Gehirn, zu denken, zu rekonstruieren und sich vorzustellen vermag. Betrachtet man die evolutionären Prozesse, die dieses Organ hervorgebracht haben, liegt der Schluß nahe, daß die während der Evolution wirksamen Selektionsmechanismen vermutlich nicht dazu angetan waren, kognitive Strukturen auszubilden, die für die Erfassung dessen optimiert sind, was hinter den Dingen möglicherweise sich verbirgt. Unser Gehirn ist einzig und allein an den funktionalen Kriterien gemessen worden, den Organismus, der es trägt, so lange am Leben zu erhalten, bis dieser sich reproduzieren kann, so zumindest die klassische Auffassung. Unsere kognitiven Funktionen sind deshalb an eine makroskopische Welt angepaßt, und nicht an die Welt, in der die Quantenmechanik relevant ist, oder an die Welt kosmischer Dimensionen. Bedeutsam ist für uns die Welt, die im Zentimeter- bis Meterraum sich ereignet, und vornehmste Aufgabe unseres kognitiven Systems ist es, Regelhaftigkeiten dieser Welt zu begreifen. Daher rühren denn auch die Schwierigkeiten, die wir mit den Beschreibungen von Bedingungen haben, die uns von der Astro- und Quantenphysik geliefert wurden. Prozesse im Bereich von Nanometern und Lichtjahren sind zwar berechenbar, aber sie verwehren sich der Anschaulichkeit und widersprechen nicht selten unseren Primärerfahrungen. Wir betrachten diese Konstrukte, diese Weltbeschreibungen, als zutreffend, wenn sich die aus ihnen abgeleiteten Voraussagen durch Experimente, durch intersubjektiv vereinbarte Beobachtungsverfahren bestätigen lassen. Doch sind auch diese Beobachtungsstrategien von uns erdacht. Sie beruhen auf Verabredungen, deren Akzeptanz sich just aus den gleichen rationalen Beschreibungssystemen herleitet, die zur Erzeugung der zu testenden Hypothesen führte. Grundsätzlich unbeantwortbar erscheint somit die Frage, ob es jenseits des uns Zugänglichen noch Unergründbares gibt und wo die Grenzen des Erkennbaren, wenn es sie gibt, liegen.

Evolution und Emergenz neuer Qualitäten

Ich möchte zunächst auf die Evolution unseres kognitiven Organs, des Gehirns, eingehen, dann an einigen Beispielen verdeutlichen, was wir heute über die funktionelle Organisation dieses Organs wissen, und zum Schluß noch kurz über die höchsten kognitiven Funktionen des Gehirns sprechen, die sich im Bewußt-Sein ausdrücken. Ich schicke voraus, um keine falschen Erwartungen zu wecken, daß ich der Überzeugung bin, daß diese höchsten Hervorbringungen unserer Gehirne, jene, die uns die Erfahrung vermitteln, autonome, selbstbestimmte Agenten zu sein, vermutlich kulturelle Konstrukte sind und deshalb der neurobiologischen Erklärung nicht direkt zugänglich.

Bei der Betrachtung der Evolution, und das gilt für Organismen und Organe gleichermaßen, also auch für die Evolution von Nervensystemen, fasziniert die Beständigkeit, mit der frühe Erfindungen über Jahrmillionen hinweg konserviert wurden. Nervenstrukturen, die bereits zu Beginn der Evolution von Nervennetzen, also schon von Invertebraten entwickelt wurden, finden sich nahezu unverändert in den Nervensystemen der spät hinzugekommenen Säugetiere wieder. Die charakteristischen Merkmale von Nervenzellen, die Ausbildung von Dendritenbäumen, über die sie Information von anderen Nervenzellen empfangen, und von Axonen, mit denen sie Kontakt zu nachgeschalteten Nervenzellen aufnehmen, diese Polarisierung in einen Empfänger- und Senderbereich ist seit Jahrmillionen unangetastet erhalten geblieben. Unverändert geblieben sind auch fast alle biochemischen Bestandteile dieser Zellen. Etwa 90 % der Gene, die in menschlichen Nervenzellen exprimiert sind, finden sich, abgesehen von kleinen, funktionell wenig relevanten Modifikationen, auch schon in Nervenzellen von Schnecken.

Was in diesen Weichtieren über zelluläre Eigenschaften zu lernen ist, läßt sich in der Regel direkt auf höhere Säuger und den Menschen übertragen.

Konserviert sind erstaunlicherweise auch bis ins Detail die chemischen Überträgersubstanzen, über welche Nervenzellen miteinander kommunizieren. In den Synapsen, den Kontakten zwischen Nervenzellen, wird durch Freisetzung einer chemischen Überträgersubstanz die elektrische Aktivität der sendenden Zelle in ein chemisches Signal umgesetzt, das dann seinerseits über Rezeptoren und gekoppelte Ionenkanäle in der nachgeschalteten Zelle wiederum elektrische Potentiale erzeugt. Es gibt fast keine Überträgersubstanzen im Säugetiergehirn, die nicht auch schon in einfachen Organismen, wie Insekten und Schnecken, zu finden wären. Konserviert worden ist auch der allgemeine Bauplan von Gehirnen, vor allem der von Chordaten, also jenen Spezies, die über ein Rückenmark verfügen. Bei allen Gehirnen, ob von Fischen, Reptilien oder Säugern, läßt sich die gleiche Unterteilung in Vorderhirn, Riechhirn, Zwischenhirn, Mittelhirn, Kleinhirn und Hirnstamm vornehmen. Diese Unterteilungen ergeben sich aufgrund der Konnektivität der verschiedenen Zentren und der regionalen Expressionsmuster hirnspezifischer Gene. Besonders auffällig sind diese Ähnlichkeiten natürlich zwischen den Gehirnen von Säugetieren. Die hochentwickelten Gehirne von Primaten unterscheiden sich von den Gehirnen anderer Säuger vornehmlich durch die enorme Volumenzunahme der Großhirnrinde. Es ist jedoch keineswegs so, daß wir Menschen das größte Gehirn besitzen; Größe ist notwendige, aber nicht hinreichende Voraussetzung für Komplexität und Leistung; es kommt auch und vor allem auf die Verschaltung der Nervenzellen an. Dennoch gilt, daß all die kognitiven Eigenschaften, die Säugetiere voneinander und den Menschen von diesen unterscheiden, einzig und allein auf einer Volumenzunahme der Großhirnrinde, auf einer Vermehrung von Hirnrindenarealen, beruhen. Außer diesem quantitativen Unterschied läßt sich keine wesentliche Veränderung im Aufbau der verschiedenen Gehirne ausmachen.

Bei der Großhirnrinde handelt es sich um eine etwa zwei Millimeter dünne gefaltete Schicht von dicht gepackten Nervenzellen, die gemeinhin als graue Substanz bezeichnet wird, im Gegensatz zu der darunterliegenden weißen Substanz, die aus Leitungsbahnen besteht. In einem Kubikmillimeter Hirnrinde drängen sich etwa vierzigtausend Nervenzellen, die untereinander aufs innigste in Verbindung stehen. Eine Nervenzelle kontaktiert etwa zwanzigtausend andere und empfängt von ebenso vielen ihre Eingangssignale. Dabei kommunizieren sowohl Nervenzellen miteinander, die in unmittelbarer Nachbarschaft angeordnet sind, als auch Zellen, die weit entfernt in verschiedenen Hirnstrukturen liegen. Über Einzelheiten dieser Verbindungsarchitekturen wird noch zu sprechen sein.

Die Evolution höherer kognitiver Leistungen scheint also ganz vorwiegend auf der Vergrößerung dieses dünnen Mantels von Hirnrindenzellen zu beruhen. Bestechend ist dabei, daß diese Struktur im Laufe der Evolution ihre interne Organisation nahezu unverändert beibehalten hat. Die Großhirnrinde der Maus ist von der des Menschen kaum zu unterscheiden. Dies hat wichtige Implikationen für die Beurteilung der Mechanismen, auf welchen die Evolution neuer Funktionen beruht. Anders als in technischen Systemen ist im Gehirn keine Trennung zwischen Hard- und Software möglich. Im Gehirn wird das Programm für Funktionsabläufe ausschließlich durch die Verschaltungsmuster der Nervenzellen festgelegt. Die Netzstruktur ist das Programm. Die Algorithmen, nach denen die Großhirnrinde arbeitet, haben sich somit im Laufe der Evolution kaum verändert. Es sind lediglich mehr Areale hinzugekommen. Dies bedeutet, erstens, daß die von der Großhirnrinde erbrachten Verarbeitungsleistungen sehr allgemeiner Natur sein müssen und, zweitens, daß die Iteration ebendieser, im Prinzip gleichen Prozesse neue, qualitativ verschiedene Funktionen hervorbringen kann.

Die Hirnrinde läßt sich aufgrund anatomischer und funktioneller Kriterien in Regionen einteilen. Im parietalen und temporalen Bereich liegen Areale, die sich mit der Verarbeitung visueller Signale befassen, dazwischen finden sich Areale, die akustische Aktivität vermitteln, und wenn es sich um die sprachdominante Hirnhälfte handelt, liegen hier auch Areale, die sich mit der sensorischen Verarbeitung von Sprachmaterial befassen. Ferner gibt es Areale, die sich mit der Körperfühlsphäre auseinandersetzen, also mit den Signalen, die von den Rezeptoren im Körper vermittelt werden. In frontalen Rindenfeldern werden Bewegungsprogramme erstellt, und in der dominanten Hemisphäre wird hier zusätzlich die Sprachproduktion verwaltet. Schließlich sind da die stammesgeschichtlich relativ rezenten praefrontalen Areale, die für die Handlungsplanung und vermutlich auch für die Einbindung in soziale Gefüge zuständig sind. Hier findet sich auch der Kurzzeitspeicher, der es uns ermöglicht, Reaktionen auf Reize aufzuschieben und Handlungsentwürfe gegeneinander abzuwägen.

Das Bestechende an dieser funktionellen Unterteilung ist, daß die interne Struktur der verschiedenen Hirnrindenareale praktisch identisch ist, obgleich sie doch offensichtlich ganz verschiedene Funktionen wahrnehmen. Nur der Spezialist ist in der Lage, ein histologisches Präparat, das von der Sehrinde entnommen wurde, von einem zu unterscheiden, das von der Sprachregion stammt. Es gibt feine Unterschiede, aber die generelle Organisation, die Verschaltung, ist nahezu identisch. Dies legt die Schlußfolgerung nahe, daß in der Hirnrinde ein Verarbeitungsalgorithmus realisiert wird, der zur Behandlung unterschiedlichster Inhalte taugt und dessen Iteration alleine offenbar zu immer höheren kognitiven Leistungen führen kann.

Welches nun sind die Leistungen, die in der Hirnrinde erbracht werden, oder allgemeiner gefragt, welches sind die grundlegenden Funktionsprinzipien, nach denen Gehirne organisiert sind?

Das Bindungsproblem

Bis vor kurzem, und wohl schon seit geraumer Zeit, sind Fachleute wie Laien gleichermaßen, der Intuition folgend, davon ausgegangen, daß irgendwo im Gehirn ein Konvergenzzentrum existieren müsse, wo alle Signale, die über die Sinnesorgane gesammelt werden, konvergieren, um dort einer einheitlichen Interpretation zugeführt zu werden. Es wäre dies dann auch der Ort, wo Handlungsentwürfe erarbeitet und Entscheidungen gefällt werden; und für die, welche dualistische Positionen bevorzugen, wäre dies auch der Ort, wo der mit mentalen Eigenschaften ausgestattete Homunkulus wirkt, der über alle Hirnfunktionen wacht und koordinierend tätig ist. Aber selbst wer monistischen Positionen zuneigt, ist versucht, wenn er seiner Intuition folgt, ein hierarchisches oder pyramidales Ordnungsprinzip zu postulieren – ganz so, wie es Descartes natürlich und unvermeidlich schien. Nun hat uns die moderne Neurobiologie belehrt, daß wir alle, Descartes eingeschlossen, irrten, daß die tatsächliche Organisation des Nervensystems auf dramatische Weise verschieden ist.

Es trifft zwar immer noch zu, und ich will dies am Beispiel des Sehsystems illustrieren, daß die ersten Schritte der Informationsverarbeitung dem seriellen Prinzip folgen. Licht wird im Auge durch

Photorezeptoren in neuronale Aktivität umgewandelt, und diese elektrischen Signale gelangen über Fasersysteme zum Thalamus und dann zur primären Sehrinde. Ab dann aber dominiert das Prinzip der Parallelverarbeitung. Die Verarbeitungswege verzweigen sich auf zahlreiche, oft parallel angeordnete Areale, die fast alle reziprok miteinander verbunden sind. Auch imponiert die Fülle von Rückkopplungsbahnen. Es existiert kaum eine Vorwärtsverbindung, die nicht von einer quantitativ mächtigeren Rückwärtsverbindung parallelisiert wird.

Zudem haben wir inzwischen gelernt, daß in all diesen Arealen ganz unterschiedliche Aspekte der Sehwelt abgearbeitet werden. In Arealen des sogenannten dorsalen Verarbeitungsweges, der vorwiegend Regionen des Parietallappens einschließt, werden hauptsächlich Signale über die Bewegung und die Lokalisation von Objekten im Raum verarbeitet. Hier wird auch die Form von Objekten analysiert, aber nur bezüglich der Parameter, die für die Programmierung von Greifbewegungen relevant sind. Die Areale dagegen, die den ventralen Pfad ausmachen und im Temporallappen liegen, führen Analysen aus, die für die Objektidentifikation unerläßlich sind. Vergebens sucht man jedoch nach Konvergenzzentren, die am Ende der Verarbeitungswege liegen könnten. Areale im Frontallappen, die bei isolierter Betrachtung des visuellen Systems als mögliche Konvergenzzentren in Erscheinung treten, befassen sich lediglich mit der Kontrolle der Aufmerksamkeit und sorgen dafür, daß wir unsere Augen und unseren Kopf den interessanten Objekten zuwenden, nachdem die vielen anderen Areale in einem kompetitiven Abstimmungsprozeß entschieden haben, was interessant ist. Wenn jedoch die anderen Sinnessysteme und die motorischen Zentren in das Verbindungsdiagramm miteinbezogen werden, ergibt sich eine Netzwerkarchitektur, die jeden Hinweis auf eine pyramidale Organisation mit einem Konvergenzzentrum an der Spitze vermissen läßt. Man sieht sich vielmehr einem hoch distributiv und parallel organisierten System gegenüber, das auf außerordentlich komplexe Weise reziprok vernetzt ist. Und dies wirft die kritische Frage auf, wie diese vielen gleichzeitig ablaufenden Verarbeitungsprozesse so koordiniert werden können, daß kohärente Interpretationen der Welt erstellt, sinnvolle Entscheidungen getroffen und gezielte Handlungsentwürfe programmiert werden können. Es gibt hier keinen Agenten, der interpretiert, kontrolliert und befiehlt. Koordiniertes Verhalten und kohärente Wahrnehmung müssen als emergente Qualitäten oder Leistungen eines Selbstorganisationsprozesses verstanden werden, der alle diese eng vernetzten Zentren gleichermaßen einbezieht. Zu klären, wie diese Koordination erfolgt, ist eine der großen Herausforderungen, mit denen sich die Neurobiologie im Augenblick beschäftigt. Wir bezeichnen dieses Problem als das Bindungsproblem. Ich will hier nicht ins Detail gehen, weil ich 1999 in einer Spezialausgabe der Zeitschrift *Neuron* über dieses Problem ausführlich berichtet habe. (Singer 1999a)

Die Struktur von Bindungsproblemen, die in solch distributiv organisierten Systemen gelöst werden müssen, läßt sich auch an scheinbar einfachen Wahrnehmungsakten veranschaulichen. Wenn man eine beliebige Szene betrachtet und sich dabei vergegenwärtigt, daß diese auf der Netzhaut lediglich eine zweidimensionale Helligkeitsverteilung erzeugt, wird deutlich, welch immense Leistung das Sehsystem erbringen muß, um die in der Szene enthaltenen Figuren vom Hintergrund abzugrenzen und zu identifizieren.

Unsere Sehzentren müssen von den vielen Konturen und Helligkeitsunterschieden jene herausfinden, die konstitutiv für eine bestimmte Figur sind, diese perzeptuell binden und dann gemeinsam interpretieren. Es muß also wieder ein Bindungsproblem gelöst werden. Würde dieses Bindungsproblem falsch gelöst, würden z. B. die Konturen von Objekten mit Konturen des Hintergrundes verbunden, wäre es natürlich unmöglich, die Objekte zu erkennen. Die Segmentierung muß folglich dem Erkennungsprozeß vorausgehen. Erst nachdem richtig segmentiert wurde, kann erkannt werden. Dies bedeutet aber, daß der Segmentierungsprozeß sehr allgemeinen Regeln folgen muß, die auf beliebige Szenen gleichermaßen angewandt werden können. Wir gehen heute davon aus, daß die Regeln, denen solche Segmentierungsleistungen gehorchen, zum großen Teil angeboren sind, also auf Wissen beruhen, das im Laufe der Evolution erworben und in den Genen gespeichert wurde; Wissen über zweckmäßige Gruppierungen, das sich in genetisch determinierten Verschaltungsmustern ausdrückt, die ihrerseits das Programm für die Gruppierungsoperationen darstellen. Gruppierungsregeln können natürlich auch gelernt werden, und dies dürfte vor allem für solche zutreffen, die auf komplexen Gestaltkriterien beruhen. Auch dieses durch Erfahrung erworbene Wissen muß aber letztlich über Änderungen der funktionellen Koppelung von Neuronen abgespeichert werden.

Lösungsvorschläge

Wie sollen wir uns die Realisierung solcher Bindungsoperationen im Gehirn vorstellen? Wieder ist da das klassische Konzept, das unsere Forschung über Dekaden hinweg motiviert hat und das aus methodischen und konzeptionellen Gründen am nächsten lag. Man postulierte hierarchisch aufgebaute Verarbeitungsstrukturen, in denen die Bindung von Merkmalen über die Konvergenz von anatomischen Bahnen auf spezielle Bindungsneurone erreicht werden sollte. Und einige Befunde sprachen auch für diese Annahme. In der Peripherie des Systems dominieren Nervenzellen, die selektiv auf elementare Merkmale ansprechen, senkrechte oder horizontale Konturen, einfache Texturen und Farbkontraste. Hubel und Wiesel wurden mit dem Nobelpreis bedacht, nachdem sie vor inzwischen fast 30 Jahren entdeckt hatten, daß Nervenzellen in der primären Sehrinde, also auf einer sehr frühen Verarbeitungsstufe, selektiv auf elementare Merkmale von Konturen ansprechen, wie etwa deren Orientierung. Wenn ein Lichtbalken geringfügig von der Vorzugsorientierung des rezeptiven Feldes abweicht, verstummt die Zelle. Diese Beobachtung legte nahe, daß die Zellen als Merkmalsdetektoren arbeiten und die Orientierung einer Kante signalisieren. Folgerichtig haben sich die Neurophysiologen dann zu höheren Verarbeitungsstrukturen vorangetastet. In Arealen, die zum ventralen Pfad gehören, dem Verarbeitungsweg, dem die Objektidentifikation obliegt, fanden sich in der Tat Nervenzellen, die auf komplexere Konstellationen von Merkmalen ansprechen; und dies nährte die Vermutung, daß es auch Zellen geben würde, die selektiv auf reale Objekte der Sehwelt reagieren.

Doch die Suche war vergebens. Es fanden sich keine Nervenzellen, die selektiv nur auf bestimmte reale Objekte ansprechen, nicht einmal auf Objekte, die den Tieren bekannt und für sie wichtig sind, wie etwa Früchte. Theoretiker hatten überdies darauf hingewiesen, daß dies auch nicht zu erwarten sei. Computerwissenschaftler hatten versucht, auf der Basis solcher konvergenter Architekturen musterkennende Maschinen zu entwickeln, und mußten erkennen, daß Merkmalsbindung über Konvergenz alleine nicht zu realisieren ist. Wir können bekannte Objekte auch dann wiedererkennen, wenn sie im Raum gedreht sind. Dies führt jedesmal zu völlig anderen Merkmalskonstellationen. Man bräuchte also für jedes Objekt einen ganzen Satz von Bindungsneuronen, die sich auf die verschiedenen Ansichten eines bestimmten Objekts spezialisiert haben. Es bedürfte also einer viel zu großen Zahl von Nervenzellen, wollte man für jedes erkennbare und unterscheidbare Objekt Bindungsneurone einrichten. Ferner bräuchte man ein riesiges Reservoir von nicht festgelegten Neuronen, um dem Umstand Rechnung zu tragen, daß wir neue Objekte sofort repräsentieren können, sobald wir sie gesehen haben.

Es wurden deshalb alternative Hypothesen erdacht. Eine, die derzeit favorisiert wird und auch experimentellen Überprüfungen zugänglich ist, geht davon aus, daß die Repräsentation von Inhalten nicht über einzelne hochspezialisierte Nervenzellen erfolgt, sondern über ganze Ensembles von Nervenzellen, die über große Bereiche der Hirnrinde verteilt sein können und sich ad hoc aufgrund der vorhandenen Kopplungen zusammenschließen. Jede einzelne dieser Zellen würde dann nur Teilmerkmale eines bestimmten kognitiven Objektes repräsentieren. In ihrer Gesamtheit aber wären die Antworten der Zellen, die sich an einem Ensemble beteiligen, die nicht weiter reduzierbare Beschreibung eines bestimmten Inhaltes. Der große Vorteil dieser Repräsentationsstrategie ist natürlich, daß die gleiche Nervenzelle zu verschiedenen Zeitpunkten benutzt werden kann, um ganz verschiedene Inhalte mit zu repräsentieren, indem sie einfach in verschiedene Ensembles eingebunden wird. Eine Zelle, die auf vertikale Konturen anspricht, kann dann für die Kodierung aller Objekte benutzt werden, die vertikale Konturen enthalten usw. Dies löst jedoch noch nicht das Bindungsproblem. Im Gegenteil, es wirft ein weiteres auf. In der Regel sind sehr viele Nervenzellen gleichzeitig aktiv, und es muß für die nachfolgenden Verarbeitungsstrukturen geklärt werden, welche Zellen jeweils zu einem bestimmten Ensemble gehören und gemeinsam einen bestimmten Inhalt kodieren. Für die Lösung dieses Bindungsproblems wurden verschiedene Mechanismen vorgeschlagen.

Wir favorisieren aufgrund experimenteller Hinweise die Hypothese, daß Neuronen in der Hirnrinde, die sich mit der Repräsentation des gleichen Objekts befassen, sich dadurch als zusammengehörig zu erkennen geben, daß sie ihre Aktivität synchronisieren. Die Signatur eines Ensembles wäre demnach die zeitliche Kohärenz der Aktivität der jeweils teilhabenden Neuronen. Die zeitliche Auflösung, mit der diese Signatur definiert wird, liegt dabei im Bereich von Millisekunden. Entsprechend hoch ist die Taktfrequenz, mit der verschiedene Ensembles aufeinander folgen können. Experimentelle Befunde legen nahe, daß die Synchronisationsprozesse auf der Basis von Oszillationen im 40-Hz-Bereich erfolgen, also in einem Zeitraster von etwa 25 Millisekunden. Eine ausführliche Darstellung des Bindungsproblems, der zu seiner Analyse durchgeführten Untersuchungen und Hinweise auf Originalpublikationen findet sich in den im Literaturverzeichnis genannten Aufsätzen von Singer/Gray (1995) und von Singer (1999a und b).

Von Repräsentationen zum Bewußtsein

Es ist dies nicht der geeignete Ort, der faszinierenden Frage nach dem neuronalen Code von Objektrepräsentationen weiter nachzugehen. Statt dessen soll das eingangs von Du Bois-Reymond angesprochene Problem, sein berühmt gewordenes *Ignorabimus*, weiter hinterfragt und im Kontext der oben vorgestellten Fakten diskutiert werden. Wie kommt es, daß wir nicht nur das in unserem Gehirn repräsentieren können, was in der Umwelt vorhanden ist, sondern daß wir uns dessen auch bewußt sein können, daß wir uns gewahr sind, Wahrnehmungen und Empfindungen zu haben, ein Phänomen, das die Angelsachsen als *phenomenal awareness* ansprechen.

Diese Fähigkeit scheint zu erfordern, daß es im Gehirn kognitive Strukturen gibt, welche die Repräsentation des Draußen noch einmal reflektieren, noch einmal auf die gleiche Weise verarbeiten wie die peripheren Areale die sensorischen Signale aus der Umwelt und dem Körper. Die Funktion des »inneren Auges« könnte gedacht werden als Folge der Iteration, der wiederholten Anwendung auf sich selbst, der gleichen kognitiven Operationen, die den unreflektierten Primärrepräsentationen des Draußen zugrunde liegen.

Nun gibt es tatsächlich Hinweise, daß die in der Evolution später hinzugetretenen Hirnrindenareale ihre Eingangssignale nicht mehr direkt von den Sinnesorganen beziehen, sondern von den bereits vorhandenen stammesgeschichtlich älteren Arealen, die ihrerseits mit den Sinnesorganen verbunden sind. Die neuen Areale scheinen die Signale, die sie von den alten, von den primären Arealen bekommen, auf die gleiche Weise zu verarbeiten wie letztere die Signale, die sie von den Sinnesorganen erhalten. So ließen sich im Prinzip durch Iteration der immer gleichen Repräsentationsprozesse Metarepräsentationen aufbauen – Repräsentationen von Repräsentationen –, die hirninterne Prozesse abbilden anstatt die Welt draußen.

Solche Metarepräsentationen aufbauen zu können bringt Vorteile. Gehirne, die dies vermögen, können Reaktionen auf Reize zurückstellen und Handlungsentscheidungen abwägen, sie können interne Modelle aufbauen und den erwarteten Erfolg von Aktionen an diesen messen. Sie können mit den Inhalten der Metarepräsentationen spielen und prüfen, was die Konsequenzen bestimmter Reaktionen wären. Die Möglichkeit, Metarepräsentationen aufzubauen, befähigt zu umsichtigem Handeln und erlaubt damit, Gefahren präventiv aus dem Weg zu gehen. Letztlich kann in dieser Fähigkeit zum kombinatorischen Spiel mit gespeicherten Inhalten, zur Erzeugung neuer praediktiver Modelle, die Grundlage für Kreativität gesehen werden.

Wie bedeutend die Rolle dieser internen Mustererzeugung, dieser internen Modellbildung ist, läßt sich mit Hilfe nicht-invasiver bildgebender Verfahren, z. B. der funktionellen Kernspintomographie, demonstrieren. Mit diesen Techniken läßt sich am menschlichen Gehirn feststellen, welche Hirnrindenareale aktiv werden, wenn man sich etwas vorstellt. Ein robustes Ergebnis solcher Untersuchungen ist, daß eine Vielzahl von Arealen in gleicher Weise aktiv werden, unabhängig davon, ob z. B. visuelle Muster tatsächlich gesehen oder nur vorgestellt werden. Insbesondere die höheren Areale, also jene, denen die Erstellung von Metarepräsentationen obliegt, werden auch aktiv, wenn sich die Probanden bestimmte Inhalte nur vorstellen – und diese interne Aktivierung ist modalitätsspezifisch. Bei visuellen Vorstellungen werden visuelle Areale aktiv und beim stummen Sprechen die Sprachareale. Aber es gibt auch Areale, die nur bei der Vorstellung aktiv werden und nicht bei der Wahrnehmung realer Inhalte. Diesen Arealen fällt die Aufgabe zu, die Aktivität in den spezifischen Arealen zu orchestrieren, in denen die zur Vorstellung erforderlichen Repräsentationen gespeichert liegen. Schließlich fallen einige Areale auf, die tatsächlich nur bei der Wahrnehmung realer Inhalte aktiviert werden. Es sind dies die phylogenetisch alten, primären, sensorischen Areale, die ihre Eingangssignale vorwiegend von den Sinnesorganen beziehen.

Unter bestimmten pathologischen Bedingungen, z. B. bei Halluzinationen, werden intern generierte Aktivitätsmuster als von draußen kommend wahrgenommen. In solchen Fällen ändern sich dann die Verteilungsmuster der Hirnrindenaktivität. Anders als beim Gesunden, der sich etwas vorstellt oder stumme Sprache spricht, werden bei halluzinierenden Patienten auch die primären Sinnesareale mit aktiviert. Bei akustischen Halluzinationen betrifft dies die primäre Hörrinde in der Heschelschen Querwindung der linken, sprachdominanten Hemisphäre. Jedesmal, wenn der halluzinierte Sprecher spricht, und die Patienten können das genau angeben, läßt sich eine Zunahme der Hirnaktivität messen. Die Aktivierung des primären sensorischen Areals erfolgt vermutlich über Rückkopplungsschleifen, die von höheren Hirnrindenarealen kommen. Wenn dieses primäre Areal in der sprachkompetenten Hemisphäre mit aktiviert wird, werden die selbsterzeugten Erregungsmuster offenbar so wahrgenommen, als kämen sie von draußen. Werden diese primären Areale nicht mit aktiviert, wie es bei Gesunden der Fall ist, wenn sie stumme Sprache sprechen, bleibt die Wahrnehmung des Gesprochenen als Selbsterzeugtes erhalten.

Diese Beispiele sollten deutlich machen, wie groß bei Wahrnehmungsprozessen der Anteil selbstgenerierter Aktivität sein kann. Es bestätigt dies auf eindrucksvolle Weise, was wahrnehmungsphysiologische Untersuchungen nahelegen: daß Wahrnehmung nicht als passive Abbildung von Wirklichkeit verstanden werden darf, sondern als das Ergebnis eines außerordentlich aktiven, konstruktivistischen Prozesses gesehen werden muß, bei dem das Gehirn die Initiative hat. Das Gehirn bildet ständig Hypothesen darüber, wie die Welt sein sollte, und vergleicht die Signale von den Sinnesorganen mit diesen Hypothesen. Finden sich die Voraussagen bestätigt, erfolgt die Wahrnehmung nach sehr kurzen Verarbeitungszeiten. Treffen sie nicht zu, muß das Gehirn seine Hypothesen korrigieren, was die Reaktionszeiten verlängert. In den meisten Fällen dürfte sich der Wahrnehmungsakt jedoch auf das Bestätigen bereits formulierter Hypothesen beschränken.

Somit erscheint, zumindest im Prinzip, nachvollziehbar, wie die Funktion des inneren Auges neuronal realisiert sein kann, wie das Sich-Gewahr-Werden seiner eigenen Wahrnehmungen und Empfindungen über die Etablierung von Metarepräsentationen erreicht werden kann, ohne daß es ontologischer Diskontinuitäten in der Evolution bedarf. Offenbar genügt es zum Aufbau von Metarepräsentationen, Areale hinzuzufügen, die auf hirninterne Prozesse genauso ›schauen‹ wie die bereits vorhandenen Areale auf die Peripherie.

Das Subjekt als kulturelles Konstrukt

Unbehandelt blieb bisher die wohl schwierigste der Fragen, die gegenwärtig im Grenzgebiet zwischen Neurobiologie und Philosophie verhandelt werden – die Frage, ob wir innerhalb neurobiologischer Beschreibungssysteme angeben können, wie unsere Selbstkonzepte entstehen, unser Ichbewußtsein und unsere Erfahrung, ein autonomes Agens zu sein, das frei ist zu entscheiden. Es geht um die Frage, wie es möglich ist, daß unser Ich, das wir als eine mentale Entität erleben, losgelöst von allen materiellen Bindungen etwas beschließen kann, das dann, um ausgeführt zu werden, in neuronale Aktivität übersetzt werden muß. Behandelt werden soll also die Frage nach unserem Selbstbewußtsein, nach unserer Erfahrung, ein autonomes, freies Ich zu sein.

Nach meinem Dafürhalten läßt sich diese Frage nicht mehr allein innerhalb neurobiologischer Beschreibungssysteme behandeln, da diese sich ausschließlich an der naturwissenschaftlichen Analyse einzelner Gehirne orientieren, siehe hierzu den Aufsatz von Singer (2000). Mir scheint hingegen, daß die Ich-Erfahrung bzw. die subjektiven Konnotationen von Bewußtsein kulturelle Konstrukte sind, soziale Zuschreibungen, die dem Dialog zwischen Gehirnen erwuchsen und deshalb aus der Betrachtung einzelner Gehirne nicht erklärbar sind. Die Hypothese, die ich diskutieren möchte, ist, daß die Erfahrung, ein autonomes, subjektives Ich zu sein, auf Konstrukten beruht, die im Laufe unserer kulturellen Evolution entwickelt wurden. Selbstkonzepte hätten dann den ontologischen Status einer sozialen Realität. In die Welt kamen diese wie die sie ermöglichenden Kulturen erst, nachdem die Evolution Gehirne hervorgebracht hatte, die zwei Eigenschaften aufwiesen: erstens, ein inneres Auge zu haben, also über die Möglichkeit zu verfügen, Protokoll zu führen über hirninterne Prozesse, diese in Metarepräsentationen zu fassen und deren Inhalt über Gestik, Mimik und Sprache anderen Gehirnen mitzuteilen; und, zweitens, die Fähigkeit, mentale Modelle von den Zuständen der je anderen Gehirne zu erstellen, eine ›theory of mind‹ aufzubauen, wie die Angelsachsen sagen. Diese Fähigkeit ist dem Menschen vorbehalten und fehlt dem Tier. Allenfalls Schimpansen haben eine wenn auch sehr begrenzte Möglichkeit, sich vorzustellen, was im anderen vorgeht, wenn er bestimmten Situationen ausgesetzt ist. Wir Menschen können dies in hervorragender Weise und sind deshalb in der Lage, in

Dialoge einzutreten der Art »ich weiß, daß du weißt, wie ich fühle« oder »ich weiß, daß du weißt, daß ich weiß, wie du fühlst« usw. Interaktionen dieser Art führen also zu einer iterativen wechselseitigen Bespiegelung im je anderen. Diese Reflexion wiederum ist, wie ich glaube, die Voraussetzung dafür, daß der Individuationsprozeß einsetzen kann, daß die Erfahrung, ein Selbst zu sein, das autonom und frei agieren kann, überhaupt möglich wird.

Warum nun erscheint uns die Erfahrung mit den subjektiven Konnotationen von Bewußtsein von so ganz anderer Art als die anderen Erfahrungen mit sozialen Realitäten? Ich vermute, daß dies eine entwicklungspsychologische Begründung hat. Der Dialog, der den Individuationsprozeß erst möglich macht, vollzieht sich bereits in der frühen Kindheit und erlaubt erste Ich-Identifikationen schon nach den ersten paar Lebensjahren. Dieser frühe Dialog zwischen Bezugsperson und Kind vermittelt diesem in sehr prägnanter und asymmetrischer Weise die Erfahrung, offenbar ein autonomes, frei agierendes, verantwortliches Selbst zu sein, hört es doch ohne Unterlaß: »tu nicht dies, sondern tu das, laß das, sonst –«, oder »mach das, andernfalls –!« Diese Hinweise sind in idealer Weise dazu angetan, dem Kind klarzumachen, daß es offensichtlich frei ist, zu entscheiden, was zu tun ist, und daß es für seine Entscheidung zur Verantwortung gezogen, belohnt oder bestraft werden kann. Wichtig für mein Argument ist nun, daß dieser frühe Lernprozeß in einer Phase sich ereignet, in der die Kinder noch kein episodisches Gedächtnis aufbauen können. Wir erinnern uns nicht an die ersten zwei bis drei Lebensjahre, weil in dieser frühen Entwicklungsphase die Hirnstrukturen noch nicht ausgebildet sind, die zum Aufbau eines episodischen Gedächtnisses erforderlich sind. Es geht dabei um das Vermögen, Erlebtes in raumzeitliche Bezüge einzubetten und den gesamten Kontext des Lernvorganges und nicht nur das Erlernte selbst zu erinnern. Zwar kann auch ohne episodisches Gedächtnis gelernt werden, es fehlt aber dann die kontextuelle Einbettung des Gelernten: Man weiß das Gelernte, spürt das Erfahrene, aber weiß nicht, woher das Wissen, woher die Erfahrung kommt. Was Kleinkinder wissen, wissen sie *an sich*. Fragt man sie, woher sie dies oder jenes wissen, dann werden sie sagen, dies sei halt so, selbst wenn ihnen das Abgefragte erst vor kurzem beigebracht wurde.

Diese frühkindliche Amnesie scheint mir dafür verantwortlich, daß die subjektiven Konnotationen von Bewußtsein für uns eine ganz andere Qualität haben als die Erfahrungen mit anderen sozialen Konstrukten. Vielleicht erleben wir diese Aspekte unseres Selbst deshalb auf so eigentümliche Weise als von ganz anderer Qualität, als aus Bekanntem nicht herleitbar, weil die Erfahrung, so zu sein, in einer Entwicklungsphase installiert worden ist, an die wir uns nicht erinnern können. Wir haben an den Verursachungsprozeß keine Erinnerung. Und deshalb erscheinen uns die subjektiven Aspekte von Bewußtsein als immer schon dagewesen, als von aller Gebundenheit losgelöst, als alles Materielle transzendierende Entitäten, die jeder Verursachung entzogen sind und jedem reduktionistischen Erklärungsansatz trotzen.

Aus neurobiologischer Sicht liegt somit der Schluß nahe, daß auch die höheren Konnotationen von Bewußtsein, die wir mit unseren Konzepten von Freiheit, Identität und Verantwortlichkeit verbinden, Produkt eines evolutionären Prozesses sind, der zunächst Gehirne hervorgebracht hat, die in der Lage waren, eine Theorie des Geistes zu erstellen und mentale Modelle der Befindlichkeit des je anderen zu entwerfen. Dies und die Herausbildung differenzierter Sprachen ermöglichte die Entwicklung von Kommunikationsprozessen, die schließlich zur Evolution menschlicher Kulturen führte und zur Emergenz der nur den Menschen eigenen subjektiven Aspekte von Bewußtsein. Wenn dem so ist, wenn also die subjektiven Konnotationen von Bewußtsein Zuschreibungen sind, die auf Dialogen zwischen sich wechselseitig spiegelnden Menschen gründen, dann ist zu erwarten, daß die Selbsterfahrung von Menschen kulturspezifische Unterschiede aufweist. Auch kann nicht ausgeschlossen werden, daß bestimmte Inhalte dieser Selbsterfahrung, beispielsweise die Überzeugung, frei entscheiden zu können, illusionäre Komponenten haben. Im Bezugssystem neurobiologischer Beschreibungen gibt es keinen Raum für objektive Freiheit, weil die je nächste Handlung, der je nächste Zustand des Gehirns immer determiniert wäre durch das je unmittelbar Vorausgegangene. Variationen wären allenfalls denkbar als Folge zufälliger Fluktuationen. Innerhalb neurobiologischer Beschreibungssysteme wäre das, was wir als freie Entscheidung erfahren, nichts anderes als eine nachträgliche Begründung von Zustandsänderungen, die ohnehin erfolgt wären, deren tatsächliche Verursachungen für uns aber in der Regel nicht in ihrer Gesamtheit faßbar sind. Nur ein Bruchteil der im Gehirn ständig ablaufenden Prozesse ist für das innere Auge sichtbar und gelangt ins Bewußtsein. Unsere Handlungsbegründungen können folglich nur unvollständig sein und müssen a posteriori Erklärungen mit einschließen.

Hier also haben wir ein weiteres Beispiel dafür – die moderne Physik hält weitere bereit –, daß naturwissenschaftliche Erklärungsmodelle mit subjektiven Erfahrungen und auf Intuition beruhenden Überzeugungen in krassem Widerspruch stehen können. Die Rezeptionsgeschichte der heliozentrischen Kosmologielehre und der Darwinschen Evolutionstheorie legen nahe, daß sich schließlich die naturwissenschaftlichen Beschreibungen gegen Überzeugungen durchsetzen, die auf unmittelbarer Wirklichkeitserfahrung beruhen, und daß wir uns schließlich an die neuen Sichtweisen gewöhnen. Ob dies auch der Fall sein wird für Erkenntnisse, die unser Selbstverständnis noch nachhaltiger verändern als die vorangegangenen wissenschaftlichen Revolutionen, muß die Zukunft beantworten. Unaufschiebbar werden jedoch schon jetzt Überlegungen über die Beurteilung von Fehlverhalten, über unsere Zuschreibungen von Schuld und unsere Begründungen von Strafe.

Wahrnehmen, Erinnern, Vergessen

Über Nutzen und Vorteil der Hirnforschung für die Geschichtswissenschaft[1]

Dem Programm des Historikertags zu entnehmen, daß ein Neurobiologe, also ein Vertreter einer sogenannten exakten naturwissenschaftlichen Disziplin, den Eröffnungsvortrag hält, war für Sie vermutlich genauso überraschend wie für mich der Anruf, durch den ich zu diesem Abenteuer angestiftet wurde. Nehmen Sie also bitte das, was ich Ihnen jetzt vortragen werde, als das Ergebnis meines kollegialen Bemühens, zu erraten, was die Intentionen des Programmkomitees gewesen sein könnten.

Daß die Geschichtswissenschaften sich durch die Analyse von Vergangenem und Nichtwiederholbarem auszeichnen und sich somit dem experimentellen Zugriff entziehen, ist kein Privileg dieser Disziplin. Man denke an die Kosmologie oder die Evolutionsbiologie. Auch dort muß im nachhinein ergründet werden, wie es sich vollzogen hat und warum so und nicht anders. Freilich sind die Vorgänge, für die sich Historiker interessieren, erst mit dem Menschen in die Welt gekommen, als dieser begann, der biologischen die kulturelle Evolution hinzuzufügen – als das, was wir als Geschichte bezeichnen, seinen Anfang nahm. Aber auch diese Besonderheit teilt die Geschichtswissenschaft mit einigen Disziplinen, die sich den Naturwissenschaften verbunden fühlen, wie der Paläontologie und der Anthropologie.

Was also ist das Besondere an der Geschichtswissenschaft, das die Einmischung der Hirnforschung rechtfertigen könnte? Ich vermute, daß es in den Quellen zu suchen ist, aus denen die Geschichtswissenschaft schöpft. Dabei sind nicht die direkt faßbaren Spuren gemeint, die Geschichte hinterläßt, die Bauwerke, Kulturlandschaften, Schlachtfelder, Ruinen und Gräber. Gemeint sind vielmehr die Zeugnisse, die bereits ihrerseits Ergebnis menschlicher Wahrnehmung, Erinnerung und Deutung sind – die in Bild- und Schriftsprache formulierten Berichte über Vorgefallenes, die Protokolle von Dabeigewesenen, die in Schriften und Bildern festgehaltenen Erinnerungen von Augenzeugen und schließlich die weiter-

1 Eröffnungsvortrag des 43. Deutschen Historikertags.

erzählten, die zunächst mündlich überlieferten und dann irgendwann festgehaltenen Berichte, die von Menschen verfaßt wurden, die selbst nicht dabei waren. In der Geschichtswissenschaft geht es nicht um diese Berichte selbst, sondern um das Geschehen, über das berichtet wird, und darum, eine möglichst zutreffende Rekonstruktion zurückliegender Vorgänge zu erzielen.

Damit das historische Dokument von einer Wirklichkeit adäquat Zeugnis gibt, muß zunächst der Berichterstatter selbst in der Lage sein, das von ihm Wahrgenommene möglichst zutreffend und unmißverständlich auszudrücken. Und hier gibt es Übertragungsprobleme. Wir haben zwar nur fragmentarische Vorstellungen darüber, wie Wissen, wie Erinnerungen im Gehirn repräsentiert sind, aber soviel scheint gewiß: Die Struktur der Engramme ist nicht sonderlich gut geeignet, um in Sätze rationaler Sprache umgesetzt zu werden. Wahrnehmungen und Erinnerungen haben holistischen Charakter, was in zeitlicher Abfolge erfahren wurde, liegt meist als gebündelter Gesamteindruck vor, dessen verschiedene Komponenten aufs innigste assoziativ miteinander verknüpft sind. Doch selbst wenn dem inneren Auge dieses komplexe Geflecht von Fakten, Beziehungen und Bewertungen klar und transparent erscheint, erweist es sich in der Regel als schwierig, dieses parallel organisierte Wissen in eine Sequenz von logisch konsistenten Aussagen zu übersetzen. Und so nimmt nicht wunder, daß Menschen, wenn sie wirklich zu verstehen geben wollen, was wirklich war, auf Begegnungen bestehen. Diese eröffnen dann die Option, parallel zur rationalen Sprache auch die anderen Ausdrucksmöglichkeiten zu nutzen: Prosodie, Mimik, Gestik. Historikern ist diese Möglichkeit oft benommen. Die Zeitzeugen leben meist nicht mehr.

Damit stellt sich die drängende Frage nach der Verläßlichkeit unserer Wahrnehmungen und Erinnerungen. Was wir wahrzunehmen in der Lage sind und wie wir wahrnehmen, ist durch die Natur der kognitiven Prozesse in unserem Gehirn festgelegt. Unser Gehirn wiederum ist Ergebnis eines evolutionären Prozesses, der über zufällige Mutationen und Wettbewerb Strukturen hervorgebracht hat, die sich in ihrem jeweiligen Biotop behaupten konnten. Dies macht zwar wahrscheinlich, daß sich dabei kognitive Systeme herausgebildet haben, die Vorgänge in der Welt draußen möglichst genau zu erfassen erlauben. Es ist jedoch keine Garantie dafür, daß die Systeme daraufhin optimiert wurden, eine möglichst objektive Beurteilung der Welt zu liefern. Unsere Sinnessysteme wählen aus dem breiten Spektrum der Signale aus der Umwelt ganz wenige aus und dabei natürlich solche, die für das Überleben in einer komplexen Welt besonders dienlich sind. Aus diesem wenigen wird dann ein kohärentes Bild der Welt konstruiert, und unsere Primärwahrnehmung läßt uns glauben, dies sei alles, was da ist. Wir nehmen nicht wahr, wofür wir keine Sensoren haben, und ergänzen die Lücken durch Konstruktionen. Erst die Verwendung künstlicher Sensoren lehrt uns, daß es da weit mehr wahrzunehmen gäbe.

Noch mehr eingeschränkt wird das, was wir von Augenblick zu Augenblick wahrnehmen können, durch die begrenzte Kapazität jener Prozesse, auf denen bewußte Wahrnehmung beruht. In unserem Gehirn kommen fortwährend weit mehr Signale von den Sinnesorganen an, als uns bewußt ist. Viele von diesen Signalen werden auch bearbeitet, aber das Ergebnis dieser Analysen gelangt nicht ins Bewußtsein. Und so kommt es, daß Menschen, wenn sie nach Motiven für bestimmte Handlungen befragt werden und die wirklichen Motive auf solchen unbewußten Prozessen beruhen, frisch erfundene Motive anbieten, ohne sich gewahr zu werden, daß diese Begründung unzutreffend ist.

Hieraus ergeben sich zwei wichtige Schlußfolgerungen für unser Problem: Erstens muß Begründungen von Handlungsmotiven mißtraut werden, und zwar nicht, weil der Befragte vorsätzlich lügen könnte, sondern weil er keine lückenlose bewußte Kontrolle über seine Motive haben kann. Zweitens, Menschen haben das unwiderstehliche Bedürfnis, Ursachen und Begründungen zu finden für das, was sie tun.

Weil der Zugang zum Bewußtsein beschränkt ist, haben alle höher entwickelten Gehirne Mechanismen zur Steuerung der sogenannten »selektiven Aufmerksamkeit« entwickelt, mit denen sie aus der Fülle der ständig verfügbaren Signale jene auswählen können, die zu bewußter Verarbeitung gelangen sollen. Welche Ereignisse in der Lage sind, die selektive Aufmerksamkeit auf sich zu ziehen und damit erinnerbar zu werden, hängt nun wiederum von einer Vielzahl von Faktoren ab. Zum einen ziehen auffällige Reize oder Ereignisse die Aufmerksamkeit ohne Zutun des Beobachters auf sich. Sie erzeugen besonders starke neuronale Antworten in der Hirnrinde, und diese beeinflussen dann direkt, gewissermaßen von unten herauf, die Mechanismen, welche die Aufmerksamkeit steuern. Es besteht jedoch auch die Option, die Aufmerksamkeit von sich aus zu lenken, wobei sowohl absichtsvolle als auch unbewußte Faktoren zusammenwirken.

Bestehen bestimmte Erwartungen, richtet sich die Aufmerksamkeit auf die Sinneskanäle, welche die erwarteten Ereignisse übertragen werden. Diese kommen dann bevorzugt, aber natürlich auf Kosten anderer Vorgänge zur Verarbeitung, die erwarteten Inhalte werden schneller verarbeitet, schneller identifiziert und gelangen dann meist auch bevorzugt ins Bewußtsein und in die Langzeitspeicher. Aber die zentrale Steuerung der Aufmerksamkeit unterliegt auch unbewußten Einflüssen. So können unbewußt gebliebene Reize oder Erinnerungen Erwartungen auslösen, die selbst unbewußt bleiben, aber dennoch dafür sorgen, daß sich die Aufmerksamkeit bevorzugt auf bestimmte Sinnessignale richtet. Meist nehmen wir nur wahr, was wir ohnehin erwarten, und oft vereiteln auffällige, aber möglicherweise unbedeutende Reize die Wahrnehmung der leisen, aber vielleicht viel wichtigeren Vorgänge. Die eigentliche Kunst der Zauberer besteht darin, genau diesen Mechanismus der Steuerung von Aufmerksamkeit auszunutzen. Welche fatalen Auswirkungen dieser biologische Mechanismus auf die Zuverlässigkeit der Berichte von Augen- und Zeitzeugen hat, bedarf keiner weiteren Kommentierung. Dem Überleben von Organismen ist dieser Mechanismus dienlich – sonst hätte er sich nicht entwickelt, denn es ist zweckmäßig, plötzlichen Änderungen im Strom der Sinnessignale Aufmerksamkeit zuwenden zu können oder einen erwarteten Feind schnell und sicher zu erkennen – aber für die Zuverlässigkeit von menschenvermittelten historischen Quellen hat er mitunter katastrophale Folgen.

Die Wahrnehmungsprozesse selbst sind nicht weniger eklektisch, Wahrnehmung bildet nicht ab. Nur in pathologischen Fällen, wenn höhere Hirnfunktionen gestört sind, kommt es gelegentlich zu dem Phänomen der eidetischen Wahrnehmung, einer nahezu fotografischen Erfassung komplexer visueller Szenen. Die Welt auf diese Weise wahrzunehmen ist jedoch in hohem Maß unökonomisch, und deshalb sind die normalen Wahrnehmungsprozesse ganz anders organisiert. Uns stellt sich Wahrnehmung als ein hochaktiver, hypothesengesteuerter Interpretationsprozeß dar, der das Wirrwarr der Sinnessignale nach ganz bestimmten Gesetzen ordnet und auf diese Weise die Objekte der Wahrnehmung definiert.

Nun ließe sich mit der Tatsache, daß Vorhandenes nicht wahrgenommen wird, noch umgehen, weil in den Berichten dann zwar unvollständige Beobachtungen geschildert werden, aber keine falschen Tatsachen. Viel problematischer wirkt sich dagegen aus, daß unser Wahrnehmungsapparat immer danach trachtet, stimmige, in sich geschlossene und in allen Aspekten kohärente Interpretationen zu liefern und für alles, was ist, Ursachen und nachvollziehbare Begründungen zu suchen. Man stelle sich nun aber vor, das gleiche geschähe auf der Ebene der Bedeutungszuweisung oder der Zuschreibung von Kausalbezügen. Es würden dann aus gleichen Abläufen völlig verschiedene Schlußfolgerungen gezogen werden, oder, schlimmer noch, es könnten Ereignissen Bedeutungen zugeschrieben werden, die sie in Wirklichkeit nicht hatten. Ein triviales Beispiel ist unsere fast zwanghafte Tendenz, die zeitliche Kontingenz von Ereignissen als Ausdruck einer Kausalbeziehung wahrzunehmen.

Die Konstruktion solcher Beziehungen ist biologisch sinnvoll, da in der Tat die Wahrscheinlichkeit groß ist, daß Gleichzeitiges miteinander zu tun hat, entweder die gleiche Ursache hat oder sich wechselseitig bedingt. Solange die Bedingungen in der Welt einigermaßen konstant sind, stehen die Chancen nicht schlecht, daß trotz aller Unsicherheiten zutreffende Interpretationen gefunden werden, und deshalb hat vermutlich auch die Evolution diese Ergänzungsmechanismen hervorgebracht. Aber fatal kann dieses Extrapolieren, Bedeutungszuweisen und Kausalbeziehungenkonstruieren werden, wenn diese Verfahren auf Prozesse angewandt werden, die anderen Gesetzen folgen als jenen, die der Beobachter und Interpret voraussetzt. Wie nun verhält es sich mit unserer Fähigkeit, Wahrgenommenes zu erinnern? Von den vielen Speicherfunktionen, die unser Gehirn erfüllt, interessieren hier vor allem zwei: das Kurzzeitgedächtnis, auch Arbeitsgedächtnis genannt, und das episodische oder deklarative Gedächtnis. Im Kurzzeitspeicher, der im Frontalhirn verwaltet wird, halten wir vorübergehend fest, was uns für die gerade anstehenden Handlungsfolgen relevant erscheint, gerade nachgeschlagene Telefonnummern bis zur Beendigung des Wählvorgangs, Ort und Gestalt von Objekten, die wir manipulieren wollen, und so weiter. Es ist diese Gedächtnisfunktion, die uns die Erfahrung der Kontinuität von Zeit vermittelt und die Unterscheidung zwischen »vorher« und »jetzt« ermöglicht. Bemerkenswert ist, daß die Kapazität dieses so wichtigen Speichers außerordentlich begrenzt ist. Es ist kaum möglich, mehr als etwa sieben verschiedene Inhalte gleichzeitig präsent zu halten, also etwa die siebenstelligen Telefonnummern in Großstädten. Kurzzeitspeicherung ist also noch eng mit dem Wahrnehmungsprozeß selbst verschränkt, hält gleichzeitig bereit, was sich nacheinander ereignet, und erlaubt so die Herstellung von Bezügen und die Einordnung der Geschehnisse in einen zeitlichen Rahmen.

Sollen aber die Ereignisse dieser Wahrnehmungs- und Ordnungsprozesse auch noch nach Tagen oder Jahren erinnerlich sein, dann müssen sie in Langzeitspeicher überschrieben werden, und zwar in das episodische Gedächtnis, denn nur dieses macht es möglich, die Erinnerung an Ereignisse zusammen mit dem Kontext, in dem sie geschehen sind, wieder wachzurufen. Die Gedächtnisspuren müssen wieder ins Bewußtsein gelangen. Ein vielzitiertes Beispiel für eine Leistung des episodischen Gedächtnisses ist die Fähigkeit, sich genau zu erinnern, wo man gewesen ist und was man gerade tat, als einen die Nachricht erreichte, Kennedy sei ermordet worden oder die Mondlandung sei geglückt.

Anders als beim einfachen Wiedererkennen von Wahrnehmungsobjekten, bei dem das Objekt die Gedächtnisspur reaktiviert, ist es bei episodischen Gedächtnisleistungen erforderlich, daß Engramme, die weit verteilt in der Großhirnrinde abgelegt sind, willentlich aktiviert, ins Bewußtsein transferiert und dann im richtigen Kontext miteinander verbunden werden. Sind diese Systeme gestört, kann weder Neues gespeichert noch Zurückliegendes erinnert werden. Wir alle, vor allem wir Älteren, wissen um die Fragilität dieses Auslesesystems. Bemerkenswert ist dabei, daß die Festschreibung, die Konsolidierung von Spuren im episodischen Gedächtnis offenbar sehr langsam über Monate, ja sogar Jahre hinweg zu erfolgen scheint. Bei Teilschädigungen der Speicher- und Auslesemechanismen gehen vorrangig die Erinnerungen an die jüngere Vergangenheit verloren, nicht die weit zurückliegenden – entsprechend bleiben die jüngst abgespeicherten Erinnerungen suszeptibel für Modifikationen und Überformungen durch aktuell Erlebtes. Evolutionsgeschichtlich sind diese Strukturen des episodischen Gedächtnisses identisch mit denen, die es Tieren erlauben, sich in ihrem Habitat zurechtzufinden. Somit findet unser episodisches Gedächtnis eine evolutionäre Deutung: Es war primär ein Gedächtnis für Orte und deren Beziehung zueinander.

Wie sehr die vermeintliche Wirklichkeit erinnerter Sachverhalte tatsächlich auf Rekonstruktionen von Beziehungen zwischen bruchstückhaften und voneinander getrennten Gedächtnisspuren beruht, läßt sich aus häufig vorkommenden Fehlern erschließen. Man erinnert sich an eine Aussage, weiß aber nicht, von wem sie in welchem Kontext geäußert wurde. Gelegentlich erlebt man sogar Einsichten als seine eigenen, obgleich man sie der Aufklärung durch andere verdankt, weil man keinerlei Erinnerung an den verursachenden Lernprozeß mehr hat. Eine vermutlich häufige Ursache für das, was dann als Plagiat angeprangert wird.

Erinnerung ist also für die gleichen Deformationsprozesse anfällig wie die Primärwahrnehmung selbst. Ich meine damit noch nicht das Vergessen, das dem »Nicht-Wahrnehmen« vergleichbar ist, sondern die Fehler, die beim Rekonstruktionsprozeß des Erinnerns unterlaufen können. Die Freiheitsgrade für die synthetischen Bemühungen des inneren Auges sind beträchtlich. Es stehen keine äußeren Zeitmarken zur Verfügung für die Reihung von Ereignissen. Auch kann unvollkommen Wahrgenommenes nicht durch nochmaliges Hinschauen ergänzt werden. Und so nimmt nicht wunder, daß beim Erinnern nur schwer zu trennen ist, welche Inhalte und vor allem welche Bezüge zwischen denselben bereits im Zuge des Wahrnehmungsaktes abgespeichert wurden und welche erst beim Auslesen und Rekonstruieren definiert oder gar hinzugefügt wurden.

Wie nahe Erinnerung erneuter Wahrnehmung kommt, zeigen jüngste neurobiologische Entdeckungen auf beunruhigende Weise. Ich hatte oben erwähnt, daß Abspeichern langsam erfolgt und Engramme der Konsolidierung bedürfen. Dies hat zur Folge, daß Gedächtnisspuren vollkommen ausgelöscht werden können, wenn innerhalb von Stunden, ja sogar Tagen nach dem Lernprozeß der Konsolidierungsprozeß gestört wird. Im Experiment wird dies meist durch die Unterbrechung der Eiweißsynthese in Nervenzellen erreicht. Und nun die völlig unerwartete Entdeckung: Tiere erlernten in einem Verhaltenstest, daß bestimmte Erkenntnisleistungen belohnt werden, und wiederholte Testung bestätigte, daß sich die Tiere monatelang mit nur geringen Vergessensraten an den gelernten Zusammenhang erinnerten. Dann wurde nach einem dieser Tests die Eiweißsynthese vorübergehend blockiert, und das überraschende Ergebnis war, daß die Tiere im Anschluß daran jede Erinnerung an das einmal Gelernte verloren hatten. Diese Auslöschung der Erinnerung trat jedoch nicht ein, wenn die Eiweißsynthese ohne vorherige Testung und zum gleichen Zeitpunkt nach dem ursprünglichen Lernprozeß unterbrochen wurde.

Dies bedeutet, daß durch das Erinnern, zu welchem die Tiere während der Testung angehalten waren, die bereits befestigten Gedächtnisspuren wieder labil wurden und dann wieder der gleichen Konsolidierung bedurften wie die ursprünglichen Engramme nach dem ersten Lernprozeß. Unter normalen Bedingungen fällt dieser erneute Konsolidierungsprozeß nicht auf, weil er ungestört und verläßlich abläuft. Es bedeutet dies jedoch, daß Engramme nach wiederholtem Erinnern gar nicht mehr identisch sind mit denen, die vom ersten Lernprozeß hinterlassen wurden. Es sind die neuen Spuren, die bei der Testung, also beim Erinnern, erneut geschrieben wurden.

Das hat weitreichende Konsequenzen für die Beurteilung der Authentizität von Erinnerungen. Wenn Erinnern immer auch einhergeht mit Neu-Einschreiben, dann muß die Möglichkeit in Betracht gezogen werden, daß bei diesem erneuten Konsolidierungsprozeß auch der Kontext, in dem das Erinnern stattfand, mitgeschrieben und der ursprünglichen Erinnerung beigefügt wird. Es ist dann nicht auszuschließen, daß die alte Erinnerung dabei in neue Zusammenhänge eingebettet und damit aktiv verändert wird. Sollte dies zutreffen, dann wäre Erinnern auch immer mit einer Aktualisierung der Perspektive verbunden, aus der die erinnerten Inhalte wahrgenommen werden. Die ursprüngliche Perspektive würde überformt und verändert durch all die weiteren Erfahrungen, die der Beobachter seit der Ersterfahrung des Erinnerten gemacht hat. Was schon für die Mechanismen der Wahrnehmung zutraf, scheint also in noch weit stärkerem Maß für die Mechanismen des Erinnerns zu gelten. Sie sind offensichtlich nicht daraufhin ausgelegt worden, ein möglichst getreues Abbild dessen zu liefern, was ist, und dieses möglichst authentisch erinnerbar zu halten.

Zum Abschluß noch einige Bemerkungen zum Vergessen. Die Natur der Speicherprozesse im Gehirn stützt die Vermutung, daß unter nicht-pathologischen Bedingungen einmal Gespeichertes nicht spurlos verschwinden kann. Das liegt daran, daß neuronale Speicher als Assoziativspeicher ausgelegt sind, in denen Inhalte als dynamische Zustände weitverteilter, miteinander vernetzter Nervenzellverbände definiert sind und nicht wie in Computern einen adressierbaren Speicherplatz belegen. Ferner geht das Einschreiben von Engrammen mit mikrostrukturellen Veränderungen einher, die immer eine sehr große Zahl von Nervenzellen und deren Verbindungen gleichzeitig betreffen. Es ist deshalb sehr unwahrscheinlich, daß durch den Ausfall einzelner Nervenzellen oder durch nachträgliche Veränderungen der Verbindungen bestimmte Gedächtnisinhalte selektiv gelöscht werden. Was jedoch bei Assoziativspeichern zum Problem wird, ist das Überschreiben des Alten durch Neues. In Assoziativspeichern werden durch Lernprozesse Gruppen von Neuronen in immer neuen Konstellationen zusammengebunden, deren gemeinsame Aktivierung dann die Repräsentation für den jeweiligen Gedächtnisinhalt darstellt. Die gleichen Nervenzellen beteiligen sich also an der Repräsentation sehr vieler verschiedener Inhalte, was sich ändert, ist lediglich die Konstellation, in der sie aktiv werden. Dies aber hat zur Folge, daß mit der Zeit einzelne Nervenzellen an der Repräsentation von immer mehr unterschiedlichen Inhalten partizipieren müssen.

Damit wird es immer schwieriger, die einzelnen Inhalte voneinander zu trennen. Auch können dabei die Stabilität und die Präzision bereits bestehender Repräsentationen abnehmen. Erinnerungen sind dann nur noch bruchstückhaft abrufbar oder verschwimmen wie defokussierte Bilder, wenn zu viele Neuronen aus diesen ursprünglichen Repräsentationen durch nachfolgendes Lernen in andere, neue Repräsentationen eingebunden werden. Wer verwandte Sprachen sequentiell erlernt hat, weiß, wie sehr die neue die alte überdeckt, wie groß die Gefahr ist, daß es zu Konfusionen kommt, weil alte und neue Inhalte miteinander verschmelzen.

Eine wichtige Qualität von Assoziativspeichern wird hier zum Problem: Assoziativspeicher haben die erwünschte Eigenart, Teilinformationen zu ergänzen und zu rekombinieren. Dies ermöglicht die Wiedererkennung von Objekten, auch wenn diese nur ausschnittweise wahrzunehmen sind. Solche Ergänzungs- und Bindungstendenzen können jedoch die fatale Folge haben, daß einmal Eingespeichertes durch jeden weiteren Speicherprozeß, vor allem, wenn dieser ähnliche Inhalte betrifft, in seiner Struktur und kontextuellen Einbettung verändert wird. Im Extremfall kann das dazu führen, daß das Engramm überhaupt nicht mehr im ursprünglichen Kontext aktivierbar ist. Es scheint dann wie vergessen, kann aber dann dennoch – und dann meist zur Überraschung der Beteiligten – in einem veränderten Kontext über neue Assoziationen wieder aktiviert werden. Die Erinnerung lebt wieder auf, aber jetzt in einem anderen narrativen Kontext. Unter nicht-pathologischen Bedingungen geht also vermutlich nichts vollkommen und unwiderruflich verloren.

Wahrnehmungen und Erinnerungen sind also datengestützte Erfindungen. Und weil diese Erfindungen konstitutiv sind für unsere kognitiven Prozesse und nicht Folge vorsätzlichen Täuschenwollens, ist es schwierig zu entscheiden, welchen Berichterstattern wir mit Nachsicht begegnen sollen.

Was kann dies für die Erforschung der Geschichte bedeuten? Nicht nur die Taten, sondern auch die Geschichten, die Menschen erfinden, machen Geschichte. Zur Geschichte gehören nicht nur die Wirklichkeiten, die aus der Dritten-Person-Perspektive behandelt werden können, die Vorfälle selbst, sondern auch die Phänomene, die erst durch die reflektierende und konstruktivistische Tätigkeit unserer Gehirne in die Welt kommen. Auch wenn diese Wirklichkeiten erst über kognitive Prozesse entstehen, also mentale beziehungsweise soziale Realitäten sind, so sind sie deshalb nicht weniger geschichtsbestimmend als die konkreten Vorfälle. Geschichte hat demnach die charakteristischen Eigenschaften eines selbstreferentiellen, ja vielleicht sogar evolutionären Prozesses, in dem alles untrennbar miteinander verwoben ist und sich gegenseitig beeinflußt, was die Akteure des Systems, in unserem Fall die Menschen, hervorbringen – ihre Taten, Wahrnehmungen, Erinnerungen, Empfindungen, Schlußfolgerungen und Bewertungen –, und natürlich auch die Geschichten, die sie unwissentlich fortwährend erfinden. Ein Prozeß also, in dem es keine sinnvolle Trennung zwischen Akteuren und Beobachtern gibt, weil die Beobachtung den Prozeß beeinflußt, selbst Teil des Prozesses wird. Und so scheint mir, daß es weder die Außenperspektive noch den idealen Beobachter geben kann, die beide erforderlich wären, um so etwas wie die eigentliche, die wahre, die tatsächliche Geschichte zu rekonstruieren. Wenn dem so sein sollte, dann können wir im Prinzip nicht wissen, welcher der möglichen Rekonstruktionsversuche der vermuteten »wahren« Geschichte am nächsten kommt. Und so wird jeweils in die Geschichte als Tatsache eingehen, was die Mehrheit derer, die sich gegenseitig Kompetenz zuschreiben, für das Zutreffendste halten. Unbeantwortbar bleibt dabei, wie nahe diese Feststellungen der idealen Beschreibung kommen, weil es diese aus unserer Perspektive nicht geben kann.

Neurobiologische Anmerkungen zum Konstruktivismus-Diskurs

Es soll der Frage nachgegangen werden, wie Wissen über die Welt in das Gehirn gelangt, wie es dort verankert wird und wie es bei der Wahrnehmung der Welt genutzt wird, um diese zu ordnen. Behandelt werden müssen dabei kognitive Aspekte der Evolution und der Individualentwicklung. Vor allem aber bedarf es dabei der Auseinandersetzung mit den neurobiologischen Grundlagen der Wahrnehmung, mit der Frage nach der Repräsentation von Wahrnehmungsobjekten im Gehirn.

Vorab soll an einem alltäglichen Wahrnehmungsprozeß verdeutlicht werden, welche Leistungen unsere kognitiven Systeme erbringen müssen, wenn sie versuchen, Ordnung in die Welt zu bringen. Die erste Abbildung zeigt eine komplexe Szene, in der Figuren zu erkennen sind. Es dauert gemeinhin eine Weile, bis diese als Pferde identifiziert werden können, und je länger die Suche währt, um so mehr Pferde werden sichtbar. Um diese Figuren erkennen zu können, muß das visuelle System zunächst eine Segmentierungsleistung erbringen. Es muß die Figuren vom Grund trennen; die Mustermerkmale, die konstitutiv für individuelle Figuren sind, müssen als zusammengehörig erkannt werden. Ferner müssen die verschiedenen Figuren voneinander getrennt werden, um identifizierbar zu sein. Vermengung von Konturen der Pferde mit Konturen des Hintergrundes oder von Konturen unterschiedlicher Pferde würde das Erkennen individueller Gestalten unmöglich machen. Dieser Segmentierungsprozeß läuft meist automatisch ab, bleibt unbewußt und erfordert keine besondere Aufmerksamkeit. Da er der Objektidentifikation vorausgeht, muß er auf einer relativ niedrigen Ebene der visuellen Verarbeitungshierarchie erfolgen. Aus dem gleichen Grund muß er sich an Gruppierungsregeln orientieren, die für alle visuellen Objekte gleichermaßen gelten. Gruppierung muß möglich sein, bevor man weiß, welche Figuren eine Szene enthält. Ohne Vorwissen darüber, wie die Welt strukturiert ist, nach welchen Kriterien Szenen zweckmäßigerweise zu segmentieren sind, wäre es unmöglich, aus den zweidimensionalen Helligkeitsverteilungen, auf welche die Sehwelt in unseren Augen reduziert wird, irgendwelche Figuren zu extrahieren. Natürlich hilft es zu wissen, daß in dieser Szene Pferde grasen, aber dies weist nur zusätzlich darauf hin, daß

Abb. 1: Die gescheckten Pferde auf dieser ausapernden Almwiese werden erst dann als solche identifizierbar, wenn es dem Sehsystem gelungen ist, Konturen, die zu bestimmten Pferden gehören, als zusammengehörig zu erkennen.

sprachlich vermittelbares Wissen von den entsprechenden auditorischen Zentren im Gehirn auf periphere Ebenen des visuellen Systems zurückprojiziert werden kann, um dort Segmentierungsprozesse zu unterstützen. In diesem Fall erfolgt die Segmentierung dann aber unter der Kontrolle von Aufmerksamkeit und wird zur bewußten Suche.

Da Segmentierung aber möglich sein muß, ohne daß vorher gewußt wird, was zu sehen ist, muß sie allgemeinen, im System festverankerten Gesetzen gehorchen. Es muß angeborenes oder erworbenes Wissen darüber gespeichert sein, mit welcher Wahrscheinlichkeit bestimmte Konstellationen von Mustermerkmalen für visuelle Objekte kennzeichnend sind. Dieses Regelwissen ist in den dreißiger Jahren von den Gestaltpsychologen um Max Wertheimer gründlich erforscht worden. Als starkes Gruppierungskriterium gilt zum Beispiel die Kontinuität bzw. räumliche Kontiguität von Konturen. Das Sehsystem hat die Tendenz, Konturen, die zusammenhängen, als zu einer Figur gehörig zu gruppieren. Das gleiche gilt für Bildelemente, die nahe benachbart sind (Kriterium der Nähe) oder für Elemente, die in irgendeinem Merkmalsraum Ähnlichkeiten aufweisen, etwa die gleiche Farbe oder die gleiche Textur haben (Kriterium der Ähnlichkeit). Ein ganz besonders effizientes Gruppierungskriterium, das vermutlich angeboren ist und den meisten Spezies gemeinsam ist, wird als Kriterium des gemeinsamen Schicksals angesprochen. Wenn ein gut getarnter Käfer reglos im Laub sitzt, ist er in der Regel nicht segmentierbar und damit auch nicht erkennbar. Bewegt er sich aber, was zur Folge hat, daß sich die Konturen seines Tarnmusters alle mit der gleichen Geschwindigkeit in die gleiche Richtung bewegen, wird er sofort vom Hintergrund abgrenzbar, als Käfer identifizierbar und, wenn er Pech hat, gefressen.

Kognitive Systeme wenden also zunächst relativ elementare Kohärenzkriterien an, um Bildelemente zusammenzufassen, die mit einer gewissen Wahrscheinlichkeit konstitutiv für Wahrnehmungsobjekte sind. Hinzu treten eine Reihe komplexerer Kriterien wie die Geschlossenheit oder die gute Fortsetzung sich überschneidender Konturgrenzen. Wir gehen davon aus, daß sich Konturen harmonisch und kontinuierlich fortsetzen, auch wenn sie partiell verdeckt sind. Und schließlich bewerten wir sogar symmetrische Bezüge von Musterelementen als konstitutiv für Objekte. Es werden solche Konturgrenzen gruppiert, die, wenn zusammengefaßt, symmetrische Figuren ergeben. Es entspricht dies dem Faktum, daß die meisten Organismen entweder radial- oder axialsymmetrisch sind.

Evolution als kognitiver Prozeß

Wie nun gelangt das Wissen über diese in hohem Maße zweckmäßigen Kriterien ins Gehirn? Die hochspezifische Architektur der Gehirne verdankt sich evolutionären Selektions- und Anpassungsprozessen und ist bei Individuen der gleichen Art außerordentlich ähnlich. Die Information, die zur Ausbildung dieser Architekturen während der Individualentwicklung führt, ist in den Genen gespeichert und wird mit nur geringfügigen Variationen von Generation zu Generation weitergegeben. Nun ist, anders als in elektronischen

Rechenmaschinen, bei natürlichen Nervensystemen kein Unterschied auszumachen zwischen Programm und Rechnerarchitektur, zwischen Soft- und Hardware. Die Architektur der Verschaltung von Nervenzellen *ist* das Programm, welches die Funktionen des Nervensystems festlegt. Folglich muß all das, was das Nervensystem über die Welt wissen kann, in der besonderen Art der Verschaltung seiner Nervenzellen niedergelegt sein. Die Verschaltungspläne von Gehirnen der gleichen Spezies weisen nur geringe interindividuelle Variabilität auf, weil die grundlegenden Organisationsprinzipien genetisch festgelegt sind. Hierin drückt sich das Wissen aus, das im Lauf der Evolution durch Versuch, Irrtum und Selektion des Bewährten über die Welt erworben und in den Genen gespeichert wurde. Über den embryonalen Entwicklungsprozeß wird dieses Regelwissen dann in Hirnstrukturen umgesetzt und steht hinfort dem Organismus zur Verfügung, um Signale aus der umgebenden Welt und aus dem Organismus selbst zu ordnen und zu interpretieren.

Eines der hervortretenden Strukturmerkmale des Säugergehirns ist zum Beispiel die Einteilung der Großhirnrinde in verschiedene Areale, die unterschiedlichen Funktionen gewidmet sind. Allen Säugern gemein ist die Gliederung in okzipitale, parietale, temporale und frontale Rindenbereiche, und auch die Funktionszuordnungen sind stereotyp. Areale, die sich mit der Vorverarbeitung visueller Information befassen, liegen im Okzipitallappen. Die Identifikation visueller Objekte obliegt Arealen im Temporallappen, die räumliche Lokalisation visueller Objekte dem Parietallappen, die Sprachrezeption und -produktion verteilt sich auf Areale des Temporal- und Frontallappens der linken Hemisphäre (beim Rechtshänder), und die Programmierung von Bewegungen wird im wesentlichen von frontalen Arealen bewerkstelligt. Schließlich sind da die phylogenetisch rezenten Areale im Präfrontallappen, die sich mit Funktionen befassen, die das Sein in der Zeit ermöglichen, sich beteiligen an Gedächtnisprozessen, am Entwurf von Handlungen und am Planen zukünftiger Vorhaben. Außerdem wirken diese Areale an der Steuerung sozial relevanter Verhaltensweisen mit. Diese Funktionszuordnungen finden sich stereotyp in allen Menschengehirnen wieder und können somit als Ausdruck des während der Evolution erworbenen Wissens über die Zweckmäßigkeit gewisser Verarbeitungsstrategien angesehen werden. Denn in der strukturellen Anordnung von Arealen drücken sich Verschaltungsprinzipien aus; Areale, die nah beieinanderliegen, sind auch eng miteinander verschaltet. Topologien definieren Verschaltungen, die ihrerseits die Rolle von Programmen haben; somit repräsentiert topologische Ordnung Wissen.

In dieser differenzierten Architektur liegen die Regeln, die angeben, nach welchen Kriterien bestimmte Aspekte der Sehwelt miteinander verbunden werden, denn welche Areale miteinander verbunden sind, legt letztlich fest, welche Merkmale miteinander assoziiert werden können. In jedem dieser verschiedenen Areale werden jeweils nur ganz bestimmte Aspekte der Sehwelt abgearbeitet, Textur, Farb- und Formmerkmale in den einen und Bewegungs- und Lageinformation in den anderen. Was womit wie assoziierbar ist, hängt also davon ab, ob und wie die verschiedenen Areale miteinander verbunden sind. Die Grenzen synästhetischer Erfahrung werden durch solche Verschaltungsprinzipien festgelegt. Areale, die nicht direkt miteinander verbunden sind, können ihre Analyseergebnisse auch nicht direkt austauschen. Die komplexe strukturelle Differenzierung hochentwickelter Gehirne entspricht somit gespeichertem Wissen über die Welt.

Individualentwicklung als kognitiver Prozeß

Eine zweite wichtige Informationsquelle für die Programmierung von Hirnfunktion ist die während der frühen Entwicklung bis hin zur Pubertät erworbene Erfahrung über die Welt. Menschliche Gehirne, und das gilt für Säugergehirne im allgemeinen, entwickeln sich nach dem Zeitpunkt der Geburt noch bis hin zur Pubertät strukturell weiter. Zum Zeitpunkt der Geburt verfügt das Gehirn zwar bereits über den vollen Satz von Nervenzellen, aber in zahlreichen Hirnstrukturen ist das Auswachsen von Nervenverbindungen noch in vollem Gange. Es bilden sich neue synaptische Kontakte aus, und dieser Entwicklungsprozeß setzt sich in bestimmten Hirnrindenarealen bis zur Geschlechtsreife fort. Besonders bemerkenswert ist dabei, daß diese späte Ausdifferenzierung der Verschaltung von neuronaler Aktivität und damit von Sinnessignalen beeinflußt wird. Zum Zeitpunkt der Geburt sind die meisten Sinnesorgane bereits voll funktionstüchtig, d. h., die Aktivität, die im Nervensystem erzeugt wird, unterliegt der Modulation durch die Sinnesorgane. Diese Aktivität wiederum wird genutzt, um die neu ausgewachsenen Nervenverbindungen funktionell zu validieren, um funktionell angepaßte Nervenfasern zu konsolidieren und nicht gebrauchte abzuschaffen. Bis zum Abschluß dieses postnatalen Entwicklungsprozesses, also bis zur vollständigen Auskristallisation der Verschaltung des Nervensystems, werden etwa 30 bis 40% mehr Verbindungen angelegt, als letztlich im ausgereiften Gehirn übrigbleiben. Dieser erfahrungsabhängige Entwicklungsprozeß wird also durch einen extrem hohen Umsatz von neu gebildeten und wieder gelösten Verbindungen charakterisiert, wobei die auftretenden Aktivierungsmuster festlegen, welche Verbindungen erhalten bleiben. Das bedeutet auch, daß nicht nur selbstgemachte Erfahrung, sondern auch alle Interaktionen, die von Bezugspersonen initiiert werden, Eingriffe in die Verschaltungsarchitektur des werdenden Gehirns darstellen.

Wie zahlreiche neuroanatomische Untersuchungen belegen, kann Erfahrung tatsächlich zu strukturellen Veränderungen führen, die so massiv sind, daß man sie im Mikroskop sehen kann. Wie bedeutsam diese zweite, epigenetische Lernphase für den Rest des Lebens ist, geht daraus hervor, daß nach Ablauf dieser Entwicklungsphase die Architektur des Nervensystems auskristallisiert und starr wird. Es gibt dann kein neues Wachstum, aber auch keine Vernichtung von Verbindungen mehr, es sei denn, es liegen pathologische Prozesse vor. Jenseits dieser Entwicklungsphase gibt es somit keine Möglichkeit mehr, die Architektur und damit das Basisprogramm des Gehirns zu verändern. Dennoch bleiben wir lernfähig, und darüber wird noch zu berichten sein. (Für weiterführende Literatur zu diesen Entwicklungsprozessen siehe Singer 1990a, 1995.)

Zuvor aber ein Beispiel dafür, wie eingreifend frühe Erfahrung in die strukturelle Ausprägung von Verbindungen in der Großhirnrinde sein kann. Die Repräsentation verschiedener Mustermerkmale erfolgt in einem komplizierten zweidimensionalen »Patchwork« von gruppiert angeordneten, merkmalsspezifischen Nervenzellen. Nun müssen zwischen diesen Merkmalsrepräsentanten, die auf dieser peripheren Verarbeitungsstufe noch relativ einfache Merkmale repräsentieren, Verbindungen existieren, damit die jeweiligen Merkmale miteinander assoziiert werden können. Bei der Diskussion von Gestaltkriterien war deutlich geworden, daß unser Sehsystem die Tendenz hat, ähnliche Merkmale – also Konturen gleicher Orientierung oder Flächen gleicher Farbe oder gleichen Kontrastes – bevorzugt zu assoziieren und zu gruppieren. Folglich muß es spezifische Verbindungen zwischen diesen Merkmalsrepräsentanten geben. Und es gibt sie in der Tat. Wenn man in die Großhirnrinde ein Kristall eines fettlöslichen, fluoreszierenden Farbstoffes einbringt, dann wird dieser Farbstoff von den Nervenfasern, die in der Nähe des Kristalls enden, aufgenommen und rückwärts transportiert bis zum jeweiligen Nervenzellkörper. Wieder ist ein eigenartiges Patchworkmuster auszumachen, was darauf hinweist, daß die Verbindungen ein hohes Maß an Selektivität aufweisen. Nun erhebt sich die Frage, ob und wie dieses topologisch hochselektive Verbindungsmuster mit den Merkmalsdomänen, die ebenfalls zweidimensional in dieser Fläche repräsentiert sind, korreliert ist. Der Vergleich der beiden Karten zeigt, daß eine erstaunlich präzise Ordnung herrscht.

Nun läßt sich zeigen, daß diese Selektivität Folge von Erfahrung ist. Es wird zwar im genetischen Bauplan schon festgelegt, welche Zelltypen in welchen Rindenschichten miteinander kommunizieren sollen und über welche Entfernungen insgesamt kommuniziert werden darf. Die Gesamtausbreitung dieses Fasersystems ist also genetisch determiniert, und dies gilt auch für den mittleren Abstand zwischen einzelnen Merkmalsdomänen. Eine Reihe von Strukturmerkmalen ist somit genetisch festgelegt. Betrachtet man nun die Verbindungsstruktur von Tieren, deren visuelle Erfahrung beeinträchtigt wurde, so zeigt sich, daß hier auch Domänen mit unterschiedlicher Merkmalspräferenz stark verbunden sind. Die Spezifikation von Verbindungen beruht demnach auf einem aktivitätsabhängigen Selektionsprozeß. Aus solchen Experimenten lassen sich die Regeln dieser aktivitätsabhängigen Selektionsprozesse ableiten. Verbindungen werden konsolidiert, wenn sie Neurone miteinander verkoppeln, die häufig synchron erregt werden, und sie gehen verloren zwischen Neuronen, die häufig asynchron bzw. zeitlich unkorreliert aktiv sind. Die Selektionsregeln haben also eine assoziative Funktion, sie verkoppeln selektiv Neuronen, die häufig gemeinsam aktiv werden, und entkoppeln Neuronen, für die das nicht zutrifft. Werden die vorbereiteten Funktionen nicht abgerufen, so führt diese Selektion zur Zerstörung der Verbindungen, die für die Realisierung der entsprechenden Funktion notwendig gewesen wären.

All das gilt natürlich auch für den Menschen. Wenn es nicht möglich ist, während der ersten Lebensjahre den Gesichtssinn zu gebrauchen, können sich im Gehirn die entsprechenden Verschaltungsarchitekturen nicht optimieren. Selbst wenn dann später die optischen Medien der Augen durch chirurgische Eingriffe korrigiert werden und die Sehwelt wieder voll zur Verfügung steht, nützt das nichts, weil die Signale von den Augen nicht sinnvoll verarbeitet werden können. Die Menschen bleiben blind. Bei höheren Wirbeltieren und Säugetieren führt also frühe sensorische Deprivation zu bleibenden kognitiven Störungen, weil die genetisch vorgegebene Struktur in der Regel nicht ausreicht, um die volle Funktionsfähigkeit des Systems zu unterstützen.

Natürlich gibt es gute Gründe, warum das System sich darauf verläßt, nach der Geburt noch zusätzliche Informationen aufzunehmen, um Verschaltungen zu optimieren. Es können auf diese Weise Funktionen realisiert werden, die sich durch genetische Instruktionen alleine nicht hätten verwirklichen lassen. Der Preis für die Option, zusätzliche epigenetische Information zu nutzen, um das System zu strukturieren, ist aber hoch. Die Möglichkeit, Verschaltungen und damit Programme über das genetisch vorgegebene Grundmuster hinaus an die tatsächlichen Gegebenheiten anzupassen, wird mit erhöhter Vulnerabilität erkauft. Wenn in den frühen Phasen der Entwicklung die Interaktion mit der Umwelt gestört ist, können die entsprechenden Funktionen nicht ausgebildet werden. Dies gilt mit großer Wahrscheinlichkeit nicht nur für einfache sensorische Funktionen, sondern für eine Fülle weiterer Leistungen. Für den Spracherwerb ist die Erfahrungsabhängigkeit und die Existenz kritischer Phasen nachgewiesen. Vermutlich hängt aber auch die Einbindung in soziale Bezüge von derartigen Prägungsprozessen ab, von der erfahrungsabhängigen Strukturierung von Hirnarchitekturen, die bis zum Abschluß der Pubertät erfolgt sein muß und später nicht mehr nachholbar ist.

Da wir nun auch als Erwachsene noch lernfähig sind, stellt sich die Frage, wie die Aufnahme von Wissen in dieser Lebensphase erfolgt, zu einem Zeitpunkt also, zu dem Verschaltungen nicht mehr verändert werden können. Diese Lernvorgänge, die natürlich auch schon vor Erreichen der Pubertät parallel zu den Prägungsprozessen ablaufen, beruhen darauf, daß die Wirksamkeit der vorhandenen Verbindungen verändert wird. Diese können in ihrer Effektivität, in ihrer Koppelstärke, entweder erhöht oder abgeschwächt werden. Es gelingt seit einigen Jahren, dünne Scheiben der Großhirnrinde in geeigneter Nährlösung am Leben zu erhalten und dann unter Sichtkontrolle von Nervenzellen abzuleiten, die miteinander in Verbindung stehen. Erregt man eine von zwei Zellen, lassen sich synaptisch vermittelte Antworten in der jeweils anderen auslösen. Diese wiederum können dann in unterschiedlicher zeitlicher Abfolge mit der Aktivierung der jeweiligen Zielzelle kombiniert werden. Dabei zeigt sich, daß zeitlich korrelierte Aktivierung von zwei verbundenen Zellen die Effizienz der synaptischen Kopplung zwischen diesen beiden Zellen erhöht, während antikorrelierte Aktivierung zu einer Abschwächung der Kopplung führt. Die Lernregel ist also wieder eine Korrelationsregel, die Grundlage aller assoziativen Prozesse. In vivo würden solche Prozesse natürlich zusätzlichen Bewertungssystemen unterworfen werden, die die Relevanz der jeweiligen Aktivitäten bewerten und Veränderungen dann und nur dann zulassen, wenn das Gesamtgehirn befunden hat, daß die jeweils zur Verarbeitung gelangten Aktivitätsmuster bedeutsam sind. Diese Bewertung wird von Zentren im limbischen System vorgenommen. Das Bewertungsergebnis wird den verteilten Verarbeitungszentren über Nervenbahnen und spezielle chemische Überträgerstoffe, die sogenannten Neuromodulatoren, mitgeteilt. (Weiterführende Literatur zur synaptischen Plastizität findet sich in Singer 1995.)

So gibt es also drei Mechanismen, über welche Wissen in das Gehirn kommt: die Evolution, die Wissen über die Welt in den Genen speichert und dieses Wissen im Phänotyp des je neu ausgereiften Gehirns exprimiert, dann das während der frühen Ontogenese erworbene Erfahrungswissen, das sich ebenfalls in Strukturänderungen manifestiert – die übrigens kaum von den genetisch bedingten zu unterscheiden sind –, und schließlich das übliche, durch Lernen erworbene Wissen, das sich in funktionellen Änderungen der Effizienz bereits konsolidierter Verbindungen ausdrückt. Diese lernbedingten Veränderungen haben natürlich auch strukturelle und molekulare Substrate, die allerdings allenfalls noch mit dem Elektronenmikroskop identifiziert werden können. In ihrer Gesamtheit bestimmen diese drei Wissensquellen die funktionelle Architektur des jeweiligen Gehirns und damit das Programm, nach dem das betrachtete Gehirn arbeitet.

Zur Struktur von Repräsentationen

Wie nun kann dieses Wissen aktiviert werden, um Wahrnehmungsprozesse zu unterstützen und Ordnung in die Welt zu bringen? Diese Frage wiederum ist eng verbunden mit der Frage, wie sich die Repräsentation von Wahrnehmungsobjekten im Gehirn darstellt. Gegenwärtig werden vor allem zwei konkurrierende Hypothesen diskutiert und experimentell überprüft. Die eine, die klassische, orientiert sich vorwiegend an behavioristischen Positionen. Sie versteht den Prozeß von der Aufnahme von Information über die Sinnesorgane bis hin zur Entstehung der zentralnervösen Repräsentationen vornehmlich als ein Reiz-Reaktions-Geschehen. Sie weist damit dem Gehirn eine eher passive Rolle zu, die Rolle eines Filtersystems, das die Signale der Sinnesorgane in serieller Abfolge ordnet. Dem gegenüber steht eine alternative Konzeption, die das Gehirn als aktives, Hypothesen formulierendes und Lösungen suchendes System versteht. Im Kern geht diese Hypothese davon aus, daß der Akt der Wahrnehmung im wesentlichen auf der Bestätigung von Hypothesen beruht, die das Gehirn auf der Basis seines Vorwissens generiert und durch die einlaufenden Signale verifiziert. Vermutlich wird sich erweisen, daß auch in diesem Fall nie das eine nur gilt oder das andere, sondern daß zumindest in komplexeren Nervensystemen beide Verarbeitungsstrategien angewandt werden. Die erste Strategie, die im wesentlichen auf serieller Filterung beruht, ist unser Erbe aus früheren Zeiten. Mollusken und niedere Wirbeltiere, die noch nicht über Großhirnrinde verfügen, sind weitestgehend auf diese Strategie beschränkt. Höher entwickelte Gehirne, vor allem solche, die über Großhirnrinde verfügen, können komplementär dazu die zweite Strategie verfolgen, eine Strategie, die erheblich mehr Freiheitsgrade für die Repräsentation neuer Muster einräumt und vermutlich notwendige Voraussetzung für die kreative Verknüpfung von Inhalten darstellt.

Das klassische Konzept

Die klassische Hypothese entspricht durchaus unserer Intuition bezüglich dessen, wie unser Gehirn funktioniert, und orientiert sich entsprechend auch an geläufigen Denkfiguren. Descartes hat diese Sichtweise am explizitesten formuliert, indem er postulierte, daß es irgendwo im Gehirn ein Konvergenzzentrum geben müsse, in dem alle Informationen zusammenlaufen und einer einheitlichen Bewertung zugeführt werden. Dies ist intuitiv plausibel, denn anders ist schwer vorstellbar, wie die Wahrnehmung einer kohärenten Welt erfolgen, wie sich ein intentionales Ich konstituieren und wie ein Entschluß gefaßt werden kann. Irgendwo, so legt die Intuition nahe, muß da eine Zentrale sein, die interpretiert, entscheidet und Pläne entwirft. Naturgemäß hat sich auch die neurobiologische Vorgehensweise an dieser intuitiv so plausiblen Setzung orientiert und die Suche nach der Struktur von zentralen Repräsentationen mit der Suche nach dem postulierten Konvergenzzentrum verbunden. Von den Sinnesorganen ausgehend, drangen die Neurobiologen immer tiefer in das System ein, in der Annahme, einer hierarchischen Abfolge von Verarbeitungsschritten folgend, letztendlich an den Ort zu gelangen, an dem die Objektrepräsentationen vollkommen sind, also auf die Bühne des kartesischen Theaters. Die Hypothese, wie auf diese Weise Wahrnehmungsobjekte im Gehirn repräsentiert werden könnten, ist in Abb. 2 skizziert. Die Annahme ist, daß in hierarchisch strukturierten pyramidalen Verarbeitungsstrukturen über Rekombination und wiederholte Konvergenz von Verbindungen schließlich Nervenzellen erzeugt werden, die hochspezifisch auf ganz bestimmte Konstellationen von Mustermerkmalen ansprechen, ebenjenen Mustermerkmalen, die konstitutiv für ein ganz bestimmtes Wahrnehmungsobjekt sind (Logothetis u. a. 1995).

Im Fall des gewählten Bildbeispieles müßten also die Signale von Nervenzellen, die auf die Konturen des linken Gesichtes reagieren, selektiv auf eine gemeinsame Zielzelle verschaltet werden, und deren Erregungsschwelle müßte so eingestellt sein, daß die Zelle dann und nur dann reagiert, wenn das entsprechende Gesicht vorhanden ist, wenn die für dieses Neuron spezifische Konstellation von Merkmalen auf der Netzhaut zur Abbildung kommt. Entsprechend bräuchte man eine weitere Nervenzelle, die selektiv antwortet, wenn statt des Gesichtes die Vase gesehen wird. Diese Zelle muß zum Teil von den gleichen Neuronen erregt werden wie die »Gesichterzelle«, weil beide Figuren durch dieselbe Konturlinie begrenzt werden. Sie muß aber, um die Vase repräsentieren zu können, auch die gegenüberliegende Konturgrenze mit einbinden, d. h., die »Vasenzelle« muß auch von Neuronen erregt werden, die auf die Konturen des zweiten Gesichts reagieren, und zusätzlich natürlich von Nervenzellen, die auf die weiße Fläche dazwischen reagieren. Bei dieser Kodierungsstrategie muß also für jedes unterscheidbare Wahrnehmungsobjekt mindestens eine Nervenzelle reserviert werden, die über konvergente Architekturen die verschiedenen Merkmale zusammenbindet, die für ein bestimmtes Wahrnehmungsobjekt charakteristisch sind. Doch damit nicht genug, man bräuchte für jedes Wahrnehmungsobjekt einen ganzen Satz solcher Zellen, denn Objekte lassen sich auch dann erkennen, wenn sie auf dem Kopf stehen oder schief liegen oder rotiert sind. In all diesen Fällen werden neue

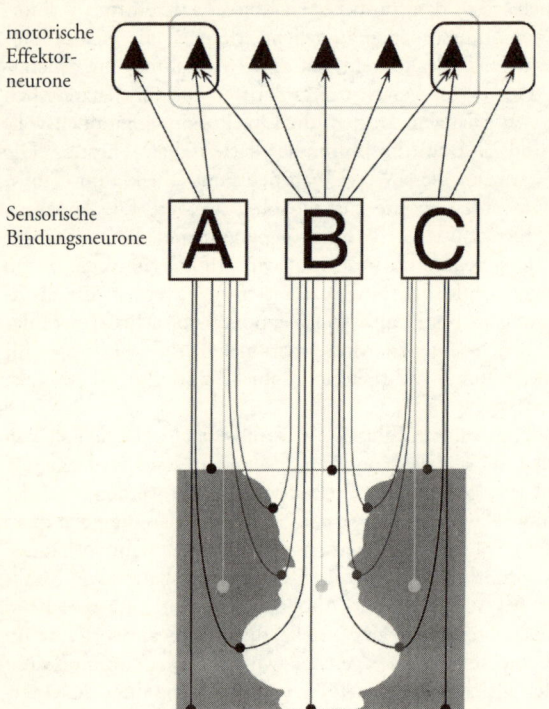

Abb. 2: Für die Segmentierung dieses Bildes der Rubinschen Vase gibt es zwei gleich wahrscheinliche Lösungen. Je nachdem, wie sich das Sehsystem entscheidet, sieht man entweder die Vase oder die beiden Gesichter. Das eingezeichnete Schaltdiagramm soll die klassische Lösung des Bindungsproblems verdeutlichen. Signale von Bildpunkten, die zur gleichen Figur gehören, werden durch Konvergenz auf einzelne Bindungsneurone miteinander verbunden. Die implizite Annahme ist dabei, daß die Bindungsneurone mit hoher Spezifität nur dann ansprechen, wenn die passende Konstellation von Eingangsneuronen aktiviert wird. Diese Strategie macht es erforderlich, für jedes unterscheidbare Objekt mindestens ein Bindungsneuron vorzusehen. Als zentralnervöse Repräsentation eines bestimmten Wahrnehmungsobjektes wäre dann die Erregung des entsprechenden Bindungsneurons anzusehen. Weitere Erläuterungen zu diesem unrealistischen Konzept finden sich im Text.

Konstellationen von Merkmalsdetektoren in der primären Sehrinde aktiviert. Man müßte also auch für die verschiedenen Erscheinungsformen, die das gleiche Objekt annehmen kann, wenn es im Raum gedreht wird, spezifische Repräsentanten haben. Natürlich gilt dies nicht für alle möglichen Erscheinungsformen, es wären dies unendlich viele. Aber es bedürfte zumindest einiger Stützpunkte, um auf dazwischenliegende Erscheinungsformen extrapolieren zu können (Logothetis u. a. 1995). Gleichwie, man bräuchte eine nahezu unendliche Zahl von Nervenzellen, um auf diese Weise Objekte der Welt repräsentieren zu können. Ebenso bräuchte man eine riesige Zahl von nicht festgelegten Nervenzellen, um dem Umstand Rechnung zu tragen, daß neue Figuren entstehen können, noch nie Gesehenes repräsentiert werden muß. All diese Neurone müßten sich in einem riesigen Areal an der Spitze der Verarbeitungshierarchie befinden.

Und hier beginnen die Probleme. Das postulierte Areal ist nicht identifizierbar. Je weiter man in der Verarbeitungshierarchie nach oben kommt, desto kleiner werden die einzelnen Areale. Dennoch finden sich Hinweise für die beschriebene Kodierungsstrategie. Nervenzellen auf höheren Stufen der Verarbeitungshierarchie sprechen tatsächlich auf recht komplexe Konstellationen von Merkmalen an. Ein besonders überzeugendes Argument für die Gültigkeit dieser expliziten Repräsentationsstrategie leitet sich aus dem Befund ab, daß man im Primatengehirn sogar Nervenzellen findet, die selektiv auf Gesichter reagieren. Sie kodieren zwar keine individuellen Gesichter, aber sie unterscheiden durchaus zwischen verschiedenen Gesichtern und antworten differentiell, wenn sich die Orientierung der Gesichter im Raum ändert. Manche sprechen besser auf Profile an, manche mehr auf frontale Ansichten (Wallis/Rolls 1997). Diese Befunde haben natürlich die Hoffnung geweckt, man würde auch für alle anderen Objekte dieser Wahrnehmungswelt spezialisierte Zellen finden. Die Suche wurde fortgesetzt, ungeachtet des logischen Problems, daß dies zu einer kombinatorischen Explosion von Bindungsneuronen führen müßte, die rein zahlenmäßig nicht zu bewältigen ist. Dennoch legen diese Befunde nahe, daß zumindest ein Teil der wahrnehmbaren Objekte auf diese Weise repräsentiert wird. Vermutlich handelt es sich dabei um besonders verhaltensrelevante Inhalte, wie z.B. Gesichter, die für die sozial aktiven Primaten von sehr großer Bedeutung sind. In dieses Bild paßt, daß die Gesichterzellen angeboren sind; auch junge Primaten, die noch keine visuelle Erfahrung mit anderen Primaten hatten, besitzen bereits gesichterspezifische Zellen in ihrer Hirnrinde. Hier muß die entsprechende Verschaltung also über genetische Instruktionen spezifiziert worden sein. Da es auch beim Menschen ein Hirnrindenareal gibt, das für das Erkennen von Gesichtern zuständig ist, dürften auch hier genetisch determinierte Antwortpräferenzen vorgegeben sein. Dennoch bleibt das Argument, daß mit dieser Repräsentationsstrategie wegen der inhärenten kombinatorischen Explosion repräsentationaler Elemente das Repräsentationsproblem nicht im allgemeinen zu lösen ist.

Auch mit der Identifikation hierarchischer Verarbeitungsarchitekturen und entsprechender Konvergenzzentren gibt es Probleme. Anstelle pyramidaler Verarbeitungsstrukturen imponieren parallel strukturierte hochvernetzte Architekturen (Maunsell 1995). Ein weiterer Grund also, nach alternativen Kodierungsstrategien zu suchen.

Die konkurrierende Hypothese

Die attraktivste Alternative geht auf einen Vorschlag des Psychologen Donald Hebb (Hebb 1949) zurück, den dieser in seinem Buch *The Organization of Behavior* formuliert hat. Der Vorschlag lautet, daß Inhalte nicht durch hochspezialisierte, einzelne Nervenzellen repräsentiert werden, sondern durch ein ganzes Ensemble von Nervenzellen, die in ihrer Gesamtheit die einfachste Beschreibung eines bestimmten Inhaltes darstellen. Ein bestimmtes Objekt würde also nicht durch eine objektspezifische Zelle repräsentiert, sondern durch eine Gruppe von Zellen, die möglicherweise auch noch über verschiedene Hirnrindenareale verteilt sind, wobei jede einzelne Zelle nur bestimmte Teilmerkmale des Objekts repräsentiert: gewisse Form- oder Texturmerkmale, Angaben über Ort, Lage und Größe und vielleicht auch bestimmte funktionelle Konnotationen; eine Matrix von Merkmalen also, die in ihrer Gesamtheit eine vollständige Beschreibung des Objektes ergibt. Diese Kodierungsstrategie hat den großen Vorteil, daß die gleichen Zellen benutzt werden können, um zu verschiedenen Zeitpunkten verschiedene Inhalte zu repräsentieren. Damit läßt sich das numerische Problem lösen. Denn genauso, wie ein bestimmtes Merkmal, etwa Vertikalität oder schwarze Farbe, konstitutiv für all die verschiedenen Wahrnehmungsobjekte sein kann, die vertikale Konturen haben und schwarz sind, können Neurone, die für solche elementaren Merkmale kodieren, für die Repräsentation dieser verschiedenen Objekte verwendet werden, wenn sie in der geeigneten Konstellation zu Ensembles zusammengebunden werden.

Nun handelt man sich aber mit dieser Kodierungsstrategie ein weiteres ebenfalls nicht leicht zu lösendes Problem ein. Zwar wird das Problem der kombinatorischen Explosion überwunden, weil durch die Möglichkeit zur dynamischen Rekombination mit einer endlichen Zahl von Nervenzellen eine nahezu unendlich große Zahl von Wahrnehmungsobjekten repräsentiert werden kann, aber es tritt ein Bindungsproblem auf. Es muß den nachfolgenden Verarbeitungsschichten signalisiert werden, welche von den vielen gleichzeitig aktiven Nervenzellen – beim Betrachten einer Szene wie der in Abb. 1 sind fast alle Nervenzellen in der primären Sehrinde gleichzeitig aktiv – sich an der Kodierung eines bestimmten Objektes beteiligen. Es muß geklärt werden, welche von den vielen Antworten zusammengebunden gehören, und das Ergebnis dieser Gruppierungsleistung muß höheren Arealen mitgeteilt werden.

Die Synchronisationshypothese

Das Nervensystem hat nur eine Option, um aus vielen gleichzeitigen Antworten einige wenige für die gemeinsame Weiterverarbeitung auszuwählen. Die ausgewählten Aktivitäten müssen für nachfolgende Strukturen auffällig gemacht werden. Um gemeinsam weiterverarbeitet zu werden, müssen die ausgewählten Antworten eine erhöhte Wirksamkeit hinsichtlich der Erregung nachgeschalteter Neurone aufweisen. Im Prinzip gibt es zwei komplementäre Optionen, um die Wirksamkeit von neuronalen Antworten zu erhöhen. Nervenzellen können stärker aktiv werden, um in den je nachgeschalteten erfolgreicher zu sein. In diesem Fall summieren die synaptischen Potentiale – kleine depolarisierende Ereignisse von begrenzter Dauer – effektiver in den nachgeschalteten Zellen. Ensembles könnten also dadurch strukturiert werden, daß alle Zellen, die zu dem jeweiligen Ensemble gehören, aktiver werden. Probleme treten aber wieder auf, wenn zwei Objekte gleichzeitig am benachbarten Ort vorkommen und durch zwei Ensembles repräsentiert werden müssen. Würden die Zellen, die zu diesen zwei Ensembles gehören, lediglich dadurch ausgezeichnet, daß sie aktiver sind als die anderen, dann wäre es für die nachfolgenden Strukturen wieder unmöglich, herauszufinden, welche Zellen nun welches der beiden

Objekte kodieren. Umgehen ließe sich dieses Superpositionsproblem nur dann, wenn für jedes Objekt ein eigenes Ensemble von Zellen reserviert würde, die Teilnahme der gleichen Zellen an verschiedenen Ensembles ausgeschlossen wäre. Dann aber stellte sich wieder das numerische Problem, man bräuchte zu viele Nervenzellen. Eine attraktive Alternative zur Auswahl durch Frequenzerhöhung ist die Auswahl durch Synchronisation der Entladungstätigkeit. Die Hypothese, deren experimentelle Prüfung wir derzeit anstreben, geht davon aus, daß die Signatur für das Verbundensein von Zellen in Ensembles in der Synchronizität der Aktivität der jeweils ausgewählten Nervenzellen liegt. Die Begründung ist, daß synchron eintreffende synaptische Ereignisse sehr effizient sind, weil sie optimal summieren. Gleichzeitig eintreffende synaptische Potentiale sind sehr viel wirksamer als die lineare Summe der Einzelereignisse. Durch Synchronisation als Auswahlmechanismus ließe sich das Superpositionsproblem elegant lösen, weil sich in ganz kurzen Zeitschritten, praktisch Entladung für Entladung, definieren läßt, welche Antwort mit welcher gruppiert worden ist. Verschiedene Ensembles ließen sich dann in rascher Folge und überlagerungsfrei definieren.

Wie nun soll man sich die Bildung solcher funktionell kohärenter Ensembles vorstellen? In Abb. 3 ist ein randomisiertes Strichmuster gezeigt, in dem sich ein auf der Spitze stehendes Quadrat ausmachen läßt. Der Grund für die Erkennbarkeit des Quadrates ist, daß unser Sehsystem kolineare Konturen bevorzugt bindet und als der gleichen Figur zugehörig interpretiert. Dies rührt daher, daß in der Hirnrinde Verbindungen zwischen Orientierungsdetektoren, die kolineare Konturen kodieren, besonders stark ausgeprägt sind. Wie in Abbildung 3 angedeutet, lassen sich die neuronalen Verbindungen in der Hirnrinde in zwei komplementäre Klassen einteilen. Eine Gruppe von Verbindungen ist für die Herausbildung merkmalspezifischer Neurone zuständig. Diese Verbindungen vermitteln die Weiterleitung von Erregung von einer Verarbeitungsstufe zur nächsten und erzeugen über selektive Konvergenz und Rekombination von Eingangssignalen die zunehmend komplexere Merkmalselektivität von Neuronen in höheren Verarbeitungszentren. Es sind dies die Verbindungen, welche die eingangs erwähnte klassische Kodierungsstrategie unterstützen. Parallel dazu gibt es aber eine weitere Gruppe von Verbindungen, die wesentlich mächtiger ist und die im wesentlichen Neurone reziprok miteinander verkoppelt.

Es sind dies die Verbindungen, die für die Assoziation merkmalspezifischer Neurone zu funktionell kohärenten Ensembles zuständig sind – eben die Verbindungen, deren erfahrungsabhängige Plastizität am Anfang des Beitrages besprochen wurde. Etwa 80 % der synaptischen Verbindungen von Nervenzellen der Großhirnrinde gehören zu dieser zweiten Klasse, und etwa 10 bis 20 % der Eingänge rekrutieren sich aus Verbindungen der ersten Gruppe. Die Sinnessysteme und damit die Signale aus der umgebenden Welt werden somit nur über eine sehr kleine Fraktion von Verbindungen in die Großhirnrinde eingekoppelt. Das System beschäftigt sich hauptsächlich mit sich selbst; 80 bis 90 % der Verbindungen sind dem inneren Monolog gewidmet.

Dies ist ein erster und starker Hinweis dafür, daß im Gehirn Prozesse ablaufen, die vorwiegend auf internen Wechselwirkungen beruhen und nicht erst dann einsetzen, wenn von außen Reize einwirken. Das Reiz-Reaktions-Schema trifft nur bedingt zu, es dominieren nicht mehr die seriell weitergeschalteten reizinduzierten Antworten. Bedeutsamer wird mit zunehmender Entfernung von den Sinnesorganen selbstgenerierte Aktivität, welche von den Sinnessignalen lediglich moduliert wird.

Inzwischen gilt als gesichert, daß diese assoziativen Verbindungen eine synchronisierende Funktion haben; durchtrennt man sie, geht die Synchronisation von Antworten verloren (Engel u.a. 1991). Die Hypothese ist also, daß diese sehr zahlreichen und in ihrer Ausprägung hochspezifischen Verbindungen der zweiten Klasse die merkmal- und kontextabhängige Gruppierung von räumlich verteilten Neuronen zu synchron aktiven Ensembles bewerkstelligen. Um diese Hypothese zu überprüfen und darüber hinaus zu zeigen, daß Synchronizität tatsächlich als Signatur für die Zusammengehörigkeit merkmalspezifischer Neurone genutzt wird, müssen testbare Voraussagen über Zusammenhänge zwischen Synchronisation und perzeptiven Leistungen formuliert und experimentell überprüft werden.

Die Basispostulate sind: Erstens, die Repräsentation von Wahrnehmungsobjekten erfolgt nicht nur explizit durch hochspezifische Neurone, sondern auch implizit über dynamisch assoziierte Ensembles von Zellen. Zweitens, diese dynamische Assoziation erfolgt über einen selbstorganisierenden Prozeß auf der Basis interner Wechselwirkungen, die durch Verbindungen der zweiten Klasse vermittelt werden. Drittens, die Regeln (die Gestaltregeln) für die

A

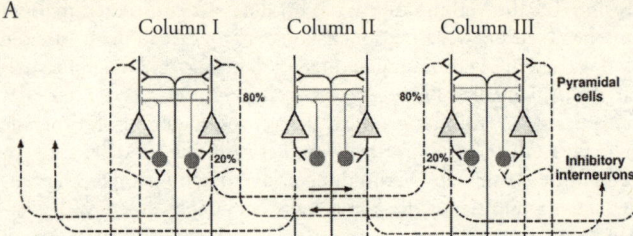

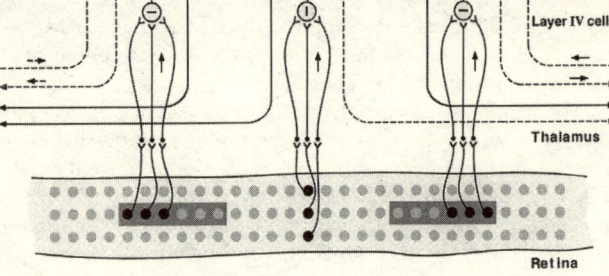

B   C

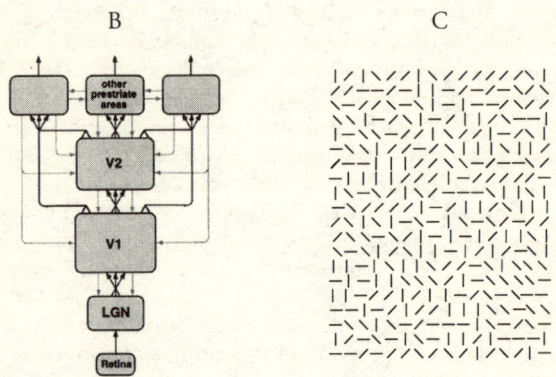

Abb. 3: Stark vereinfachte schematische Darstellung kortikaler Verbindungen innerhalb eines Hirnrindenareals (A) und zwischen verschiedenen Arealen (B). Es wurden zwei Klassen von Verbindungen hervorgehoben: erstens, aufsteigende erregende Verbindungen, die über selektive Konvergenz spezifische rezeptive Fel-

der erzeugen, und zweitens, reziproke erregende Verbindungen zwischen Verarbeitungskolumnen innerhalb der Sehrinde (A) und zwischen Sehrindenarealen (B), von denen angenommen wird, daß sie assoziierende, synchronisierende Funktion haben. In Übereinstimmung mit anatomischen und funktionellen Daten wird angenommen, daß diese synchronisierenden Verbindungen bevorzugt Zellen in Kolumnen verbinden, die verwandte, gruppierbare Merkmalspräferenzen aufweisen. In C ist dargestellt, wie durch Vermittlung dieser assoziierenden Verbindungen ähnliche Reizmerkmale zusammengebunden werden und wie diese merkmalsabhängige Bindung zur Wahrnehmung von Figuren führen kann. Konturelemente, die die gleiche Orientierung aufweisen und kolinear angeordnet sind, werden zu Liniensegmenten verbunden, die dann als die Seiten eines auf der Spitze stehenden Quadrates wahrgenommen werden. Diese Bindung beruht auf einer bevorzugten Koppelung von Neuronen in der Hirnrinde, die ähnliche Orientierungspräferenzen aufweisen und kolinear angeordnet sind (Schmidt u. a. 1997). Eine ausführliche Besprechung der in dieser Abbildung skizzierten Verarbeitungsstrategien findet sich im Text und in Singer (1995).

bevorzugte Assoziation bestimmter Nervengruppen werden über die Architektur des Netzwerkes assoziierender Verbindungen festgelegt. Viertens, diese Architektur ist zum Teil genetisch festgelegt und zum Teil durch Erfahrung überformt. Fünftens, erfolgreiches Gruppieren von Zellen zu Ensembles drückt sich in der Synchronisation der Entladungstätigkeit der respektiven Neurone aus. Sechstens, aufgrund dieser spezifischen Synchronisationsmuster werden Ensembles abgrenzbar und als Einheiten identifizierbar.

Hier ist nicht der Platz, um auf die inzwischen große Zahl experimenteller Arbeiten einzugehen, die der Überprüfung dieser Postulate gewidmet sind. Diese Arbeiten wurden in mehreren kürzlich erschienenen Übersichten ausführlich besprochen (Singer/Gray 1995; Singer u. a. 1997). Hier soll der Hinweis genügen, daß die meisten der bisherigen experimentellen Ergebnisse mit der Hypothese kompatibel sind. Ferner gibt es einige sehr enge Korrelationen zwischen Wahrnehmungsphänomenen und Synchronisationsereignissen, die es erlauben, aufgrund von Synchronisationsmessungen Voraussagen über Wahrnehmungsleistungen zu machen. Noch aber steht der direkte Beweis für eine kausale Beziehung zwischen Synchronisation und Wahrnehmung aus.

Ein Experiment, das die Vorgehensweise bei der Überprüfung dieser Postulate verdeutlicht, sei hier exemplarisch vorgestellt (Abb. 4). Rhesusaffen wurde beigebracht, Bildelemente, die auf ei-

Meßplatz zur Ableitung von wachen, verhaltenstrainierten Affen

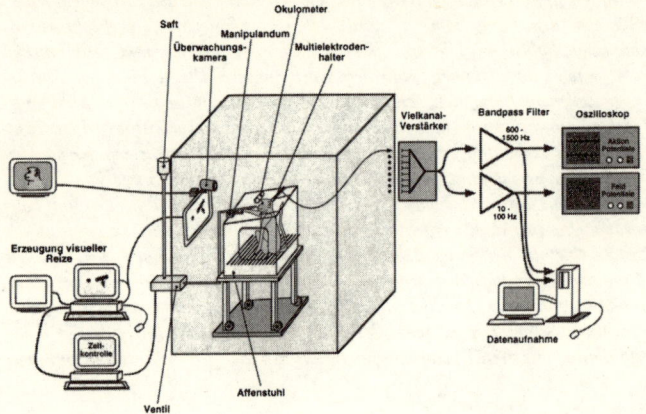

Abb. 4: Versuchsaufbau zur Ableitung neuronaler Aktivität von wachen verhaltenstrainierten Primaten. Das Tier hat gelernt, einen Videomonitor im Auge zu behalten und auf bestimmte Veränderungen der dort dargebotenen visuellen Reize mit einem Tastendruck zu antworten. Richtige bzw. falsche Antworten werden dem Tier durch unterschiedliche Töne oder durch Veränderung der Reize auf dem Bildschirm signalisiert. Bei richtigen Antworten erhält das Tier zudem eine Belohnung, in der Regel süßen Fruchtsaft. Während sich das Tier mit der Lösung der gestellten Aufgaben beschäftigt, wird die Aktivität einzelner Nervenzellen über Mikroelektroden abgeleitet, die entweder dauerhaft implantiert sind, ähnlich wie die Elektroden von Herzschrittmachern, oder aber über Mikromanipulatoren bewegt werden können. Das Tier wird dadurch in seinem Verhalten nicht beeinträchtigt, da das Gehirn schmerzunempfindlich ist und die Registrierung der Nerventätigkeit von ihm deshalb nicht bemerkt wird. Die Dauer der Ableitungen ist von der Kooperationsbereitschaft des Tieres abhängig, da die Affen die Messungen jederzeit dadurch abbrechen können, daß sie aufhören, die Lichtreize zu beantworten. In A und B ist das im Text erwähnte Versuchsergebnis zusammengefaßt. Die mit 1 und 2 bezeichneten Quadrate symbolisieren die rezeptiven Felder von zwei gleichzeitig abgeleiteten Neuronen, die Pfeile die bevorzugte Bewegungsrichtung der beiden Nervenzellen und die Balken die verwendeten Lichtreize. In A wurden beide Zellen mit nur einem Lichtreiz erregt, der sich von links oben nach rechts unten bewegt. Die Antworten der beiden Zellen sind in übereinander angeordneten Histogrammen dargestellt (rechts), die den Zeitverlauf der Frequenzzunahme der Entladungstätigkeit zeigen. Für die Antwortsegmente zwischen den beiden senkrechten Linien wurden Kreuzkorrelogramme berechnet (links). Der zentrale Gipfel im linken Kor-

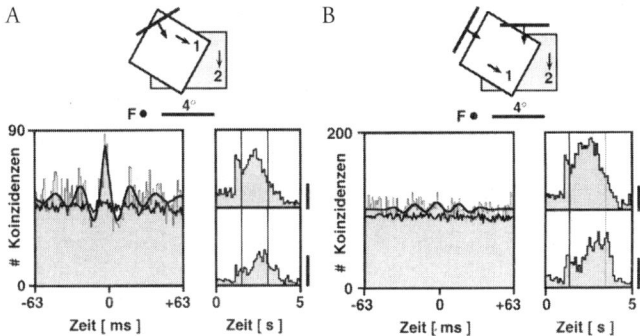

relogramm weist darauf hin, daß die beiden Nervenzellen ihre Antworten synchronisieren, wenn sie von nur einem Reiz aktiviert werden. Die oszillatorische Modulation des Kreuzkorrelogramms in A deutet ferner an, daß diese Synchronisation auf der Basis oszillatorischer Aktivität erfolgte. Die für den Fall der Unabhängigkeit berechnete Korrelationsfunktion wird durch die verrauschte horizontale Kurve dargestellt. Abbildung B zeigt, daß die beiden Nervenzellen auch dann stark antworten, wenn sie auf zwei verschiedene sich gleichzeitig über die rezeptiven Felder bewegende Reize antworten (siehe die Histogramme rechts), daß in diesem Fall aber keine Synchronisation der Antworten mehr erfolgt (Kreuzkorrelogramm rechts).

nem Monitor gezeigt werden, aufmerksam zu betrachten und kleine Veränderungen mit dem Betätigen einer Taste zu beantworten. War die Antwort richtig, wurden die Tiere mit Saft belohnt. Während die Tiere dieser Aufgabe nachgingen, wurde über Mikroelektroden die Aktivität ausgewählter Nervenzellen abgeleitet. Wider weitverbreiteter Ansicht ist dies für die Tiere keine Qual, da sie die Elektroden wegen der Schmerzunempfindlichkeit des Gehirns nicht spüren und das Videospiel nach eigenem Gutdünken abbrechen können, wenn sie keine Lust mehr haben.

In einem Versuch dieser Art sollte die Hypothese überprüft werden, ob Nervenzellen, wenn sie ein gemeinsames Objekt kodieren, ihre Aktivitäten synchronisieren und ob die Synchronisation aufgehoben wird, wenn sich die Reizbedingungen ändern und die gleichen Zellen nun verschiedene Objekte kodieren. Es wurden zwei verschiedene Zellen mit zwei Elektroden gleichzeitig abgeleitet und mit einer einzigen sich bewegenden Kontur erregt. Wie der ausgeprägte zentrale Gipfel im Kreuzkorrelogramm ausweist, trat in diesem Fall eine hohe Zahl von Aktionspotentialen mit einer Präzision im Bereich von wenigen Millisekunden synchronisiert auf. Wird jedoch das gleiche Zellpaar mit zwei verschiedenen Konturen aktiviert – einer, die sich von links oben nach rechts unten, und einer, die sich senkrecht von oben nach unten bewegt –, dann zeigen die Antworten keine Synchronisation, obgleich sie unverändert stark sind. Aus der Permutation der Reizbedingungen ergibt sich, daß die Zellen ihre Antworten immer dann synchronisieren, wenn sie von einer einzigen Kontur erregt werden, gleich wie diese orientiert ist und in welche Richtung sie sich bewegt, während die Antworten keine zeitliche Bindung aufweisen, wenn sie durch verschiedene Konturen induziert wurden. Dies legt nahe, daß sich in der Synchronisation die temporäre Zusammengehörigkeit der Nervenzellen ausdrückt, die immer dann der Fall ist, wenn die Antworten der Zellen das gleiche Objekt repräsentieren. Dieses Beispiel möge genügen, um nachvollziehbar zu machen, wie Voraussagen der Synchronisationshypothese experimentell überprüft werden können.

Wahrnehmen ist Überprüfung von Hypothesen

Abschließend soll der Frage nachgegangen werden, auf welche Weise das in den Verbindungsarchitekturen der Großhirnrinde schlummernde Wissen aktiviert werden kann, um Wahrnehmungsprozesse zu strukturieren. Das Gehirn ist nie ruhig, sondern generiert ständig hochkomplexe Erregungsmuster, auch wenn Außenreize fehlen. Gleich ob man mit EEG-Elektroden globale Hirnaktivität oder mit Mikroelektroden Einzelzellen ableitet, immer findet sich Aktivität, die distinkte zeitliche Strukturen aufweist. Die Erregungsfluktuationen größerer Zellpopulationen haben fast immer eine periodische, oszillatorische Struktur. In der Vergangenheit wurde diese Ruhe- bzw. Spontanaktivität gemeinhin als unsystematisches Rauschen betrachtet, als Instabilität, die die Untersuchungen erschwert, weil sie die Antworten variabel macht. Folglich wurde alles darangesetzt, dieses Rauschen über Mittelungsverfahren zu eliminieren – und vermutlich haben wir damit eine Informationsquelle eliminiert, die sich für die Analyse von Verarbeitungsprozessen im Gehirn als außerordentlich wichtig erweisen könnte.

Es gibt neuerdings Hinweise dafür, daß just diese Aktivität in hohem Maße strukturiert sein könnte. Domänen der Großhirnrinde, die gruppierbare Merkmale repräsentieren und deshalb eng miteinander verbunden sind, scheinen auch ohne Reizung zu kohärentem Schwingen fähig. Dies würde aber nichts anderes bedeuten, als daß sich das Wissen, das in der Architektur der Verschaltung zwischen den Neuronen verankert ist, im raum-zeitlichen Muster kohärent schwingender Neuronengruppen widerspiegelt. Die strukturierte Spontanaktivität wäre also nicht störendes Rauschen, sondern Ausdruck dynamisierten Wissens über zweckmäßige Gruppierungskriterien und andere für die Informationsverarbeitung wichtige Regeln. Es wären dies bestenfalls attraktive Vermutungen, gäbe es nicht Hinweise dafür, daß diese spontan generierten hochkomplexen raumzeitlichen Kohärenzmuster wesentlich dazu beitragen, die von den Sinnesorganen einlaufenden Signale in sinnvoller Weise zu ordnen, und zwar durch rasche Synchronisation gruppierbarer Antworten. Über einen Mechanismus, der an Hirnschnitten in vitro entdeckt wurde (Volgushev u. a. 1998) können Neuronen, die in oszillierende Zellgruppen eingebunden sind, eintreffende Erregung zeitlich so strukturieren, daß die entsprechenden Ausgangssignale für alle Zellen hochsynchron werden, die sich an einer kohärent schwingenden Gruppe beteiligen. Falls die spontan auftretenden Kohärenzmuster die Architektur assoziativer Verbindungen widerspiegeln – was noch zu beweisen ist –, würde dies bedeuten, daß die Spontanaktivität Ausdruck eines fortwährenden Generierens von Hypothesen, von Erwartungswerten ist, an denen einlaufende Signale gemessen und gegebenenfalls über Synchronisation miteinander verbunden werden.

Das für die Formulierung von Erwartungen erforderliche Vorwissen liegt bereits in der funktionellen Architektur der Großhirnrindenverbindungen dauerhaft verankert. Vermittels spontanen Austauschs von Aktivität zwischen den gekoppelten Neuronen könnte dieses Wissen dann in dynamische, raum-zeitlich hochkomplexe und vermutlich sehr spezifische Schwingungsmuster umgesetzt werden. Diese Muster hätten dann de facto die Funktion intern generierter Hypothesen und formten eintreffende Sinnessignale gemäß diesen Erwartungen so um, daß diese ihrerseits raumzeitliche Muster aufgeprägt bekommen, in denen sich der Grad der Übereinstimmung zwischen Erwartung und tatsächlich Vorhandenem ausdrückt. Dieser Ordnungsprozeß ist selbstorganisierend und kann innerhalb sehr kurzer Zeiten konvergieren, weil durch die Vorformulierung der Erwartungswerte die Weichen für die Reizverarbeitung bereits richtig gestellt sind, vorausgesetzt, die Erwartung stimmt mit den Sinnessignalen in etwa überein.

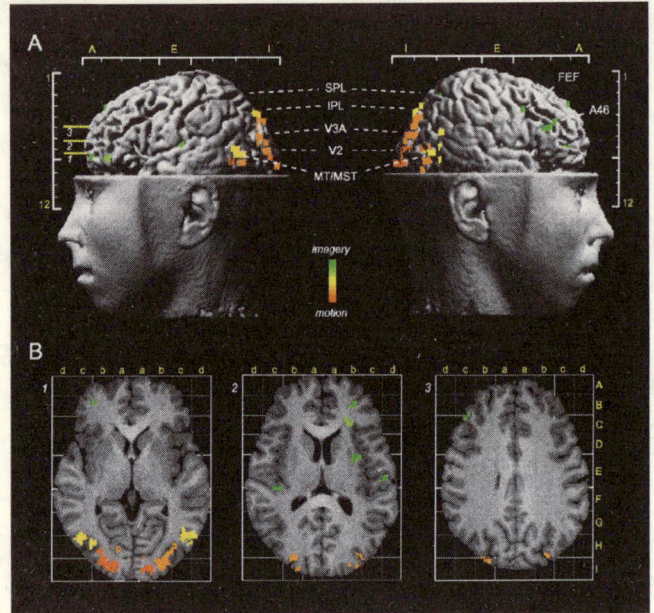

Abb. 5: Die Abbildung zeigt aktive Hirnareale eines Probanden bei einem Experiment zur mentalen Vorstellung von bewegten Reizen. (A) Areale sind farbig markiert, die während gesehener Bewegung oder während nur vorgestellter Bewegung besonders aktiv waren. Die linke Seite zeigt eine Seitenansicht der linken Hirnhemisphäre, die rechte Seite zeigt eine Ansicht der rechten Hemisphäre. Die Farben der Areale decken ein Kontinuum ab. Rote Färbung kennzeichnet Areale, die nur bei gesehener Bewegung reagieren, wohingegen grüne Färbung Areale kennzeichnet, die nur während der Vorstellungsphasen reagieren. Farben zwischen diesen Extremen (z. B. Gelb) kennzeichnen Areale, die bei beiden Bedingungen reagieren. Das Gehirn des Probanden wurde in den Talairach-Standardraum gedreht und skaliert, dessen Koordinaten durch weiße Linien mit Markierungen angedeutet sind. Die kurzen gelben Linien auf der linken Seite spezifizieren die Lage der in (B) gezeigten Hirnschnitte. IPL = aktive Region im unteren Parietallappen, SPL = aktive Region im oberen Parietallappen. (B) Aktivierungen in ausgewählten Hirnschnitten. Der Schnitt auf der linken Seite zeigt beidseitige Aktivierung der Areale MT/MST (gelb), V2 (rot) und V3/V3A (rot/orange). Der Schnitt in der Mitte zeigt Aktivierung in der Insel (grün), die nicht auf den Seitenansichten sichtbar ist. Der Schnitt auf der rechten Seite zeigt Brodman Areal BA 9/46 (grün) und V3A (orange). Modifiziert aus Goebel u. a. (1998, Abb. 5).

Wie wichtig diese internen hypothesenbildenden Prozesse sind, läßt sich mit der funktionellen Kernspintomographie eindrucksvoll zeigen (Abb. 5). Die grünen Markierungen weisen Hirnrindenareale aus, die nur dann aktiv werden, wenn die hier untersuchte Probandin gebeten wird, sich ein bewegtes Muster vorzustellen, das ihr vorher gezeigt wurde. Rot markiert sind die Hirnrindenareale, die nur dann aktiv werden, wenn das sich bewegende Muster tatsächlich vorhanden ist, und mit Gelb sind all die Areale gekennzeichnet, die sowohl bei der realen Bewegung als auch bei der imaginierten Bewegung aktiviert werden. Dieser Versuch belegt eindrucksvoll, wie viele Hirnrindenareale allein bei der Vorstellung eines bewegten Reizes aktiviert werden und daß viele dieser Areale dieselben sind, die auch bei der Wahrnehmung realer Reize aktiv werden. Vor allem auf höheren Ebenen der Verarbeitungshierarchie finden sich Areale, die bei der Imagination von Bewegung stärker aktiviert werden als oder zumindest gleich stark wie bei real vorkommender Bewegung.

Diese am Menschen erhobenen Befunde erlauben wegen ihrer sehr begrenzten räumlichen und zeitlichen Auflösung kaum Rückschlüsse auf die zugrundeliegenden neuronalen Mechanismen. Sie unterstützen jedoch die in Tierversuchen gewonnenen Befunde, die uns zu einer wesentlich differenzierteren Interpretation von Hirnfunktionen zwingt als das klassische behavioristische Paradigma.

Wie versucht wurde zu zeigen, tun wir gut daran, uns das Gehirn als distributiv organisiertes, hochdynamisches System vorzustellen, das sich selbst organisiert, anstatt seine Funktionen einer zentralistischen Bewertungs- und Entscheidungsinstanz unterzuordnen; als System, das sich seine Kodierungsräume gleichermaßen in der Topologie seiner Verschaltung und in der zeitlichen Struktur seiner Aktivitätsmuster erschließt, das Relationen nicht nur über Konvergenz anatomischer Verbindungen, sondern auch durch zeitliche Koordination von Entladungsmustern auszudrücken weiß, das Inhalte nicht nur explizit in hochspezialisierten Neuronen, sondern auch implizit in dynamisch assoziierten Ensembles repräsentieren kann und das schließlich auf der Basis seines Vorwissens unentwegt Hypothesen über die es umgebende Welt formuliert, also die Initiative hat, anstatt lediglich auf Reize zu reagieren. Insoweit entspricht die neue Sicht, mit der unser Gehirn seinesgleichen beurteilt, durchaus einer konstruktivistischen Position.

Hirnentwicklung und Umwelt

Kaspar Hauser ist das berühmteste, wenn auch wissenschaftlich nur schlecht dokumentierte Beispiel dafür, daß Hirnfunktionen irreversible Schäden erleiden, wenn während der frühkindlichen Entwicklung Erfahrungen mit der Umwelt vorenthalten werden. Inzwischen gilt es als gesichert, daß das Gehirn höherer Tiere und insbesondere des Menschen seine vielfältigen Leistungen nur im Wechselspiel mit der Umwelt voll entwickeln und entfalten kann. Beispielsweise erleiden höhere Säugetiere wie auch der Mensch schwerwiegende Beeinträchtigungen ihrer Sehfähigkeit, wenn sie während einer bestimmten Phase der frühkindlichen Entwicklung ihren Gesichtssinn nicht ungestört gebrauchen können. Aus dem Vergleich zahlreicher Krankengeschichten geht hervor, daß der Zeitraum für die vollständige Ausreifung der Sehfunktionen beim Menschen etwa bis zum Schulalter reicht. Sehleistungen, die sich bis dahin nicht entwickelt haben, können später nicht mehr erworben werden. Was sich im Erwachsenenalter wahrnehmen läßt, hängt also ganz entscheidend von der Art frühkindlicher Erfahrung ab.[1]

Erfahrungsabhängige Ausreifung

Welche Reifeprozesse während dieser sogenannten kritischen Phase im Gehirn stattfinden, wurde an höheren Säugetieren untersucht. Bei der Katze beispielsweise dauert die kritische Phase, in der das Sehsystem unter dem Einfluß von Umweltreizen zur vollen Funktionstüchtigkeit ausreift, etwa drei Monate. Bei jungen Katzen unterscheiden sich unmittelbar nach dem Öffnen der Augen in der zweiten Lebenswoche die Neuronen der Sehrinde – die Nervenzellen der Großhirnrinde, die die sensorischen Signale aus den Augen verarbeiten – in ihren funktionellen Eigenschaften noch deutlich von denen visuell erfahrener, erwachsener Tiere. Die Neuronen sprechen auf Lichtreize oft nur schwach an, und ihre Antworten lassen sich bei wiederholter Reizung schlecht reproduzieren. Auch die sogenannten rezeptiven Felder in der Netzhaut – das sind die Bereiche in den Augen, deren Lichtsinneszellen auf eine gemeinsa-

---

1 Eine ausführliche Darstellung dieser Bedingungen und Hinweise auf weiterführende Literatur finden sich in: Singer 1990a.

me, nachfolgende Ganglienzelle verschaltet sind – erscheinen unscharf begrenzt und oft deutlich größer als die Felder in der Netzhaut von visuell erfahrenen Tieren. Vor allem fehlt den meisten Neuronen die für die ausgereifte Sehrinde so charakteristische Orientierungs- und Richtungsselektivität. Wenn die Tiere in normaler Umgebung aufwachsen, entwickeln sämtliche Sehrinden-Neuronen innerhalb weniger Wochen ihre typischen funktionellen Eigenschaften. Werden die Tiere jedoch im Dunkeln und somit ohne visuelle Erfahrung aufgezogen, reifen keine normalen rezeptiven Felder aus. Zudem nimmt der vorhandene Prozentsatz orientierungsselektiver Neuronen ab, und bei fortdauerndem Erfahrungsentzug verschlechtert sich auch die Erregbarkeit der Sehrindenzellen allgemein. Nach einigen Monaten reagieren überhaupt nur noch 30 bis 40 Prozent auf Licht. Kommen die Tiere erst nach Ablauf der kritischen Phase in eine normale Umwelt, reagieren ihre Sehrindenzellen zeitlebens anormal, und ihre Sehleistung verbessert sich gewöhnlich nur sehr wenig. Volle Funktionstüchtigkeit ist nicht von Anfang an gegeben, und die Strukturen im Gehirn büßen sie nicht etwa nur mangels Gebrauch ein – ähnlich wie Muskeln schwach und Gelenke unbeweglich werden, wenn sie lange ruhiggestellt bleiben. Erfahrungsentzug bringt vielmehr den Entwicklungsprozeß selbst zum Stillstand.

Wie weit bestimmen aber angeborene und erworbene Eigenschaften die späteren Funktionen des Gehirns? Bereits 1963 berichteten Hubel und Wiesel, die Pioniere dieses Forschungszweiges, daß Sehrinden-Neuronen bei Katzen ihre »Zweiäugigkeit«, sprich ihre binokularen rezeptiven Felder verlieren, wenn während der kritischen Phase der Entwicklung ein Auge geschlossen bleibt.[2] Bei visuell erfahrenen Tieren sind die Lichtsinneszellen in den Augen durch die Überkreuzung der Sehnerven im Gehirn so mit den Sehzentren der Großhirnrinde verschaltet, daß die sensorischen, die reizleitenden Fasern aus den beiden Augen in benachbarten, überlappenden Arealen enden. Die Gehirnzellen der Sehrinde besitzen also zwei rezeptive Felder, eines in jedem Auge. Wenn während der kritischen Phase ein Auge geschlossen gehalten wird, sind die Zellen der Sehrinde danach nur noch vom offenen Auge aus erregbar. Die vom vorher geschlossenen Auge kommenden Fasern wurden abgekoppelt. Der Prozeß verläuft in charakteristischer Weise. Zunächst verschlechtert

2 Hubel/Wiesel 1963.

sich die Erregungsübertragung drastisch, und daraus ergeben sich schließlich Sekundäreffekte entlang der gesamten Übertragungsstrecke vom geschlossenen Auge zur Hirnrinde. Die vom geschlossenen Auge versorgten Hirnrindenbereiche schrumpfen, und der Durchmesser der entsprechenden Schaltzellen im Thalamus verkleinert sich, weil ihre Axone, ihre die elektrische Erregung weiterleitenden Zellfortsätze, in der Hirnrinde abgekoppelt wurden.

Wie aus diesen massiven funktionellen und strukturellen Veränderungen in den Sehzentren zu erwarten, sind die Tiere auf dem vorher geschlossenen, also deprivierten Auge nahezu blind. Die Veränderungen sind jedoch alle weitgehend reversibel, wenn das geschlossene Auge noch vor Ablauf der kritischen Phase geöffnet wird.

Aus Untersuchungen an schielenden Kindern ist zu schließen, daß hier die Fehlstellung der Augen die neuronalen Verbindungen in ähnlicher Weise verändert. Wird die Fehlstellung nicht schon während der ersten Lebensjahre chirurgisch oder durch intensive Sehschulung behoben, so lernen die Kinder nie mehr, mit beiden Augen gleichzeitig zu sehen. Um die ungemein störende Wahrnehmung von Doppelbildern zu verhindern, schlagen die Kinder nämlich zwei verschiedene Vermeidungsstrategien ein. Die einen entwickeln sich zu sogenannten Alternierern. Sie benutzen abwechselnd nur ein Auge und unterdrücken die Signale des anderen. Dadurch bleiben beide Augen für sich alleine funktionstüchtig, aber die Kooperation zwischen beiden fällt aus. Die anderen Schielkinder erwählen ein Auge zum Führungsauge und unterdrücken die Signale des anderen. Die ständige funktionelle Unterdrückung verhindert die erfahrungsabhängigen Reifungsprozesse in den mit diesem Auge verbundenen Nervennetzen, und schließlich büßt das unterdrückte Auge für immer seine Sehtüchtigkeit ein.

Untersuchungen der Gehirnzentren von visuell erfahrenen und visuell deprivierten Tieren ergaben, daß die Verschaltung, die Verbindung zwischen den verschiedenen Neuronengruppen, in ihren wesentlichen Grundzügen genetisch festgelegt ist. Jede der normalen Bahnverbindungen ließ sich auch in den deprivierten Tieren nachweisen, nur wurde dort die Erregung deutlich schlechter weitergeleitet. Aus der anfangs ungewöhnlichen Größe und unscharfen Begrenzung vieler rezeptiver Felder der Augen ließ sich ferner schließen, daß der ursprüngliche Verschaltungsplan relativ ungenau ist. Aus anatomischen Untersuchungen geht zudem hervor, daß während der Entwicklung des Nervensystems in aller Regel weit mehr neuronale Verbindungen angelegt werden, als im ausgereiften System übrig bleiben. Viele der ursprünglich angelegten Verbindungen werden im Laufe der normalen Entwicklung wieder abgekoppelt. Oft sterben sogar die entsprechenden Nervenzellen ab und verschwinden spurlos. Diese Eliminationsprozesse treten in erster Linie während der Embryonalentwicklung auf und werden zumindest teilweise von der schon vorhandenen elektrischen Aktivität der Nervenzellen beeinflußt. Im Sehsystem ereignen sich solche Eliminationsprozesse auch noch nach der Geburt, also während einer Entwicklungsphase, in der die sensorischen Signale als strukturierende Faktoren in den Entwicklungsprozeß eingehen und bei der Auswahl neuronaler Verbindungen mitwirken.

Sensorische Signale aus den Lichtsinneszellen der Augen bewirken aber nur dort selektive Veränderungen in der neuronalen Verschaltung, wo sie den vorgegebenen Antworteigenschaften der betroffenen Nervenzellen entsprechen. Angeborene, durch die jeweilige Verschaltung festgelegte Reaktionsweisen der Nervenzellen werden mit der Aktivität von der Netzhaut verglichen. Entsprechen die sensorischen Meldungen der »Erwartung« der Sehrinden-Neuronen, so werden die betreffenden Bahnen konsolidiert; ist dies nicht der Fall, bleiben selektive Änderungen in der Verschaltung aus.[3]

Regeln aktivitätsabhängiger Modifikation

Für uns am Max-Planck-Institut für Hirnforschung in Frankfurt ergab sich daraus die Frage, nach welchen Kriterien diese erfahrungsabhängige Auswahl vorgegebener Verbindungen geschieht. Bestimmt lediglich die Stärke der Aktivierung der Nervenzellen, welche Bahnen ausgewählt werden, oder wirken sich hier andere, gewissermaßen intelligente Auswahlkriterien aus, wie etwa die statistische Korrelation zwischen den Aktivitätsmustern in den sensorischen Bahnsystemen und den nachgeschalteten Neuronen?

Durch gezielte Deprivationsexperimente konnten die Regeln identifiziert werden, die die aktivitätsabhängige Modifikation in der Verschaltung zwischen beiden Augen und den binokularen Sehrinden-Neuronen hinreichend beschreiben. Sind ein sensorisches, ein von den Lichtsinneszellen der Augen kommendes, Neuron und seine nachgeschaltete, also postsynaptische, Zelle in der Hirnrinde

3 siehe Anm. 1

gemeinsam aktiv, so wird die Erregungsübertragung effizienter und diese Verbindung selektiv gefestigt, also konsolidiert. Bleibt das sensorische Neuron aber inaktiv, während seine nachgeschaltete Zelle – aufgrund anderer Eingänge – »feuert«, so verschlechtert sich die Erregungsübertragung, und das Neuron wird abgekoppelt. Bleibt hingegen die nachgeschaltete Zelle inaktiv, ganz gleich wie sich das sensorische Neuron auch verhält, so verändert sich nichts.

Wenn man diese Regeln nun auf Verschaltungen anwendet, bei denen mehrere sensorische Neuronen auf eine gemeinsame nachgeschaltete Zelle einwirken, zeigt sich, daß der aktivitätsabhängige Auswahlprozeß einen assoziativen Effekt hat. Er festigt selektiv jene neuronalen Verbindungen, deren Aktivitätsmuster stark miteinander korreliert und zugleich geeignet sind, das nachgeschaltete neuronale Element zu erregen. Sind die Muster jedoch nicht korreliert, dann treten diese sensorischen Neuronen in Wettstreit miteinander. Dabei werden voraussagbar jene gewinnen und ihren Kontakt zur gemeinsamen Zielzelle festigen, die am häufigsten zeitgleich mit ihr aktiv sind. Dies werden in aller Regel jene sein, die die Zielzelle am besten aktivieren – sei es, weil sie schon von Anfang an die wirksameren synaptischen Verbindungen besitzen oder weil sie Aktivitätsmuster weitergeben, die den Antworteigenschaften der nachgeschalteten Zelle am besten entsprechen.[4]

Eine Arbeitshypothese

Welche Funktion könnten solche erfahrungsabhängigen Entwicklungsprozesse haben? Warum sieht die Natur überhaupt ein so hohes Maß an Plastizität in den neuronalen Verbindungen vor? Mehr noch, warum »erlaubt« sie, daß sensorische Signale in so entscheidendem Maße die funktionelle und strukturelle Entwicklung der Sehrinde beeinflussen? Setzt sich das System doch damit der Gefahr aus, daß eine vorübergehend gestörte Informationsaufnahme durch die Augen irreversibel die Sehfunktion beeinträchtigen kann.

Die Antwort auf solche teleologischen Fragen müssen spekulativ bleiben. Meiner Meinung nach geht die Natur dieses Risiko ein, weil sie dadurch, daß sie Signale von den Augen als strukturierenden Faktor in den Entwicklungsprozeß mit einbezieht, Funktionen realisieren kann, die mit genetischen Anweisungen allein nicht zu

4 Singer 1995.

verwirklichen wären. Ich will dies an einem Beispiel verdeutlichen. Tiere mit frontal stehenden Augen – und somit auch wir Menschen – können räumlich sehen. Dazu werden die Signale beider Augen integriert und der Abstand von Objekten in der Tiefe des Raumes unmittelbar berechnet. Damit lassen sich Gegenstände genau lokalisieren, aber auch aufgrund ihrer Abgehobenheit vom Hintergrund als solche erfassen, also Figur-Grund-Unterscheidungen vornehmen. Dies ist eine für alle Wahrnehmungsprozesse außerordentlich bedeutsame Grundfunktion.

Voraussetzung dafür sind Zellen in der Hirnrinde mit zwei rezeptiven Feldern, einem in jedem Auge. Die Felder müssen gleich strukturiert und so auf der Netzhaut beider Augen angeordnet sein, daß sie deckungsgleiche Signale aus dem Sehraum empfangen und dem gleichen Zielneuron zuleiten. Dies erfordert aber außerordentlich präzise Verbindungen von beiden Augen zu den binokularen Neuronen in der Sehrinde. Ein bestimmtes Sehrinden-Neuron darf daher während der Entwicklung nur mit genau korrespondierenden Netzhautbereichen in beiden Augen verbunden werden. Nun läßt sich aber leicht feststellen, daß die genetische Information alleine niemals so genau festlegen kann, welche Bereiche später einander entsprechen. Denn welche das letztlich im erwachsenen, ausgereiften System sein werden, hängt von Parametern wie dem Abstand der Augen oder der Lage der Augäpfel in den Augenhöhlen ab – und beides wird selbst wieder von außergenetischen Faktoren beeinflußt. Eine elegante Strategie, die richtigen Verbindungen auszuwählen, ist also, diese nach funktionellen Kriterien zu identifizieren. Definitionsgemäß entsprechen jene Netzhautbereiche einander, die beim beidäugigen Fixieren eines Objektes identische Signale aus der Sehwelt empfangen. Es würde also genügen, eben nur die Verbindungen zu gemeinsamen Zielneuronen in der Sehrinde zu festigen, die sich in ihrem Aktivierungsmuster ähneln.

Entscheidend ist nun, daß dieser Auswahlprozeß nur dann erfolgreich sein wird, wenn zusätzliche Randbedingungen erfüllt sind. Denn die aktivitätsabhängige Selektion darf erst erfolgen, wenn das Tier aufmerksam mit beiden Augen fixiert. In allen anderen Fällen sind die von der Netzhaut kommenden Antworten – selbst wenn sie von anatomisch korrespondierenden Bereichen herrühren – nicht miteinander korreliert. Zwischen den sensorischen Neuronen von beiden Augen käme es zum Wettstreit, und schließlich gingen alle binokularen Verbindungen verloren. Die aktivitätsabhängige Selektion muß daher von Kontrollsystemen überwacht werden, die die Modifikation von Verbindungen zur Sehrinde nur dann zulassen, wenn die Stellung der Augen und der Aufmerksamkeitszustand des Tieres dies geboten sein lassen.

Zentrale Kontrolle erfahrungsabhängiger Modifikationen

Viele Untersuchungen haben ergeben, daß solche Kontrollsysteme tatsächlich existieren. So konnten wir zeigen, daß die erfahrungsabhängige Auswahl von Verbindungen zur Sehrinde ausbleibt und die Tiere eine Sehschwäche wie beim Schielen entwickeln, wenn Rückmeldungen über den Kontraktionszustand der verschiedenen Augenstellmuskeln ausgeschaltet werden.

Das gleiche gilt für zentrale Kontrollsysteme, die den Wachheits- und Aufmerksamkeitszustand des Tieres regulieren. Zu ihnen gehören eine Vielzahl kompliziert organisierter Strukturen im Mittel- und Zwischenhirn, die über ein weitverzweigtes Netz von Bahnen die Erregbarkeit der thalamischen Schaltkerne und der Hirnrinde modulieren. Diese aktivierenden Systeme lassen sich durch gezielte Eingriffe ausschalten. Geschieht dies einseitig, etwa durch Inaktivierung bestimmter Kerngebiete in der rechten Hirnhälfte, so beachten die Tiere links im Sehfeld gebotene visuelle Reize nicht mehr, die erfahrungsabhängigen Ausreifungsprozesse in der weniger aufmerksamen Hirnhälfte werden verhindert. Die bloße Aktivierung von Sehrinden-Neuronen durch Signale von der Netzhaut reicht demnach nicht aus, Modifikationen auszulösen. Zusätzliche, nicht von der Netzhaut kommende Signale müssen den Anstoß geben.[5]

Mehrere Arbeitsgruppen berichten übereinstimmend, daß sich keine langfristigen Veränderungen der Hirnrindenfunktionen induzieren lassen, wenn die Tiere während der Darbietung visueller Reize anästhesiert sind. (Die Augen sind bei narkotisierten Tieren offen.) Die Narkose dämpft u. a. global die Aktivität der Kontrollsysteme. Doch selbst beim narkotisierten Tier lassen sich reizabhängige Modifikationen erzielen, wenn zusätzlich zu den visuellen Reizen jene zentralen Kontrollsysteme direkt elektrisch stimuliert werden, die offenbar den Anstoß zu plastischen Prozessen geben müssen.

Welche Richtung erfahrungsabhängige Modifikationen nehmen, ob sie eine bestimmte neuronale Verbindung festigen oder abkop-

5 siehe Anm. 1

peln, hängt also zunächst vom Ergebnis lokaler Korrelationsoperationen in der Hirnrinde ab. Ob sich jedoch überhaupt etwas auf ein bestimmtes sensorisches Aktivierungsmuster hin verändert, wird von zentralen Systemen bestimmt, die es erlauben, die Stimmigkeit der jeweiligen Aktivierungszustände global zu bewerten.

Unerläßliche Umwelt

Die Kriterien für die erfahrungsabhängige Assoziation bestimmter Neuronengruppen werden somit von drei Faktoren bestimmt: einmal von der genetisch vorgegebenen Grundverschaltung der Nervennetze und den dadurch festgelegten Antworteigenschaften der einzelnen Nervenzellen, zum anderen von der Struktur der visuellen Umwelt, mit der das Gehirn über seine sensorischen und motorischen Organe in Wechselwirkung tritt, und schließlich von dem jeweiligen Zustand, in dem sich das Gehirn befindet, während es mit der Umwelt interagiert. Die Rolle außergenetischer Faktoren beschränkt sich folglich darauf, aus einem genetisch vorgegebenen Repertoire auszuwählen. Dieses ist bei den hier betrachteten Hirnleistungen relativ genau vorgegeben und auf die zu erwartenden außergenetischen Anweisungen abgestimmt.

Das Gehirn muß also zur Optimierung seines Repertoires außergenetische Information gewinnen, die Umwelt, in die hinein es sich entwickelt, also hinreichend differenziert sein. Ferner müssen die Interaktionsmöglichkeiten den Bedürfnissen des jungen Gehirns in seinen jeweiligen Entwicklungsphasen entsprechen und ihm – sofern kritische Phasen auch für die Entwicklung anderer Teilleistungen existieren – zu ganz bestimmten Zeiten vorrangig und ungestört verfügbar sein.

In diesem Zeitraum sollten die jeweils relevanten Umweltbedingungen hinreichend konstant bleiben, damit eindeutige Zuordnungen möglich sind. Bloße unablässig wechselnde Anreicherung der Umwelt schafft noch keine optimalen Entwicklungsbedingungen. Übermäßige Vielfalt kann den genetisch vorgegebenen Erwartungen mitunter genausowenig entsprechen wie eine zu wenig differenzierte Umwelt. Wenn wir allerdings wissen wollen, welche Umweltbedingungen für die Entwicklung des Nesthockers Mensch optimal sind, müssen wir herausfinden, welches Verhältnis zwischen Vielfalt und Ordnung den verschiedenen Entwicklungsphasen jeweils am besten entspricht.

Hirnentwicklung oder die Suche nach Kohärenz

Determinanten der Hirnentwicklung

Die spezifischen Leistungen des Gehirns beruhen im wesentlichen auf den Wechselwirkungen zwischen einer sehr großen Zahl von Nervenzellen. Das Programm für Funktionsabläufe residiert also in der Architektur der Verbindungen zwischen Nervenzellen. Relevante Variablen sind hierbei die Topologie der Verbindungen zwischen bestimmten Nervenzellgruppen, die Stärke der Koppelung, die Polarität der Koppelung – Nervenzellen können sich gegenseitig erregen oder hemmen – und die integrativen Eigenschaften der einzelnen Nervenzellen.

Topologie und Funktionalität der Verbindungen ergeben zusammen die »funktionelle Architektur« eines Nervensystems und beschreiben dessen Leistungen vollständig. Jeder Lern- bzw. Vergessensvorgang, jede Programmänderung also, bedingt entsprechend eine Modifikation dieser funktionellen Architektur. Das »Wissen« eines Nervensystems ist somit in seiner strukturellen und funktionellen Organisation verankert. Die Frage nach dem Erwerb von Wissen, nach der Bildung von Repräsentationen, wird damit zur Frage nach der Entwicklung und Veränderung funktioneller Architekturen. Wesentliche Merkmale der funktionellen Architektur von Nervensystemen sind angeboren und genetisch bedingt. Ein Teil des in Nervensystemen gespeicherten Wissens ist also tradiertes Wissen, das im Laufe der Phylogenese, im Laufe der Entstehung der Arten erworben und in den Genen gespeichert wurde. Wir wissen aber auch, daß sich funktionelle Architekturen während der Individualentwicklung drastisch verändern und daß diese Veränderungen eine Folge der Interaktion mit Umwelt sind. Das Gehirn erwirbt also während seiner Entwicklung zusätzliches »Wissen«. Es gilt heute als erwiesen, daß das sich entwickelnde Gehirn dieser Wechselwirkung mit Umwelt bedarf, um die in seiner Architektur angelegten Funktionen zu entfalten.

Diese ausgeprägte Abhängigkeit bestimmter Entwicklungsschritte von Interaktionsmöglichkeiten mit Umwelt hat ihre Ursache darin, daß genetische Instruktionen alleine nicht ausreichen, um alle Verbindungen im Gehirn mit der erforderlichen Präzision festzulegen. Es werden deshalb in zahlreichen Zentren des Gehirns, und hier vor allem in der Großhirnrinde, zunächst nur globale Verschaltungsmuster realisiert und dabei weit mehr Verbindungen angelegt, als letztlich im ausgereiften System erhalten bleiben. Auf der Basis dieser redundanten Anlage erfolgt dann ein Selektionsprozeß, der bei den meisten Säugetieren erst mit Beginn der Geschlechtsreife zum Abschluß kommt. Verbindungen werden nach funktionellen Kriterien evaluiert und konsolidiert, wenn sie den Erfordernissen genügen. Andernfalls werden sie wieder eingeschmolzen. Um diese Validierung neuronaler Verschaltungen vornehmen zu können, muß das sich entwickelnde Gehirn seine Funktionen nach dem Prinzip von Versuch und Irrtum ausprobieren und bedarf hierzu der Interaktion mit seiner Umwelt. Die Mechanismen, die diesen erfahrungsabhängigen Entwicklungsprozessen zugrunde liegen, sind heute einer neurobiologischen Analyse zugänglich und zum Teil aufgeklärt.

In frühen Stadien unterscheidet sich die Strukturentwicklung des Gehirns nicht wesentlich von der anderer Organe. Nervenzellen entstehen durch Teilung von Vorläuferzellen, die in der Nachbarschaft von Hohlräumen der Gehirnanlage, den späteren Ventrikeln, liegen. Um an ihre Bestimmungsorte zu gelangen, müssen diese neu gebildeten, noch undifferenzierten Nervenzellen auswandern. Als Leitstrukturen dienen hierbei die langgestreckten Fortsätze von Stützzellen, den Gliazellen. Im Zielgebiet angelangt, gruppieren sich die Nervenzellen dann zu strukturierten Verbänden, wobei spezielle Eiweißmoleküle an der Zelloberfläche als Erkennungsmechanismus dienen. Diese vernetzen zusammengehörige Nervenzellen durch einen Schlüssel-Schloßmechanismus, der dem der Antigen-Antikörper-Reaktion im Immunsystem ähnelt. Anschließend folgt die endgültige strukturelle Ausprägung der Nervenzellen, die, wie in anderen Organen auch, durch die Expression zellspezifischer Genprodukte bewirkt wird. Gesteuert wird diese Expression sowohl durch direkte Wechselwirkungen zwischen vernetzten Zellen als auch durch chemische Botenstoffe, die von Nerven- und Gliazellen gebildet und in die Umgebung abgegeben werden. Welcher Nervenzelltyp ausgebildet wird, richtet sich also nach der Umgebung, in welche die ausreifende Zelle jeweils eingebettet ist. Der Differenzierungsprozeß einzelner Zellen verändert seinerseits das lokale zelluläre Milieu und wirkt damit zurück auf die Genexpression in benachbarten Zellen. Infolge solcher interaktiver Prozesse entstehen schließlich die Grundstrukturen des Zentralnervensystems. Im

Zuge der weiteren Differenzierung bilden die Nervenzellen dann ihre charakteristischen Fortsätze aus, die Dendriten, über welche die Signale von anderen Nervenzellen aufgenommen werden, und das Axon, über welches Signale an andere Zellen weitergegeben werden. Nunmehr sind alle Voraussetzungen für die Entwicklung funktionell gekoppelter Nervenzellverbände erfüllt. Es müssen jetzt selektive synaptische Verbindungen zwischen Axonen und Dendriten ausgewählter Nervenzellen gebildet werden.

Die ausgewachsenen Axone finden ihr Ziel, indem sie sich zunächst über mechanische Wechselwirkungen an Leitstrukturen orientieren. In der Nähe der entsprechenden Zielstrukturen übernehmen dann chemische Signalsysteme die weitere Spezifikation. Die auf diese Weise etablierten Verbindungen weisen zunächst jedoch nur eine begrenzte Selektivität auf. Es kommt sogar zur Ausbildung »fehlerhafter« Verbindungen, die später jedoch als solche erkannt und wieder eliminiert werden. Etwa ein Drittel der zunächst gebildeten Nervenzellen gehen bis zum Abschluß der Hirnentwicklung wieder zugrunde und noch weit mehr geben einen Teil der zunächst geknüpften Verbindungen wieder auf. Diese Elimination erfolgt überwiegend nach funktionellen Kriterien und wird deshalb maßgeblich von der elektrischen Aktivität der Nervenzellen beeinflußt.

Elektrische Aktivität als strukturierender Faktor

Schon frühzeitig, noch während der Entwicklung der Grundstrukturen, werden Nervenzellen elektrisch erregbar und beginnen über elektrische Signale miteinander zu kommunizieren. Für die Hirnentwicklung ist nun von herausragender Bedeutung, daß diese elektrischen Signale auf die Gen-Expression und damit auf die Strukturbildung Einfluß nehmen können. Dies hat eine Reihe weitreichender Implikationen, durch welche sich die Entwicklung des Zentralnervensystems nunmehr deutlich von der anderer Organe unterscheidet: Anders als chemische Signale können elektrische Signale in den Nervenfasern schnell und hochselektiv über große Strecken geleitet werden. Somit kann ein lokaler Gen-Expressionsvorgang von Vorgängen beeinflußt werden, die zur selben Zeit in weit entfernten Regionen des Gehirns ablaufen. Da neuronale Aktivität zudem von Signalen aus Sinnesorganen moduliert wird, impliziert dies ferner, daß alle Umweltbereiche, mit denen das Gehirn interagieren kann und von denen es über seine Sinnessysteme Signale empfängt, Einfluß haben können auf die strukturelle Entwicklung des Zentralnervensystems. Eine weitere und besonders bedeutende Implikation folgt aus dem Umstand, daß eben diese elektrischen Signale Informationsträger für die logischen Operationen im Gehirn darstellen. Somit kann die einzigartige Fähigkeit des Gehirns, hochkomplexe logische Operationen an sehr großen Datensätzen durchzuführen, zur Steuerung seiner strukturellen und funktionellen Entwicklung herangezogen werden. In den bereits realisierten Verarbeitungsstrukturen können die zur Spezifizierung weiterer Entwicklungsschritte jeweils erforderlichen Informationen auf viel differenziertere Weise vorverarbeitet und verdichtet werden, als dies bei der Entwicklung anderer Organe möglich ist. Es entsteht eine Spirale zunehmend komplexer werdender Bedingtheiten zwischen erreichten und je nächsten Entwicklungszuständen. Erst dieser Selbstorganisierungsprozeß macht es möglich, aus einem relativ bescheidenen Satz genetischer Instruktionen so außerordentlich komplexe Strukturen wie das Gehirn zu entwickeln. Die folgenden Zahlen mögen die Größenordnung des anstehenden Spezifikationsproblems verdeutlichen.

In 1 mm^3 Großhirnrinde befinden sich etwa 40000 Nervenzellen. Jede dieser Zellen nimmt mit 4000 bis 10000 anderen Neuronen synaptische Verbindungen auf und empfängt von ebenso vielen Nervenzellen erregende und hemmende synaptische Eingänge. Die Gesamtzahl der Nervenzellen im Gehirn des Menschen wird auf etwa 10^{11} geschätzt, die Gesamtzahl der synaptischen Verbindungen erreicht dabei die eindrucksvolle Zahl von etwa 10^{14}. Für die Mehrzahl dieser Verbindungen müssen die Zielorte genau festgelegt werden. Wie wir heute wissen, erfolgt die Spezifikation dieser Verbindungen nur zum Teil durch genetische Instruktionen. Vor allem in phylogenetisch jungen Bereichen des Gehirns wird die geforderte Selektivität neuronaler Verbindungen über Selektionsprozesse erreicht, die von funktionellen Kriterien geleitet werden. Die Regeln, nach denen solche Selektionsprozesse ablaufen, sind heute zum Teil bekannt, das gleiche gilt für die Gesetzmäßigkeiten, die die Interaktion zwischen Gehirn und Umwelt bestimmen. Diese sollen im folgenden am Beispiel der erfahrungsabhängigen Entwicklung des Gesichtssinnes dargestellt werden.

Die Entwicklung binokularer Korrespondenz

Die meisten Tiere mit frontal stehenden Augen und somit auch der Mensch verfügen über die Fähigkeit, die Signale aus den beiden Augen zu einem Bildeindruck zu verschmelzen und aus den Unterschieden der Bilder in den beiden Augen die Entfernung von Objekten im Raum zu berechnen. Eine Grundvoraussetzung für diese Leistung ist, daß in der Hirnrinde Nervenzellen ausgebildet werden, die von beiden Augen aus erregt werden können. Ferner ist Voraussetzung, daß die Verbindungen von den beiden Augen zu diesen Nervenzellen so selektiv gestaltet werden, daß korrespondierende Netzhautbereiche, Bereiche also, die den gleichen Ort im Sehraum abbilden, auf gemeinsame Zielneurone in der Hirnrinde verschaltet werden (siehe Abb. 1).

Nun läßt sich zeigen, daß es prinzipiell unmöglich ist, mit der notwendigen Präzision vorauszubestimmen, welche Netzhautbereiche nach Abschluß aller Entwicklungsprozesse letztlich korrespondent sein werden. Der Grund ist, daß retinale Korrespondenz von Faktoren bestimmt wird, die sich während der Entwicklung fortwährend verändern und auch im ausgereiften Organismus nicht verläßlich antizipierbar sind, da sie selbst von zufälligen Variationen des Entwicklungsprozesses abhängen. Solche Faktoren sind z. B. die Größe und der Abstand der Augen.

Die Natur löst dieses Selektionsproblem durch Selbstorganisationsmechanismen, die eine Spezifikation der Verschaltung nach funktionellen Kriterien ermöglichen. Die Grundverschaltung wird zunächst in groben Zügen vorgegeben, wobei Verbindungen im Überschuß und stark überlappend angelegt werden. Aus dieser redundanten Anlage werden dann nach funktionellen Kriterien jene Nervenverbindungen identifiziert und selektiv stabilisiert, die von korrespondierenden Netzhautpunkten kommen. Definitionsgemäß kodieren Nervenzellen, die an korrespondierenden Netzhautpunkten liegen, gleiche Bildpunkte, wenn die Augen ein bestimmtes Objekt im Sehraum fixieren. Folglich sind unter dieser Bedingung die Aktivitätsmuster in Verbindungen (Afferenzen) von korrespondierenden Netzhautpunkten ähnlich. Es existiert nun ein Selektionsmechanismus, der in der Lage ist zu erkennen, in welchen der vielen möglichen Paarkombinationen von afferenten Bahnen die Aktivitätsmuster kohärent und somit zeitlich korreliert sind und der dieses Verbindungssystem dann selektiv stabilisiert und alle an-

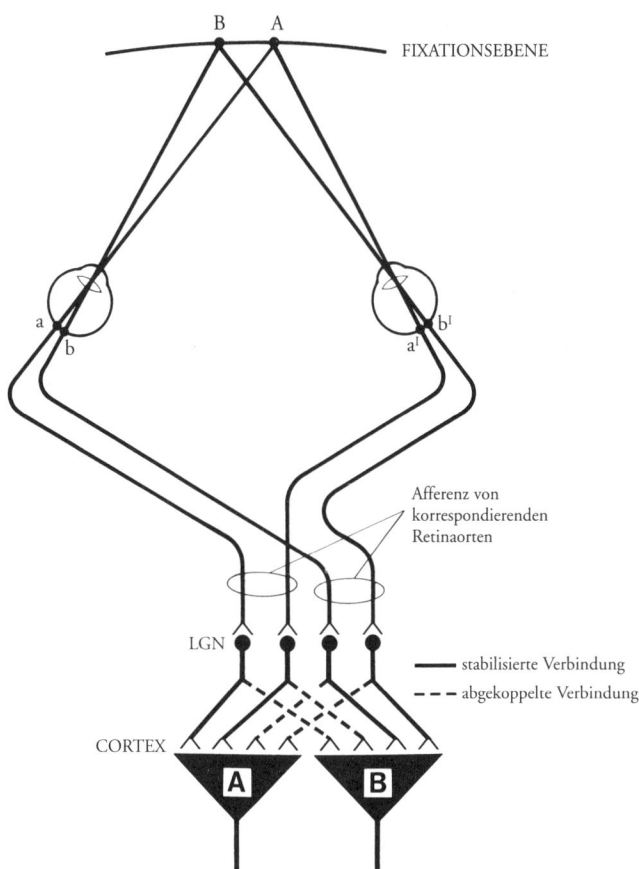

Abb. 1. Schematische Darstellung der neuronalen Verbindungen zwischen den beiden Augen und gemeinsamen Zielzellen in der visuellen Hirnrinde. Die retinalen Orte a und a' und b und b' korrespondieren, weil sie Signale von den gleichen Punkten A und B im Sehraum erhalten. Die Verbindungen zwischen Nervenzellen im lateralen Kniehöcker (LGN), einem Schaltkern im Thalamus, und den Zielzellen in der Hirnrinde (A, B) werden durch einen aktivitätsabhängigen Selektionsprozeß ausgewählt. Es werden selektiv jene Verbindungen stabilisiert, die korrelierte Aktivität vermitteln. Dies trifft für afferente Bahnen zu, die von korrespondierenden retinalen Orten in den beiden Augen kommen.

deren löst. Die Folge ist, daß aus der ursprünglichen, redundanten Anlage von Verbindungen gerade jene selektiv stabilisiert werden, die von korrespondierenden Netzhautorten kommen.

Die Regeln und Mechanismen, nach denen sich diese aktivitätsabhängige Selektion vollzieht, sind in Grundzügen aufgeklärt und in Abbildung 2 zusammengefaßt. Afferente Verbindungen werden dann konsolidiert, wenn die Wahrscheinlichkeit hoch ist, daß diese gleichzeitig mit der nachgeschalteten Zelle aktiv sind. Afferenzen, die nicht aktiv sind, während die nachgeschaltete Zelle über andere Eingänge erregt wird, werden abgeschwächt und schließlich gelöst. Selektionskriterium für die Konsolidierung von Verbindung ist also die Ähnlichkeit bzw. die zeitliche Korrelation der vermittelten Aktivitäten. Dieses Auswahlprinzip ist sehr allgemeiner Natur und spielt bei der Optimierung neuronaler Verschaltungen im gesamten Nervensystem eine tragende Rolle. (Zusammenfassende Darstellungen dieser Mechanismen und weiterführende Literaturangaben finden sich in 1-5).

Kritische Phasen und irreversible Entwicklungsstörungen

Der Zeitgang der Entwicklung beidäugigen Sehens beim Säugling erlaubt den Schluß, daß beim Menschen die Selektion der richtigen Verbindungen kurz nach der Geburt einsetzt und während der ersten Lebensjahre andauert. Von besonderer Bedeutung ist, daß diese erfahrungsabhängigen Selektionsprozesse nur während einer kritischen Phase der postnatalen Entwicklung erfolgen können und danach irreversibel werden. Abgekoppelte Verbindungen können dann nicht mehr neu geknüpft und konsolidierte Verbindungen nicht mehr abgeschwächt werden. Dieser Sachverhalt liefert kausale Erklärungen für eine Vielzahl von Entwicklungsstörungen.

Visuelle Funktionen bleiben irreversibel geschädigt, wenn während der kritischen Entwicklungsphase eine normale Interaktion mit der visuellen Umwelt verhindert wird. Tierexperimentelle Befunde belegen, daß diese Wahrnehmungsstörungen auf Fehlverschaltungen der Hirnrinde beruhen, die Netzhaut des Auges und auch die Übertragungsverhältnisse vom Auge zur Hirnrinde sind normal. Der Grund ist, daß nur die neuronalen Verbindungen in der Hirnrinde der Optimierung durch Erfahrung bedürfen und diese Selektion nicht innerhalb der hierfür vorgesehenen Entwicklungsphase erfolgen konnte. Für die Klinik ist hierbei von besonde-

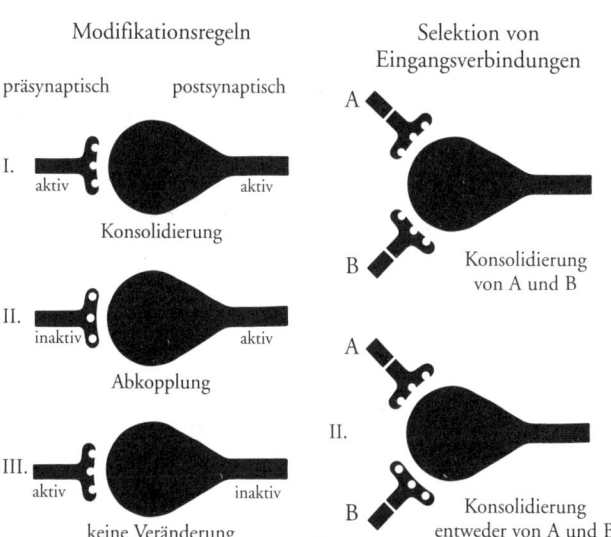

Modifikationsregeln

präsynaptisch   postsynaptisch

Selektion von
Eingangsverbindungen

I. aktiv — aktiv

Konsolidierung

II. inaktiv — aktiv

Abkopplung

III. aktiv — inaktiv

keine Veränderung

A

B

Konsolidierung
von A und B

A

II.

B

Konsolidierung
entweder von A und B

*Abb. 2. Schematische Darstellung der Modifikationsregeln, die den aktivitätsab-
hängigen Veränderungen der synaptischen Verschaltung in der Hirnrinde zugrunde liegen. Die Diagramme in der linken Säule sollen verdeutlichen, daß
Verbindungen verstärkt und konsolidiert werden, wenn die Wahrscheinlichkeit
hoch ist, daß die afferente Faser und die nachgeschaltete Zelle zeitgleich aktiv
sind (Regel 1). Umgekehrt haben Verbindungen die Tendenz zu destabilisieren,
wenn die Wahrscheinlichkeit hoch ist, daß die afferente Faser inaktiv ist, während die nachgeschaltete Zelle zur selben Zeit stark aktiviert wird (Regel 2).
Wenn diese Regeln auf Bedingungen angewandt werden, wo zwei afferente Systeme auf eine gemeinsame Zielzelle konvergieren, wird ersichtlich, daß diese Regeln sowohl assoziative wie kompetitive Wirkung entfalten (rechte Diagramme).
Wenn die Aktivität der beiden afferenten Systeme korreliert ist und diese in der
Lage sind, die nachgeschaltete Zelle zu erregen (Bedingung 1), so ist für beide
das Konsolidierungskriterium erfüllt und sie werden beide stabilisiert. Sind die
Aktivitäten in den afferenten Subsystemen jedoch zeitlich nicht korreliert, so
kommt es zum Wettstreit zwischen den beiden Eingängen. Wenn Eingang A
aktiv ist und die Zelle erregt, ist definitionsgemäß Eingang B inaktiv. Folgend
wird Eingang A verstärkt, während Eingang B abgeschwächt wird. Umgekehrt
wird A geschwächt, wenn B aktiv ist, da in diesem Fall A inaktiv sein wird.
Wie sich sehen läßt, führt dies nach einiger Zeit zur Abkopplung entweder von
A oder von B. Welcher Eingang letztlich gewinnen wird, hängt unter anderem
davon ab, wie gut die initiale Kopplung der beiden Eingänge war und wie
stark diese während der Selektionsphase aktiviert werden.*

rer Bedeutung, daß nicht nur die Verbindungen in Mitleidenschaft gezogen werden, die für die Verschmelzung der Bilder aus beiden Augen verantwortlich sind, sondern auch jene neuronalen Verknüpfungen innerhalb der Hirnrinde, die für die Ausbildung der charakteristischen Funktionen von Sehrindenneuronen, wie zum Beispiel deren Orientierungs- und Richtungsselektivität erforderlich sind. Auch diese Verbindungen werden unter dem Einfluß visueller Wahrnehmung selektiv stabilisiert und nach funktionellen Kriterien optimiert.

Motivation und erfahrungsabhängige Verschaltungsänderungen

Tierexperimentelle Untersuchungen haben zu der wichtigen Erkenntnis geführt, daß Signale von den Sinnesorganen nur dann Veränderungen der neuronalen Verschaltung bewirken können, wenn sie eine bestimmte Aktivierungsschwelle überschreiten (6, 7). Diese kann nur erreicht werden, wenn zusätzlich zur sensorischen Aktivität weitere, im Gehirn selbst erzeugte Signale auf die Hirnrindenneurone einwirken. Eine besonders wichtige Rolle spielen hierbei die sogenannten modulierenden Systeme, die über die Freisetzung von Noradrenalin und Acetylcholin die Erregbarkeit der Hirnrindenneurone regulieren (8, 9).

Diese Systeme integrieren die Aktivität vieler verschiedener Gehirnbereiche und melden das Ergebnis dieser Interaktion global über weitverzweigte Projektionen auf die verschiedenen Hirnareale zurück. Die Aktivitäten dieser Systeme üben bei den oben beschriebenen Selektionsvorgängen permissive Kontrollfunktionen aus. Zerstörung dieser Systeme hat zur Folge, daß Signale von den Sinnesorganen keine Verschaltungsänderungen mehr bewirken können. Der Selektionsprozeß, der letztlich für die erfahrungsabhängige Optimierung der Hirnarchitektur verantwortlich ist, beruht somit nicht nur auf lokalen Vergleichsoperationen, sondern wird von global organisierten Kontrollsystemen beeinflußt. Die Entscheidung, ob lokale Aktivierungsmuster zu bleibenden Verschaltungsänderungen führen, wird also je von einer Vielzahl anderer Hirnstrukturen mitbestimmt. Lokale Modifikationen erfolgen in Antwort auf lokale Aktivitätsmuster, werden jedoch von einem distributiv organisierten Entscheidungsprozeß abhängig gemacht.

Somit kann sichergestellt werden, daß lokale Verschaltungsänderungen den Bedürfnissen des Gesamtsystems angepaßt bleiben und nur dann erfolgen, wenn die notwendigen Randbedingungen erfüllt sind. In unserem speziellen Fall muß zum Beispiel dafür gesorgt werden, daß Verschaltungsänderungen nur dann erfolgen, wenn die Bilder aus beiden Augen hinreichend gut in Deckung gebracht worden sind. Nur dann sind Korrelationen zwischen afferenten Signalen aus beiden Augen zu erwarten und bewertbar. (Weiterführende Literatur zum Aspekt der zentralen Kontrolle plastischer Prozesse findet sich in 10.)

Die Entwicklung kognitiver Strukturen

Einiges spricht dafür, daß auch bei der Entwicklung anderer Teilleistungen des Sehsystems neuronale Verbindungen nach funktionellen Kriterien optimiert werden müssen. Viele der für die Mustererkennung notwendigen Verarbeitungsprozesse in der Hirnrinde setzen außerordentlich selektive Interaktionen zwischen Neuronen mit bestimmten funktionellen Eigenschaften voraus. Auch hier erscheint »Ausprobieren« als der ökonomischste, wenn nicht sogar einzig gangbare Weg, um Gruppen von Neuronen mit bestimmten funktionellen Eigenschaften zu identifizieren und entsprechende Verbindungen zu festigen.

In diesem Zusammenhang ist der assoziative Effekt der aktivitätsabhängigen Selektionsprozesse besonders bedeutsam, der gezielt Verbindungen zwischen Nervenzellen stabilisiert, deren Aktivitätsmuster miteinander korreliert sind. Mit solchen selektiven Koppelungen können verschiedene Basisoperationen realisiert werden, die zum Erkennen und Verarbeiten von Mustern unerläßlich sind.

Ein erster und wichtiger Schritt bei der Mustererkennung ist die Szenenanalyse, die Zuordnung von Konturen zu bestimmten Objekten einerseits und zum Hintergrund andererseits. Objekte lassen sich nur als solche erkennen, weil ihre Eigenschaften es erlauben, sie als Einheiten von anderen abzugrenzen. Eine Basisoperation aller Mustererkennungsprozesse besteht somit darin, das zu identifizierende Objekt von den umgebenden, nicht zu ihm gehörenden Konturen abzugrenzen.

Ein Merkmal, das zu solchen Figur-Grund-Unterscheidungen herangezogen wird, ist beispielsweise bei einem linear bewegten Objekt die gleichgerichtete, zusammenhängende Bewegung aller objekteigenen Konturen. Entsprechend lassen sich ruhende Objekte abgrenzen, etwa aufgrund ihrer Farbe, Helligkeit, Entfernung oder weil sie geschlossene Umrißkonturen aufweisen. Immer kommt es darauf an, die Welt der sichtbaren Dinge auf Merkmale hin abzutasten, die innerhalb der jeweiligen Merkmalsräume bestimmte Bezüge zueinander aufweisen und sich dadurch zum Abgrenzen eignen.

Im folgenden soll in einem Gedankenexperiment nachvollzogen werden, wie erfahrungsabhängige Selbstorganisationsprozesse neuronale Repräsentationen von Merkmalen der physikalischen Welt entstehen lassen und wie diese wiederum zur Grundlage für die Szenenanalyse werden.

Auf einem Fernsehschirm soll sich eine große Zahl von Lichtpunkten mit gleicher Geschwindigkeit in alle mögliche Richtungen bewegen. Eine Teilmenge dieser Punkte, nämlich solche, die zufällig auf den gedachten Linien eines Dreiecks liegen, sollen sich hinfort nicht mehr in verschiedenen Richtungen, sondern parallel zueinander bewegen.

In dem Gewirr von sich bewegenden gleichartigen Punkten, dem Hintergrund, zeichnet sich dann eine Figur ab, das Dreieck. Dieses unterscheidet sich vom Hintergrund lediglich dadurch, daß seine Elemente eine kohärente Eigenschaft aufweisen, nämlich sich in die gleiche Richtung zu bewegen (Abb. 3). Die lokalen physikalischen Eigenschaften der Elemente von Figur und Hintergrund sind identisch. Die Figur ist lediglich durch die globale Eigenschaft der Kohärenz der sie konstituierenden Elemente definiert. Realisiert man dieses Gedankenexperiment, so stellt man fest, daß das Dreieck zu erkennen ist, wenn die räumliche Dichte der sich kohärent bewegenden Figurenelemente hinreichend hoch ist.

Dieses Gedankenexperiment leitet über zur Frage nach der Herkunft des Kohärenzkriteriums. Woher »weiß« das System, daß Kohärenz eine Eigenschaft von Objekten ist und es somit dienlich ist, Kohärenz als Diskriminans in Segmentierungsprozessen zu bewerten? Hat das Gehirn »a priori« Kenntnis von den physikalischen Gesetzen der Welt, oder hat es dieses Wissen während der Ontogenese erworben, oder ist Kohärenz nur eine scheinbare, den »Figuren« vom Gehirn aufgeprägte Eigenschaft? Zumindest Teilaspekte dieser Fragen können heute von der Neurobiologie behandelt und beantwortet werden. Im folgenden sei dargestellt, wie sich vermittels erfahrungsabhängiger Selbstorganisation Nervennetze ausbilden können, die die eben dargestellte Segmentierung leisten.

Kohärenz als Selektionskriterium

Grob vereinfacht kann man sich die Großhirnrinde als eine zweidimensionale Matrix von Nervenzellen vorstellen, die miteinander über reziproke erregende Verbindungen in Wechselwirkung treten können (Abb. 3 A). Auch diese intrakortikalen Verbindungen sind zunächst exuberant und wenig selektiv, werden dann aber unter dem Einfluß visueller Signale modifiziert und selektiv stabilisiert (11-14). Vermutlich sind die Selektionskriterien den oben beschriebenen ähnlich, so daß zu erwarten steht, daß nach Beendigung des Entwicklungsprozesses die Stärke der Koppelungen zwischen Zellgruppen die Häufigkeit vorangegangener gleichzeitiger Aktivierungen widerspiegelt. Neuronen, die häufig zeitgleich aktiviert wurden, sollten besonders intensiv und dauerhaft miteinander assoziiert werden. Nun reagieren Nervenzellen in der Sehrinde nicht nur selektiv auf ganz bestimmte Orientierungen, sondern auch auf Bewegungsrichtungen. Jedesmal, wenn sich auf der Netzhaut Bilder verschieben, werden Teilmengen der Bewegungsrichtungsdetektoren aktiviert. Weil sich bei einer Bewegung der Augen oder bei einer Bewegung des Kopfes alle Konturgrenzen gleichförmig in eine Richtung verschieben bzw. bei Objektbewegungen alle Konturgrenzen des Objektes kohärente Bewegungsvektoren aufweisen, werden Matrixelemente, die die gleiche Richtung kodieren, häufiger gleichzeitig erregt als Elemente, die unterschiedliche Richtungen kodieren. Mit der Zeit werden sich also die Koppelungen zwischen Neuronen, die die gleiche Richtung kodieren, verstärken. Ein selektiv gekoppeltes System dieser Art kann nun die geforderte Segmentierung erbringen. Die Matrix hat »gelernt«, daß Kohärenz eine Eigenschaft abgrenzbarer Einheiten ist, hat dieses »Wissen« durch Strukturänderungen internalisiert und wendet es generalisierend zur Lösung beliebiger Segmentierungsaufgaben an, sofern sich diese im gleichen Merkmalsraum stellen.

Setzen wir unser Gedankenexperiment fort und konfrontieren die mit den Kohärenzeigenschaften bewegter Objekte »vertraute«, selektiv gekoppelte Matrix von Bewegungsdetektoren mit dem Muster, in dem das Dreieck als kohärente Punktmenge enthalten sei. Folgende Sequenz von Aktivitätsänderungen ist zu erwarten. Weil alle Punkte gleiche lokale physikalische Eigenschaften haben, werden alle Bewegungsdetektoren, in deren rezeptivem Feld ein Punkt mit passendem Bewegungsvektor auftaucht, zunächst unabhängig

Erfahrungsabhängige selektive Koppelung zwischen Neuronen mit gleicher Richtungspräferenz

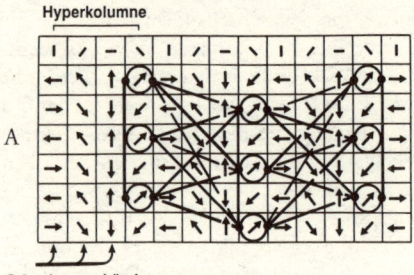

Abb. 3. Schematische Darstellung der Figur-Grund-Trennung durch eine Matrix selektiv gekoppelter richtungsempfindlicher Neurone in der Hirnrinde. Es wird angenommen, daß Neuronen, die die gleiche Bewegungsrichtung kodieren, selektiv über reziproke erregende Verbindungen miteinander verkoppelt sind. Diese selektiv verstärkten Verbindungen sind in A durch gepunktete Linien angedeutet. Wie in B dargestellt, soll die Figur aus Punkten bestehen, die auf den gedachten Linien eines Dreieckes liegen und sich kohärent von links unten nach rechts oben bewegen. Diese Figur ist in einer Wolke von Punkten verborgen, die die gleiche Größe, Dichteverteilung und Bewegungsgeschwindigkeit aufweisen, sich jedoch in randomisierte Richtungen bewegen. Das einzige Merkmal, das für die Abgrenzung der Figur vom Hintergrund herangezogen werden kann, ist somit die Kohärenz der Richtung, in der sich die Punkte, die das Dreieck konstituieren, bewegen. B, C und D sollen nun die Entwicklung der Entladungstätigkeit von Merkmalsdetektoren in der Hirnrinde zu verschiedenen Zeiten darstellen. Diese Matrix von Bewegungsdetektoren soll in der in A beschriebenen selektiven Weise gekoppelt sein. Unmittelbar nach Darbietung des Musters werden alle Bewegungsdetektoren in der Hirnrinde, in deren rezeptivem Feld ein Reizpunkt auftaucht, in gleicher Weise aktiviert, da die einzelnen Reizpunkte identische physikalische Eigenschaften haben (B). Wegen der selektiven Koppelungen zwischen Zellen mit gleicher Richtungspräferenz werden sich jedoch synergistische Wechselwirkungen zwischen solchen Zellen entwickeln, falls diese durch entsprechende Reizpunkte aktiviert werden. Somit werden Zellen, die auf Reizpunkte antworten, die sich ihrerseits kohärent bewegen, stärker aktiviert werden bzw. ihre Aktivitäten werden aufgrund der wechselseitigen Koppelung zeitlich besser korreliert sein als die Antworten anderer Merkmalsdetektoren, die nicht selektiv gekoppelt sind. Dies ist durch Hervorhebung der entsprechenden Merkmalsdetektoren angedeutet. Falls Reizpunkte des Hintergrundes sich zufällig in die gleiche Richtung bewegen sollten, werden natürlich auch die entsprechenden Merkmalsdetektoren hervorgehoben (B). Letztendlich

Aktivierungszustände eines selektiv gekoppelten Neuronennetzes, welches eine Teilmenge von korrelierten Elementen enthält

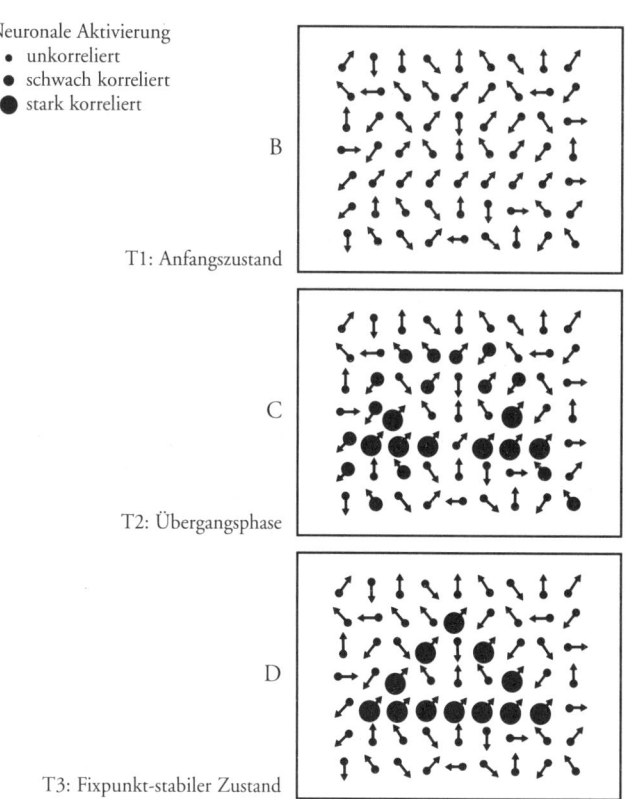

Neuronale Aktivierung
- unkorreliert
- schwach korreliert
- stark korreliert

B

T1: Anfangszustand

C

T2: Übergangsphase

D

T3: Fixpunkt-stabiler Zustand

werden jedoch wegen der konsistenten Korrelation zwischen den gleichförmigen Bewegungsrichtungen der Punkte, die das Dreieck darstellen, jene Merkmalsdetektoren besonders stark wechselwirken, die auf die Reizpunkte des Dreiecks reagieren (C). Ein nachgeschaltetes Hirnrindenareal ist nunmehr in der Lage, jene Merkmalsdetektoren zu identifizieren, die sich an der Kodierung des Dreiecks beteiligen. Diese grenzen sich von allen anderen ebenfalls aktiven Merkmalsdetektoren dadurch ab, daß ihre respektiven Antworten miteinander zeitlich korreliert sind.

voneinander erregt. Schon bald aber werden Neuronen, die die gleichen Richtungen kodieren, nicht zu weit voneinander entfernt sind und gleichzeitig erregt wurden, aufgrund ihrer selektiven Koppelung ähnlichere Aktivitätsmuster aufweisen als Neuronen, die verschiedene Richtungen kodieren, da erstere, aber nicht letztere, über verstärkte reziproke Verbindungen verfügen (Abb. 3).

Wird eine genügend große Teilmenge von selektiv gekoppelten Neuronen erregt, was der Fall ist, wenn im Muster genügend viele benachbarte Elemente in die gleiche Richtung wandern, dann sollte sich die Teilmenge der Detektoren, die diese sich kohärent bewegenden Bildpunkte repräsentieren, stabilisieren und durch kohärente Aktivität von allen anderen Teilmengen unterscheidbar sein. Die neuronalen Repräsentanten von Bildpunkten, die zur Figur gehören, wären dann als kohärentes Ensemble abgrenzbar von den neuronalen Repräsentanten der Bildelemente des nichtkohärenten Hintergrundes. Auf diese Weise könnten Musterelemente, die untereinander bestimmte statistische Bindungen aufweisen, erfaßt und von Musterelementen abgetrennt werden, bei denen dies nicht der Fall ist.

Synchronisierung oszillierender Aktivität als Basis kognitiver Strukturen

Jüngste Ergebnisse aus unserem Labor legen nahe, daß die Natur dieses Segmentierungsproblem tatsächlich in der vorausgesagten Weise löst. Sie nutzt dabei die zeitliche Struktur der neuronalen Antworten, um Zusammengehörigkeit auszudrücken. Es hat sich herausgestellt, daß die Antworten von Merkmalsdetektoren rhythmisch sind und mit einer mittleren Frequenz von etwa 40 Hz oszillieren, wenn sie durch Konturen mit entsprechenden Merkmalen erregt werden (15). Ferner gilt, daß räumlich verteilt liegende Merkmalsdetektoren ihre rhythmischen Aktivitäten unter bestimmten Bedingungen synchronisieren können und dann in Phase schwingen (16, 17) (Abb. 4). Solche Synchronisationen treten dann besonders häufig auf, wenn räumlich verteilte Merkmalsdetektoren mit Reizen erregt werden, die eine innere Bindung aufweisen, also bestimmte Eigenschaften gemeinsam haben. Dies ist zum Beispiel dann der Fall, wenn Merkmalsdetektoren mit ähnlicher Richtungspräferenz von Lichtreizen aktiviert werden, die sich mit gleicher Geschwindigkeit in die gleiche Richtung bewegen. Besonders aus-

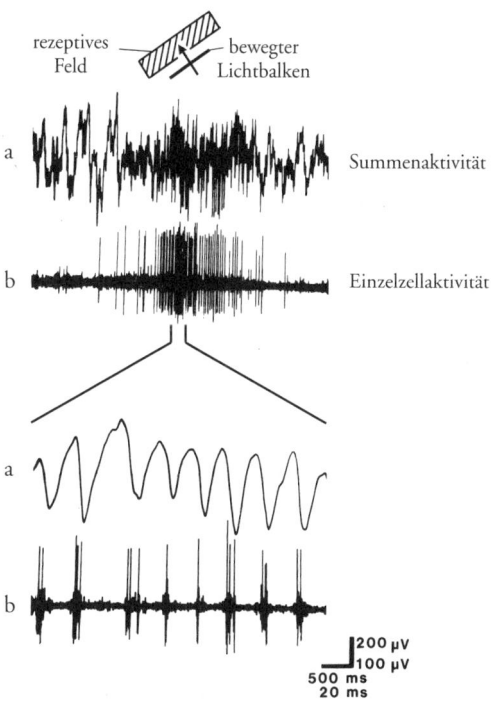

Abb. 4. *Diese Originalableitung neuronaler Aktivität von der Sehrinde einer Katze zeigt die oszillatorische Natur neuronaler Antworten auf bewegte Reize. Dargestellt sind die Signale, die von einer Mikroelektrode im visuellen Kortex abgeleitet wurden, während sich ein Lichtbalken durch das rezeptive Feld eines richtungsselektiven, bewegungsempfindlichen Neurons bewegte. Die oberen beiden Spuren zeigen die Antwort mit niedriger Zeitauflösung, die beiden unteren Spuren stellen einen zeitlich gedehnten Ausschnitt dar. Das Signal a ist ungefiltert und gibt die Summenaktivität einer großen Zahl von Nervenzellen in dem entsprechenden Bereich wieder, das Signal in b wurde gefiltert und zeigt die Entladungstätigkeit einer einzelnen Nervenzelle in diesem Bereich. Wie die zeitlich gedehnte Ableitung erkennen läßt, hat sowohl die Summenaktivität wie die Entladungstätigkeit der einzelnen Zelle oszillatorischen Charakter. Die Antworten der in diesem Bereich lokalisierten Zellen oszillieren mit einer Frequenz von etwa 40 Hz. Die Existenz eines oszillatorischen Summenpotentials beweist, daß an dieser Stelle nicht nur die herausgefilterte Zelle, sondern eine sehr große Anzahl von Neuronen mit der gleichen Frequenz synchron oszillieren.*

geprägt ist diese Synchronisation zwischen Neuronengruppen, wenn diese von zusammenhängenden Konturen erregt werden. Gestaltmerkmale, die zur Trennung von Figur und Hintergrund geeignet sind, sind also offenbar auch in der Lage, kohärente Aktivierungsmuster in räumlich verteilten Merkmalsdetektoren auszulösen. Dies bedeutet, daß sich Neuronengruppen, die sich an der Kodierung einer Figur beteiligen, durch die Phasenkohärenz ihrer respektiven oszillatorischen Antworten auszeichnen. Neurone, die zusammen eine Figur repräsentieren, bilden ein Ensemble, das sich aufgrund der Phasenkohärenz der oszillatorischen Antworten von anderen, ebenfalls aktiven Nervenzellen abgrenzt (Abb. 5). Es lassen sich auf diese Weise mehrere Ensembles gleichzeitig aktivieren, ohne daß sich diese miteinander vermischen. Es genügt, daß die Ensembles zwar in sich synchronisiert sind, deren oszillatorische Aktivitäten jedoch untereinander keine festen Phasenbeziehungen aufweisen. Dies wäre schon dann der Fall, wenn jedes Ensemble mit einer leicht verschiedenen Frequenz oszillierte. Weiterführende Untersuchungen haben inzwischen gezeigt, daß solche oszillatorischen Antworten nicht auf Neurone der primären Sehrinde beschränkt sind und daß es auch zwischen Neuronengruppen in verschiedenen Hirnrindenarealen zur Synchronisation der oszillierenden Antworten kommen kann (18, 16). Dies legt nahe, daß es sich bei dieser Kodierungsart, die die Phasenlage oszillierender Antworten miteinbezieht, um ein allgemeines Funktionsprinzip der Hirnrinde handelt. Die Untersuchung dieser sehr komplizierten dynamischen Wechselwirkung steht noch am Anfang. Es ist jedoch zu erwarten, daß die Berücksichtigung dieser Synchronisationsphänomene sowohl für die experimentelle wie für die theoretische Analyse von Neuronennetzen weitreichende Implikationen haben wird.

Diese Befunde zeigen, daß ontogenetische Selbstorganisationsprozesse offenbar geeignet sind, Gesetzmäßigkeiten der physikalischen Welt auszuwerten und mittels selektiver Stabilisierung von Nervenverbindungen neuronale Repräsentationen für diese Gesetzmäßigkeiten zu generieren. Diese wiederum können dann die für die Musteranalyse unerläßliche Szenenanalyse, die Segmentierung von Figur und Grund, realisieren. Dieses Prinzip läßt sich nach allem, was wir wissen, verallgemeinern und auf die gesamte Klasse von Problemen anwenden, deren Lösung auf dem Zusammenfassen von Kohärentem und der Trennung von Inkohärentem beruht. Dies wiederum ist das Grundprinzip fast aller Leistungen, so daß

Globale Mustermerkmale, hier die Kolinearität von Liniensegmenten gleicher Orientierung, werden durch Phasenkohärenz oszillierender Antworten repräsentiert.

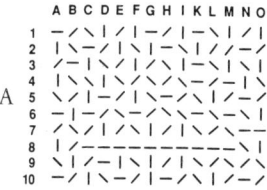

Neuronale Antworten auf Konturen in Zeile 8

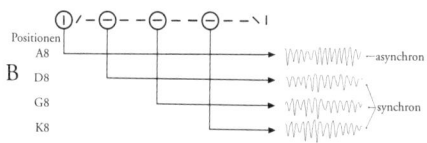

Neuronale Antworten auf Konturen in Zeile 9

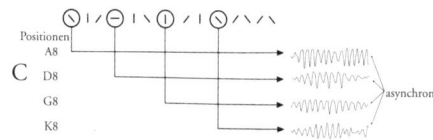

Abb. 5. Schematische Darstellung der Szenenanalyse durch kohärent schwingende, selektiv gekoppelte Nervenzellensembles. A: Beispiel einer Figur (ein Dreieck, das sich vom Hintergrund durch die Kolinearität der konstituierenden Liniensegmente unterscheidet). In dieser Darstellung soll nur auf das Prinzip hingewiesen werden, es wurde nicht versucht, lokale Anisotropien in der Dichte der Konturen auszugleichen. Entsprechend der Organisation der Sehrinde wird davon ausgegangen, daß jedes der Felder A 1 bis O 10 durch einen vollständigen Satz von Merkmalsdetektoren repräsentiert wird, die selektiv auf Konturen einer bestimmten Orientierung ansprechen. B zeigt ausgewählte Beispiele von neuronalen Antworten im Bereich der Zeile 8. Die oszillatorischen Antworten der Neurone, die an der Kodierung kolinearer Konturelemente beteiligt sind (D 8, G 8 und K 8) haben ihre oszillatorischen Antworten synchronisiert, während die oszillatorische Antwort des Merkmalsdetektors in Position A 8 keine konstante Phasenbeziehung zu den Neuronen aufweist, welche die Basis des Dreiecks repräsentieren. C: Gleichermaßen gilt für die oszillatorischen Antworten der Neurone in Zeile 9, wo keine kolinearen Konturen auftreten, daß diese untereinander nicht synchronisiert sind. Die Neurone, die sich an der Kodierung von Konturelementen beteiligen, die zur Figur gehören, können somit von nachgeschalteten Verarbeitungszentren aufgrund der Phasenkohärenz ihrer Antworten identifiziert und von Neuronen abgegrenzt werden, die auf die Konturelemente des Hintergrunds reagieren.

vermutet werden darf, daß Synchronisationsprozesse im Gehirn konstituierend für einen Großteil seiner Funktionen sind. (Ausführliche Beschreibungen der neurophysiologischen Befunde zu diesem Phänomen finden sich in 4, 5, 15–17, 19.)

Zur Herkunft kognitiver Kategorien – Angeborenes und Erworbenes

Die Tatsache, daß die Entwicklung von Sinnessystemen zum Teil auf erfahrungsabhängigen Selbstorganisationsprozessen beruht, hat erkenntnistheoretische Implikationen. Die Gesetzmäßigkeiten, nach denen die Phänomene der Welt segmentiert und zu kognitiven Strukturen rekombiniert werden, sind durch die Architektur der entsprechenden zentralnervösen Verarbeitungszentren vorgegeben. Diese Architekturen wieder passen sich während der Hirnentwicklung im Rahmen der genetisch fixierten Erwartungswerte an die »realen« Gegebenheiten der Welt an. Die im ausgereiften Gehirn realisierten Architekturen resultieren somit aus einem zirkulären Prozeß von Wechselwirkungen zwischen genetisch gespeichertem Vorwissen über Gesetzmäßigkeiten der Welt und ontogenetischen Prägungsprozessen, die diese Erwartungswerte nach Bedarf modifizieren. Die neurobiologischen Erkenntnisse über erfahrungsabhängige Entwicklungsprozesse lassen auch die klassische Frage nach den relativen Anteilen angeborener und erworbener zerebraler Funktionen in neuem Licht erscheinen.

Die Antworteigenschaften der Neuronen in der Sehrinde sind vorwiegend genetisch determiniert und werden erfahrungsunabhängig exprimiert. Damit ist festgelegt, nach welchen Merkmalen die von der Netzhaut kodierten visuellen Signale klassifiziert werden. Solche Merkmalsklassen umfassen etwa die Orientierung und Richtung von Kontrastgrenzen – also von Gradienten der Leuchtdichte –, die Bewegungsgeschwindigkeit und -richtung von nichtstationären Konturgrenzen und die Wellenlänge des einfallenden Lichtes. Nachdem nur solche »Eigenschaften« extrahiert und zur Klassifikation verwendet werden können, für die entsprechende Detektoren angelegt sind, bestimmt hier die genetische Anlage den Merkmalsraum, innerhalb dessen die Kategorienbildung vorgenommen werden soll.

Genetisch vorgegeben ist ferner, zumindest was die globale Ordnung angeht, die Architektur neuronaler Verbindungen, über welche die verschiedenen Merkmalsdetektoren miteinander verkoppelt sind. Hierdurch wird festgelegt, zwischen welchen Merkmalsklassen überhaupt Assoziationen möglich sind. Wenn zwischen neuronalen Repräsentanten von Merkmalen keine Verbindungen angelegt sind, sind auch keine Assoziationen zwischen diesen möglich.

Genetisch vorgegeben ist auch der Selektions-Algorithmus, der festlegt, nach welchen Kriterien statistische Bindungen zwischen Merkmalen erfaßt und durch Strukturänderungen dauerhaft verankert werden. Dieser Selektions-Algorithmus ist allgemeiner Natur und assoziiert selektiv jene neuronalen Repräsentationen miteinander, die kohärent aktiv sind. Selektions-Kriterium für solche Assoziationen ist also die räumliche und zeitliche Kontiguität von Ereignissen. Diese genetischen Vorgaben spiegeln gewissermaßen das während der Phylogenese erworbene Wissen über die Struktur der realen Welt wider, in welcher sich unser Gehirn entwickelt hat. Sie sind Grundlage für unsere Bewertung kausaler Verknüpfungen. Als »zusammenhörig« wird interpretiert, was zu korrelierter neuronaler Aktivität führt.

Wir dürfen annehmen, daß diese genetischen Vorgaben den Gesetzmäßigkeiten der Umwelt angepaßt und den in Hinblick auf das Überleben optimierten kognitiven Leistungen dienlich sind. Somit spiegeln die angeborenen Architekturen und Bewertungsmechanismen vermutlich das während der Phylogenese erworbene Wissen über bestimmte Zusammenhänge der Welt wider, in der sich unser Gehirn entwickelt hat.

Für die Unterscheidung von Angeborenem und Erworbenem ist nun ferner von Bedeutung, daß die beschriebene Bildung von Repräsentationen wegen der starken Vernetzung neuronaler Zentren jeweils vom gesamten Gehirn mitgetragen wird. Die je realisierten Strukturen wirken somit als Determinanten für die jeweils nächsten Veränderungen. Dies bedeutet, daß die gesamte Vorgeschichte mitentscheidet, welcher Ast der je nächsten Verzweigungen im ontogenetischen Entwicklungsprozeß beschritten werden soll. Diese Kette bedingter Wahrscheinlichkeiten hat bei der Unzahl möglicher Verzweigungen zur Folge, daß die Voraussagbarkeit des Endzustandes prinzipiell begrenzt ist, auch wenn jeder einzelne Differenzierungsschritt natürlich determiniert ist. Dies wiederum schränkt die Unterscheidbarkeit von Angeborenem und Erworbenem drastisch ein. Es ist im nachhinein wohl kaum mehr möglich anzugeben, ob eine bestimmte assoziative Verbindung nicht vorhanden ist, weil sie im genetischen Bauplan nicht vorhanden war, oder ob sie zunächst vorhanden war und dann gelöst wurde, weil sie die funktionelle Validierung nicht bestanden hat.

Entwicklung und Lernen

Es gilt heute als gesichert, daß auf höheren Verarbeitungsstufen die Effektivität neuronaler Verbindungen während des gesamten Lebens modifizierbar bleibt. Die molekularen Prozesse, auf denen diese Adaptionsfähigkeit beruht, gleichen denen, die während der frühen Ontogenese wirksam sind, und somit ähneln sich auch die resultierenden Modifikationsalgorithmen. Im ausgereiften Gehirn scheinen abgeschwächte Verbindungen jedoch nicht mehr irreversibel eingeschmolzen zu werden. Sie bleiben reaktivierbar. Dafür werden aber, wenn überhaupt, neue Verbindungen nur mehr in sehr begrenztem Umfang und nur über kurze Strecken hergestellt. Das Repertoire der Verbindungen, die im ausgereiften System zur Auswahl stehen, bleibt somit relativ konstant. Geändert werden können lediglich die Koppelkonstanten. Abgesehen von dieser Einschränkung ähneln sich die Prinzipien, die der ontogenetischen Selbstorganisation und dem Lernen im Erwachsenen zugrunde liegen, jedoch bis in die molekularen Mechanismen. (Eine vergleichende Darstellung der bisher aufgedeckten Mechanismen und weiterführende Literatur finden sich in 20.)

Auch die Fähigkeit, Sinneseindrücke festzuhalten und bei wiederholtem Erleben als bekannt wiederzuerkennen, beruht nach allem, was wir wissen, auf der selektiven aktivitätsabhängigen Verstärkung bzw. Abschwächung synaptischer Wechselwirkungen. Bei Wiederauftreten einer bereits gespeicherten Musterkonstellation werden die gebahnten Verbindungen bevorzugt aktiviert, das Muster wird wiedererkannt. Selbst wenn nur Teilaspekte des ursprünglich gelernten Musters angeboten werden, kann aufgrund der bereits geprägten Verbindungen das gesamte Muster reaktiviert werden. Das gleiche gilt, wenn das neue Muster lediglich gewisse Ähnlichkeiten mit bereits gespeicherten Inhalten aufweist. Lernfähige Nervennetze verhalten sich also wie assoziative Speicher. Sie haben die Fähigkeit, von Teilaspekten ausgehend zu generalisieren. Vermutlich erfolgen auch in diesem Fall die Assoziationen durch Synchronisation der zeitlich strukturierten Aktivität von Nervenzellen, die durch Lernen selektiv miteinander verkoppelt wurden.

Tierexperimentelle Befunde weisen darauf hin, daß diese Speicherfunktionen vorwiegend in der Großhirnrinde realisiert werden. Das neuronale Substrat für einen bestimmten Gedächtnisinhalt sind also in der Regel gleichzeitig Veränderungen zahlreicher neuronaler Verbindungen in weitverteilten, aber miteinander in Wechselwirkung stehenden Hirnrindenarealen. Gedächtnisengramme sind deshalb distributiv organisiert. Dies erklärt, warum umschriebene Verletzungen der Hirnrinde meist nicht zum selektiven Verlust ganz bestimmter Gedächtnisinhalte führen. Es gibt jedoch Ausnahmen, wie zum Beispiel die Sprach- und Gesichtererkennung. Die Speicherung von sprachlichen Inhalten und Gesichtseindrücken scheint in hierfür spezialisierten Arealen zu erfolgen. So können zum Beispiel umschriebene Läsionen in Temporallappen selektive Amnesien für Gesichter oder Worte nach sich ziehen.

Die molekularen Mechanismen synaptischer Plastizität

An isolierten Schnitten der Großhirnrinde und des Ammonshorns, die in geeigneten, sauerstoffgesättigten Nährlösungen am Leben gehalten werden können, ist es möglich, die aktivitätsabhängigen Langzeitveränderungen in der synaptischen Übertragung, wie sie vermutlich bei Lernvorgängen zum Tragen kommen, unter kontrollierten Bedingungen zu untersuchen. Starke und gleichzeitige Aktivierung von Afferenzen und nachgeschalteten Zellen führt zu einer langanhaltenden Verbesserung der synaptischen Übertragung (»long term potentiation«). Schon wenige Sekunden hochfrequenter Aktivierung der afferenten Bahnen können ausreichen, um die Wirksamkeit der Synapsen nachhaltig zu verstärken. In diesem Fall wird durch die starke Depolarisation die Aktivierungsschwelle von Ca^{++}-Kanälen überschritten und Ca-Ionen strömen in die Dendriten ein. Es steigt die intrazelluläre Kalziumkonzentration, und dies wiederum bewirkt die Aktivierung einer Kaskade von molekularen Prozessen, die schließlich die Wirksamkeit der betroffenen Synapse verändern. (Eine zusammenfassende Darstellung findet sich in 20.) Umgekehrt kann es zu einer langdauernden Abschwächung der synaptischen Übertragung kommen, wenn die Aktivität afferenter Fasern in den nachgeschalteten Zellen nicht hinreichend »erfolgreich« ist (21). Von den zahlreichen, für eine Veränderung der synaptischen Übertragung in Frage kommenden Prozessen konnten bisher eine Modulation der Ausschüttung von Überträgersubstanzen durch die praesynaptischen Endigungen und eine veränderte Wirksamkeit der Überträgerstoffe an der postsynaptischen Membran wahrscheinlich gemacht werden.

Nicht jede Aktivierung neuronaler Verbindungen führt jedoch zu bleibenden Veränderungen der synaptischen Übertragungseigenschaften. Wie dies schon bei der erfahrungsabhängigen Selektion neuronaler Verbindungen während der Entwicklung der Fall war, bedarf es zusätzlicher, vom Hirn selbst erzeugter Steuersignale. Nur wenn diese verfügbar sind, können Veränderungen induziert werden. Interessanterweise sind die bisher identifizierten permissiven Signale die gleichen wie die, die erfahrungsabhängige Verschaltungsänderungen in der frühen Entwicklung begünstigen.

Dieser kurze Überblick über Lernmechanismen verdeutlicht, daß diese in vielem den erfahrungsabhängigen Entwicklungsprozessen ähneln. In beiden Fällen kommt es zu Veränderungen der Verbindungen zwischen Nervenzellen, wobei der Grad der Korrelation zwischen prae- und postsynaptischer Aktivität bestimmt, ob die Verbindungen verstärkt oder abgeschwächt werden. In beiden Fällen sind ähnliche molekulare Mechanismen involviert und in beiden Fällen entscheiden die gleichen, global organisierten Kontrollsysteme, ob die jeweils zur Verarbeitung gelangten Aktivitätsmuster in der Großhirnrinde zu langfristigen Veränderungen neuronaler Verschaltungen führen. Diese Kontrollsysteme sind aufgrund ihrer Einbindung in das Zentralnervensystem in der Lage, die Bedeutung der jeweiligen Aktivierungsmuster für das Verhalten des Gesamtsystems zu bewerten. Während der Embryonalentwicklung dienen diese aktivitätsabhängigen Prozesse dazu, die Bauteile des Zentralnervensystems einander und den Effektoren anzupassen, in der frühen Ontogenese nehmen sie unter dem Einfluß von Umweltgegebenheiten die Feinabstimmung der Verschaltungen in sensorischen und motorischen Zentren vor, und im ausgereiften System vermitteln sie die Fähigkeit zu lernen. Die Übergänge sind fließend, und es wird wohl kaum möglich sein zu entscheiden, wo Entwicklung endet und Lernen beginnt. Somit scheint es gerechtfertigt, unsere Existenz als ein fortwährendes Werden zu begreifen.

Literaturhinweise

1. Singer 1990a.
2. Frégnac/Imbert 1984.
3. v. d. Malsburg/Singer 1988.
4. Singer 1990b.
5. Singer 1990c.
6. Greuel u. a., 1988.
7. Frégnac u. a., 1988.
8. Kasamatsu/Pettigrew 1976.
9. Bear/Singer 1986.
10. Singer 1990d.
11. Luhmann u. a., 1990a.
12. Luhmann u. a., 1990b.
13. Luhmann u. a., 1990c.
14. Callaway/Katz 1990.
15. Gray/Singer 1989.
16. Engel u. a., 1990.
17. Gray u. a., 1989.
18. Eckhorn u. a., 1988.
19. Singer 1993.
20. Collingridge/Singer 1990.
21. Artola u. a., 1990.

Der Beobachter im Gehirn

Der Blick streift über den unaufgeräumten Schreibtisch, bis die Teetasse ins Gesichtsfeld rückt, die Hand greift nach ihr, spürt die Temperatur, prüft ihr Gewicht, bringt sie an die Lippen; ein weiterer Blick bestätigt, was das Gewicht bereits verriet, die Tasse ist randvoll, und die Zunge versichert, was Temperatur, Farbe und Duft des Getränkes und die Erinnerung an die Ereignisse seit dem Aufgießen erwarten ließen: es ist Tee, der wegen der angestrengten Suche nach einem Beispiel für komplexe Wahrnehmungsprozesse zu lange gezogen hatte, zu dunkel und zu bitter wurde, nur noch lauwarm ist und überdies noch ungesüßt. Und so stellt sich die Frage, wie das Gehirn dieses Gemisch heterogener Sinnessignale und erinnerten Vorwissens zu einem einheitlichen und verwertbaren, also handlungsrelevanten Perzept vereinigt. Unserer Intuition folgend neigen wir zu der Annahme, daß es im Gehirn ein Zentrum geben müsse, in dem die Signale der verschiedenen Sinnesorgane konvergieren, mit gespeicherten Inhalten verglichen und nach erfolgter Deutung in Handlungsentwürfe umgesetzt werden. Descartes hat dieses so überaus plausible Postulat graphisch formuliert (Abb. 1). Signale von verschiedenen Sinnesorganen sollten nach entsprechender Vorverarbeitung an einem einzigen Ort zusammengeführt und einer ganzheitlichen Interpretation unterworfen werden. Naturgemäß wäre dieses Konvergenzzentrum auch der Ort, wo Entscheidungen gefällt werden und wo das Bewußtsein residiert. Die implizite Annahme ist, daß an diesem Ort ein, vermutlich immaterieller, mit mentalen Eigenschaften ausgestatteter Beobachter die einlaufenden Informationen sammelt und adäquat interpretiert. Auch wenn der philosophische Schulenstreit darüber nach wie vor recht lebhaft ist, welcher ontologischen Kategorie dieser Beobachter zuzuschlagen sei und ob er überhaupt postuliert werden muß, kamen bis vor kurzem kaum Zweifel auf ob der Notwendigkeit eines Konvergenzzentrums. Erst die Ergebnisse neurobiologischer Nachforschungen haben uns gezwungen, an der Richtigkeit unserer Intuition zu zweifeln. Die plausible Annahme eines Konvergenzzentrums, eines Cartesianischen Theaters mit einem singulären Zuschauer, ist in dramatischer Weise falsch. Dies ist bemerkenswert, zeigt es doch, daß Introspektion und vernünftige Deduktion als Werkzeuge zur Gewinnung von Erkenntnis nicht immer taugen,

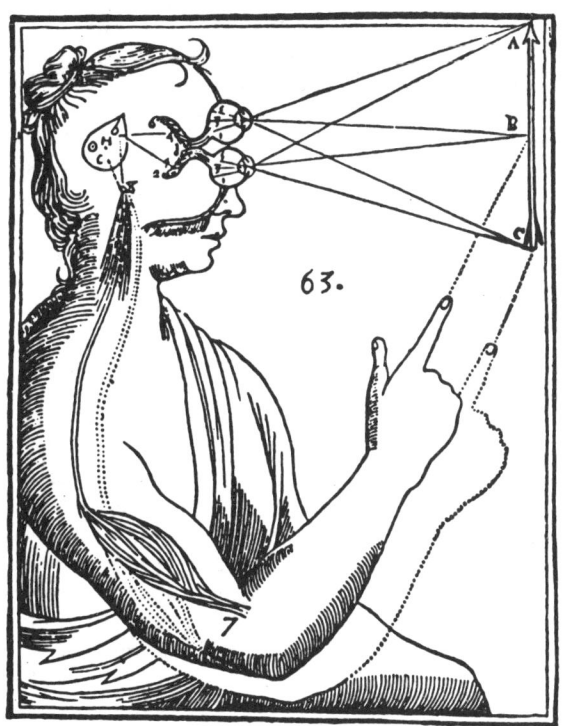

Abb. 1: Descartes' Vorschlag zur Integration sensorischer Information im Gehirn. Der Auffassung folgend, daß eine einheitliche Interpretation sensorischer Signale nur in einem unpaaren Zentrum erfolgen könne, machte sich Descartes auf die Suche nach einer Struktur, die im Gehirn nur einmal vorkommt, und stieß dabei auf die Zirbeldrüse. Wir wissen heute, daß die Zirbeldrüse das Hormon Melatonin produziert, welches bei der Regulation des zirkadianen Rhythmus eine Rolle spielt.

auch wenn sie in der Regel ästhetisch befriedigende, in sich kohärente Modelle gebären.

Im Gehirn von Säugetieren erfüllt die Großhirnrinde einen wesentlichen Teil der im vorangegangenen Beispiel skizzierten Funktionen. Sie gilt als das neuronale Substrat aller höheren kognitiven Leistungen und als die letzte große Erfindung der Evolution. Die Grundstruktur des Gehirns von Säugetieren hat sich im Laufe der

Evolution nur unwesentlich verändert. Das Gehirn des Menschen unterscheidet sich von den Gehirnen anderer Säugetiere lediglich durch die gewaltige Zunahme des Volumens der Großhirnrinde und der mit ihr in Beziehung stehenden Strukturen. Selbst die Binnenorganisation der Großhirnrinde wurde seit ihrem ersten Auftreten im wesentlichen beibehalten. Dies weist darauf hin, daß in der Hirnrinde pluripotente Verarbeitungsalgorithmen realisiert sind, die für eine Vielzahl verschiedener Funktionen verwendet werden können und deren Iteration allein zur Emergenz qualitativ neuer Leistungen führen kann. Die meisten der Eigenschaften, die das spezifisch Menschliche ausmachen, sind der Hirnrinde zuzuschreiben. Wahrnehmen, Denken, Erinnern, Sprachproduktion und Sprachverstehen, das Planen von Handlungsentwürfen und die Programmierung von Bewegungsabläufen erscheinen als recht unterschiedliche Leistungen und doch beruhen sie allesamt im wesentlichen auf Funktionen der Großhirnrinde. Die Analyse der histologischen Feinstruktur der Hirnrinde stützt die Hypothese, daß mit der Evolution dieses Netzwerkes von Nervenzellen ein Modus der Informationsverarbeitung erfunden wurde, der zur Bewältigung unterschiedlicher Aufgaben genutzt werden kann. Nur dem Spezialisten erschließen sich die feinen Unterschiede im mikroskopischen Aufbau der verschiedenen Hirnrindenareale. So unterschiedliche Leistungen wie die Sprachproduktion und die Analyse visueller Szenen können demnach von Neuronennetzen erbracht werden, die nach ganz ähnlichen Prinzipien aufgebaut sind.

Was also ist das Besondere dieser so vielseitig anwendbaren Rechenoperationen oder, anders gefragt, welches sind die Gemeinsamkeiten phänomenologisch so unterschiedlicher Leistungen wie Wahrnehmen und Sprechen? Noch gibt es keine schlüssigen Antworten, aber die Fülle der über die letzten Jahrzehnte gesammelten Daten weist in eine gemeinsame Richtung. Die Analyse sensorischer Systeme legt nahe, daß eine der Hauptfunktionen der Hirnrinde darin besteht, konsistente Beziehungen zwischen einlaufenden Signalen zu entdecken und solche häufig auftretende Relationen durch Nervenzellen zu repräsentieren, die selektiv auf ganz bestimmte Konstellationen von Eingangssignalen ansprechen. Die Annahme ist, daß eine mehrstufige Wiederholung dieses gleichen Vorgangs schließlich zu abstrakten Beschreibungen konsistenter Kombinationen von elementaren Merkmalen führt, von Konstellationen, wie sie für individuelle perzeptuelle Objekte charakteristisch sind. Es wird ferner davon ausgegangen, daß auch die Repräsentation motorischer Programme in der Hirnrinde ein ähnliches Format hat, wobei die Beschreibungen in diesem Fall sich auf die raumzeitlichen Relationen zwischen den jeweils aktivierten Muskelgruppen beziehen und nicht auf die elementaren Merkmale von Objekten. Weil die Zahl der möglichen Merkmalskonstellationen oder, im Fall der Motorik, der möglichen Bewegungsmuster astronomisch hoch ist, läßt sich voraussagen, daß kortikale Verarbeitungsalgorithmen darauf spezialisiert sein müssen, kombinatorische Probleme zu lösen.

Zur Bewältigung kombinatorischer Probleme bieten sich zwei komplementäre Strategien an. Eine besteht darin, nur solche Relationen auszuwerten und zu repräsentieren, die sehr häufig vorkommen und im Verhaltenskontext besonders bedeutsam sind. Auf diese Weise läßt sich der Aufwand an festverdrahteten Analysatoren begrenzen. Tiere mit einfach strukturierten Nervensystemen, wie z. B. Insekten, haben diesen Weg gewählt. Der Preis ist eine drastische Beschränkung der Zahl repräsentierbarer Muster. Bienen speichern nur einige wenige Ansichten ihres Stockes, was zur Folge hat, daß sie ihn nur aus ganz bestimmten Blickwinkeln wiedererkennen können. Die andere Strategie besteht darin, Signale auf dynamische Weise zu rekombinieren, so daß verschiedene Relationen innerhalb des gleichen, fest verdrahteten Neuronenverbundes nacheinander analysiert und repräsentiert werden können. Dies erfordert jedoch kompliziertere Verarbeitungsprozesse, die hohe Anforderungen an die zeitliche Koordination von Rechenoperationen stellen.

Wie die folgenden Beispiele zeigen, ergeben sich auf allen Verarbeitungsstufen kombinatorische Probleme, deren Grundstruktur immer die gleiche bleibt. Die Natur dieser Probleme läßt sich am Beispiel des Sehvorganges wohl am besten verdeutlichen, nicht nur, weil dem Gesichtssinn bei Primaten und beim Menschen besonders große Bedeutung zukommt, sondern auch, weil die visuellen Zentren von Säugergehirnen bislang gründlicher untersucht sind als alle anderen Subsysteme. Es darf jedoch davon ausgegangen werden, daß die im Sehsystem erarbeiteten Prinzipien allgemeiner Natur sind und auf andere Modalitäten generalisiert werden können.

Der Sehvorgang beginnt im Auge mit der Umsetzung von Photonen in neuronale Aktivität. Die zweidimensionalen Helligkeitsverteilungen des Netzhautbildes werden über eine Kaskade von Retinazellen in frequenzmodulierte Sequenzen von Aktionspotentialen umgewandelt, und diese elektrischen Signale gelangen über den Sehnerv zu Umschaltstationen im Thalamus, einer Ansammlung von Relaiszentren im Zwischenhirn. Diese thalamischen Kerne kontrollieren die Weiterleitung sensorischer Aktivität in Abhängigkeit von Veränderungen der Aufmerksamkeit. Sie verhindern die Signalübertragung im Tiefschlaf und treffen eine erste Auswahl der zur weiteren Verarbeitung bestimmten Signale. Diese Vorselektion wird über Nervenbahnen vorgenommen, die von der Hirnrinde und einigen anderen Strukturen zu den Thalamuskernen projizieren. Vom Thalamus werden die ausgewählten visuellen Signale schließlich zur primären Sehrinde im Okzipitalhirn gesandt. Bis hierher folgt die Informationsweiterleitung also einem seriellen Prinzip. Jenseits der primären Sehrinde kommen jedoch gänzlich andere Strategien zum Tragen.

Das Schaltdiagramm der direkt mit der Verarbeitung visueller Information befaßten Hirnrindenregionen weist mehr als 30 Areale auf, und wie Abb. 2 verdeutlicht, sind diese Areale nicht mehr seriell angeordnet. Die primäre Sehrinde verteilt ihre Verarbeitungsergebnisse parallel an eine Vielzahl eng miteinander vernetzter Hirnrindenregionen. Jedes dieser Areale bearbeitet jeweils nur einen Teilaspekt der in der primären Sehrinde vorverarbeiteten visuellen Signale. Einige Areale befassen sich vorwiegend mit der Analyse von Bewegungsinformationen, andere mit der Farbe oder mit figürlichen Aspekten von Objekten, und wieder andere berechnen die Entfernung von Objekten zueinander und zum Betrachter usw.

Beim Auftauchen eines Gegenstandes im Gesichtsfeld werden alle diese Areale nahezu gleichzeitig aktiviert, treten miteinander in Wechselwirkung, tauschen ihre Verarbeitungsergebnisse aus und senden die Resultate ihrer Ermittlungen in ebenso verteilter Weise an eine Vielzahl weiterer Hirnrindenareale, die sich mit der Analyse von Signalen anderer Sinnesmodalitäten oder mit der Vorbereitung motorischer Aktionen befassen. Das postulierte Konvergenzzentrum, in dem die Ergebnisse dieser vielfältigen, parallel ablaufenden Analyseprozesse zusammengefaßt und interpretiert werden könnten, existiert nicht. Dies gilt ebenso für die Organisation der anderen sensorischen Systeme, das auditive, welches akustische Signale analysiert, oder das somatosensorische, das sich mit der Körperfühlsphäre befaßt. Ein ähnliches Bild ergibt sich, wenn man jene Areale miteinbezieht, denen die Programmierung von Bewegungsabläufen obliegt. Wieder entsteht eine Netzwerkstruktur, in der Parallelität

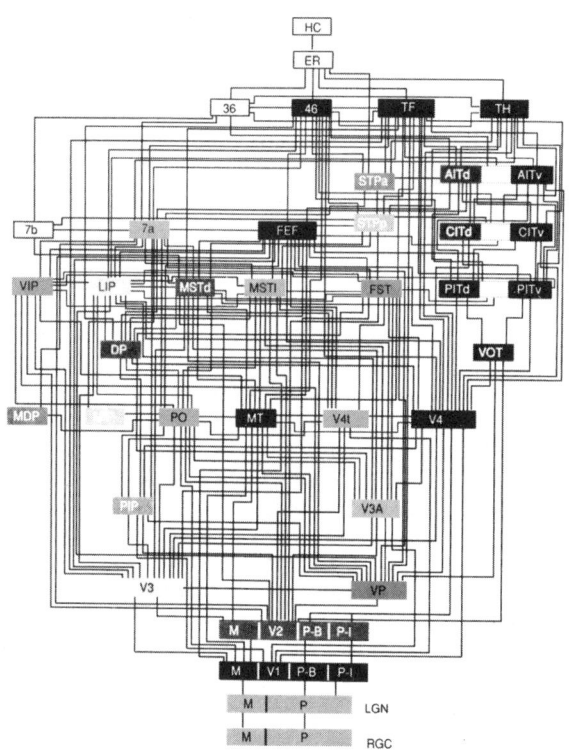

Abb. 2: Schematisches Diagramm der Hirnrindenareale, die mit der Verarbeitung visueller Signale befaßt sind. Jedes Kästchen entspricht einer cytoarchitektonisch abgrenzbaren Region der Hirnrinde. Die Verbindungen zwischen den Arealen symbolisieren mächtige, meist reziproke Faserverbindungen. Würde man diesem Diagramm weitere sensorische Systeme und motorische Zentren hinzufügen, so würde deutlich, daß alle Systeme untereinander auf ähnliche Weise eng miteinander verflochten sind und Konvergenzzentren fehlen (nach Felleman und van Essen 1991). V_1 und V_2 stehen für die primäre und sekundäre Sehrinde. V_4 bezeichnet ein Areal, dem für die Vermittlung von Form und Farbe eine besondere Bedeutung zukommt, während MT und MST vorwiegend mit der Verarbeitung von Bewegungsinformation befaßt sind. Die Areale rechts oben (PIT, CIT, AIT) liegen im Schläfenlappen des Gehirns und spielen bei der Objekterkennung eine wichtige Rolle, die Areale FEF und 46 sind Teil des Frontalhirns und beteiligen sich an der Kontrolle von Augenbewegungen (FEF) bzw. an der Kurzzeitspeicherung der Ortskoordinaten visueller Objekte (46).

als Organisationsprinzip vorherrscht und Konvergenzzentren fehlen.

Dies wirft die zentrale Frage auf, wie trotz dieser distributiven Organisation kohärente Repräsentationen aufgebaut und wie Entscheidungen getroffen werden können, wie eine einheitliche Interpretation der umgebenden Welt und aus ihr abgeleitete, koordinierte Verhaltensstrategien möglich werden. Diese, als »Bindungsproblem« angesprochene Frage nach der Koordination zentralnervöser Prozesse wurde in den letzten Jahren als eine der größten Herausforderungen an die Hirnforschung erkannt. Der Versuch, das Bindungsproblem und Konzepte zu dessen Lösung auf dieser komplexen, intermodalen Organisationsebene zu behandeln, würde den vorgegebenen Rahmen dieses Beitrages sprengen. Die genauere Betrachtung von Verarbeitungsprozessen innerhalb einer Modalität, hier der visuellen, zeigt jedoch, daß Bindungsprobleme mit ganz ähnlicher Struktur schon bei scheinbar einfachen sensorischen Funktionen auftreten. Es besteht also die begründete Hoffnung, daß die Mechanismen zur Lösung von Bindungsproblemen auf peripheren und zentralen Verarbeitungsebenen ähnlich und damit generalisierbar sind.

Kognitive Systeme müssen in der Lage sein, komplexe Anordnungen von Merkmalen zu distinkten, perzeptuellen Objekten zu gruppieren. Im visuellen System sprechen wir von Szenensegmentierung, beziehungsweise perzeptuellem Gruppieren. Die in Abb. 3 dargestellten Pferde werden erst dann als solche identifizierbar, wenn es dem Sehsystem gelungen ist, die verschiedenen Konturen, die in dieser Szene enthalten sind, so zu gruppieren, daß all jene, die eine bestimmte Figur ausmachen, als zusammengehörig gesehen werden. Dieser Segmentierungsprozeß erfordert beträchtliche Verarbeitungszeit. Je länger die Suche nach gruppierungsfähigen Merkmalen fortgesetzt wird, um so mehr Pferde werden erkennbar. Erst wenn diese Gruppierungsversuche erfolgreich beendet sind, kann damit begonnen werden, die segmentierten Objekte zu identifizieren. Die Segmentierung geht dem Erkennen voraus und muß deshalb nach Gesetzen erfolgen, die objektunabhängig sind. Die Gruppierungsregeln müssen genereller Natur und auf beliebige Szenen anwendbar sein. Escher hat sich in vielen seiner Bilder zunutze gemacht, daß Gruppierungsprozesse durchaus vieldeutige Lösungen haben können. In einer seiner Graphiken erkennt der Betrachter, wenn sein Sehsystem die schwarzen Flächen als Figuren und die

Abb. 3: Die gescheckten Pferde auf dieser ausapernden Almwiese werden erst dann als solche identifizierbar, wenn es dem Sehsystem gelungen ist, Konturen, die zu bestimmten Pferden gehören, als zusammengehörig zu erkennen.

weißen als Hintergrund interpretiert, Fledermäuse, laufende Menschen und Fische; im umgekehrten Fall hingegen zeigen sich Hasen, Vögel und Medusen. Der Segmentierungsprozeß bestimmt, welche Konturen zu Figuren und welche zum Hintergrund gehören, und es ist schwierig, diese Gruppierungsoperation willkürlich zu beeinflussen. Die Wahrnehmung alterniert zwischen gleichwahrscheinlichen Lösungen. Kompromisse sind nicht möglich, die Alternativen nicht gleichzeitig wahrnehmbar. Was schließlich wahrgenommen wird, hängt also in kritischer Weise davon ab, wie und nach welchen Kriterien das Sehsystem die Gruppierung von Merkmalen zu kohärenten Figuren vornimmt und welche Lösungen dieser vorbewußt ablaufende Gruppierungsprozeß anbietet. Es ist dies ein Beispiel von vielen für die konstruktive Leistung unserer kognitiven Systeme. Aus erkenntnistheoretischer Sicht besonders beunruhigend ist dabei, daß diese interpretativen Vorgänge weitestgehend unbewußt ablaufen, bedeutet das doch, daß die Inhalte unserer bewußten Wahrnehmung von aktiven Interpretationsleistungen abhängen, deren wir uns in der Regel nicht gewahr werden und auf die wir nur wenig Einfluß haben.

Fragt man nach den neuronalen Prozessen, die dieser Segmentierungsleistung zugrunde liegen, wird deutlich, daß auch hier Bindungsprobleme gelöst werden müssen, die in ihrer Struktur den oben angesprochenen ähneln. Abb. 4 zeigt die berühmte Rubinsche Vase, ein weiteres Beispiel für ein ambivalentes Segmentierungsproblem: Man kann entweder die Vase sehen oder die beiden Gesichter, das männliche und das weibliche. Wenn die Gesichter gesehen werden, muß das Sehsystem jeweils die Antworten von Nervenzellen, die auf die seitlichen Konturlinien reagieren, mit Antworten von Nervenzellen verbinden, die von den schwarzen Flächen herrühren. In den nachfolgenden Verarbeitungsstrukturen müssen diese gebundenen Antworten dann gemeinsam bearbeitet und als zusammengehörig interpretiert werden. Gänzlich andere Bindungen müssen realisiert werden, wenn die Vase gesehen werden soll. Dann müssen die Antworten auf die beiden seitlichen Konturlinien und die auf die weiße Fläche miteinander assoziiert und gemeinsam weiterverarbeitet werden. Der Bindungsmechanismus muß ein hohes Maß an Flexibilität aufweisen und in rascher Folge beide Konstellationen realisieren können; er muß dynamisch sein. Aus den vielen gleichzeitig verfügbaren neuronalen Antworten müssen jene ausgewählt und zusammengefaßt werden, die sich als konstitutiv für ein kohärentes Perzept erweisen können.

Die klassischen Vorschläge zur Lösung dieses Bindungsproblems orientieren sich an hierarchischen Verarbeitungsstrukturen, in denen Bindung durch Konvergenz erfolgt. Die Annahme ist, daß Signale, die gebunden werden sollen, über konvergierende Nervenbahnen in einzelnen, auf die Gruppierung spezifischer Signalkombinationen spezialisierten Bindungsneuronen zusammengeführt werden. Die Gründe für diese Annahme liegen nicht nur in der intuitiven Plausibilität dieses Erklärungsmodells, sondern auch in methodischen Begrenzungen. Alternative Konzepte zur Lösung von Bindungsproblemen basieren auf der Vorstellung, daß sich Neurone, deren Antworten gebunden werden sollen, auf dynamische Weise zu funktionell kohärenten Ensembles gruppieren. Die Bildung

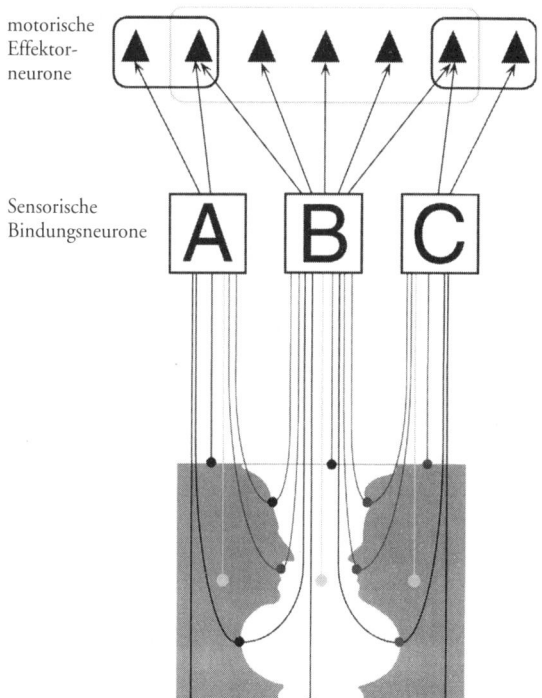

motorische
Effektor-
neurone

Sensorische
Bindungsneurone

A B C

Abb. 4: Für die Segmentierung dieses Bildes der Rubinschen Vase gibt es zwei gleichwahrscheinliche Lösungen. Je nachdem, wie sich das Sehsystem entscheidet, sieht man entweder die Vase oder die beiden Gesichter. Das eingezeichnete Schaltdiagramm soll die klassische Lösung des Bindungsproblems verdeutlichen. Signale von Bildpunkten, die zur gleichen Figur gehören, werden durch Konvergenz auf einzelne Bindungsneurone miteinander verbunden. Die implizite Annahme ist dabei, daß die Bindungsneurone mit hoher Spezifität nur dann ansprechen, wenn die passende Konstellation von Eingangsneuronen aktiviert wird. Diese Strategie macht es erforderlich, für jedes unterscheidbare Objekt mindestens ein Bindungsneuron vorzusehen. Als zentralnervöse Repräsentation eines bestimmten Wahrnehmungsobjektes wäre dann die Erregung des entsprechenden Bindungsneurons anzusehen. Weitere Erläuterungen zu diesem unrealistischen Konzept finden sich im Text.

solcher Ensembles läßt sich jedoch nur nachweisen, wenn es gelingt, die Aktivität der entsprechenden Zellen gleichzeitig zu erfassen. Da dies technisch aufwendig und schwierig ist, beschränkt sich die Analyse der Signalverarbeitung im Nervensystem meist auf die Registrierung der Antworten einzelner Nervenzellen, was notwendig eine Überbewertung der Rolle einzelner Neuronen bedingt. Hypothesen über Kodierungsstrategien, die auf dem Zusammenspiel von Neuronengruppen beruhen, wurden deshalb in der Vergangenheit meist von Theoretikern, kaum von Experimentatoren verfolgt.

Die von Neurobiologen favorisierte Annahme ist demnach, daß die Antworten von Nervenzellen, die auf die Konturgrenzen eines bestimmten Objektes reagieren, durch Konvergenz auf spezifische Bindungsneuronen zusammengefaßt werden. Im Fall der Rubinschen Vase wären dies Zellen auf höheren Verarbeitungsstufen, die ihre Eingänge selektiv von jenem Satz von Neuronen beziehen, die auf die verschiedenen Merkmale der Vase bzw. der beiden Gesichter reagieren. Über Schwellenoperationen, so die Annahme, würde dafür gesorgt, daß ein bestimmtes Bindungsneuron dann, und nur dann, anspricht, wenn all die Merkmalsdetektoren, die von der entsprechenden Figur erregt werden, gleichzeitig aktiv sind, d. h. wenn die Figur im Sehraum tatsächlich vorhanden ist. Entsprechend bräuchte man ein Bindungsneuron, um die Vase zu repräsentieren, und zwei weitere für die beiden Gesichter.

Diese Strategie zur Lösung des Bindungsproblems kann in einfachen neuronalen Architekturen realisiert werden, ist aber nur dann anwendbar, wenn wenige und stereotype Muster analysiert und repräsentiert werden müssen. Sie taugt nicht zur Bewältigung von Bindungsproblemen im allgemeinen. Der Grund ist, daß für jedes erkennbare Objekt und alle seine Erscheinungsformen jeweils mindestens ein Bindungsneuron erforderlich ist, das mit dem entsprechenden Satz von Merkmalsdetektoren verknüpft sein muß. Ferner wären für alle möglichen Orte im Gesichtsfeld Bindungsneurone für die jeweils gleichen Objekte vorzusehen, um dieselben Objekte an verschiedenen Orten zu repräsentieren. Offensichtlich erfordert diese Strategie zur Lösung des Bindungsproblems eine riesige Zahl von Bindungsneuronen. Der Aufwand an notwendigem Substrat skaliert auf äußerst ungünstige Weise mit der Zahl repräsentierbarer Objekte. Ferner benötigte man eine beträchtliche Menge noch nicht festgelegter Bindungsneuronen, um neue Objekte repräsentieren zu können. Die entsprechenden neuronalen Bahnen zwischen

Merkmalsdetektoren und Bindungsneuronen müßten dabei gewissermaßen ad hoc etabliert werden, um der spezifischen Merkmalskombination neuer Objekte Rechnung zu tragen. Irgendwo im Gehirn müßte ein riesiges Areal existieren, in dem neben einer Vielzahl hochspezialisierter, spezifische Objekte repräsentierender Neurone gleichermaßen viele, völlig unselektive Nervenzellen implementiert sind. Solche Areale wurden bislang nicht gefunden, und nachdem, zumindest beim Primaten, die Funktionen aller größeren Areale der Großhirnrinde bekannt sind, kann die Existenz solcher Regionen mit großer Verläßlichkeit ausgeschlossen werden. Eine weitere Schwierigkeit bei der Repräsentation von Merkmalskonstellationen durch einzelne Bindungsneurone ergibt sich aus der Notwendigkeit, die Aktivität von objektrepräsentierenden Neuronen zur Steuerung motorischer Reaktionen zu nutzen. Hierzu müssen Myriaden von Nervenzellen in motorischen Arealen und die von ihnen kontrollierten Muskelzellen gleichzeitig in koordinierter Weise aktiviert werden. Die Aktivität einzelner Bindungsneurone müßte auf viele Millionen anderer Nervenzellen in jeweils neuer, kontextabhängiger Weise rückverteilt werden, damit eine spezifische motorische Aktion erfolgen kann. Es ist nicht vorstellbar, wie dies in fixierten anatomischen Architekturen realisiert werden könnte.

Die intuitiv plausible Lösung des Bindungsproblems erweist sich also bei genauerer Betrachtung als untauglich, und es stellt sich die Frage nach Alternativen. Die Hirnrinde scheint sich zweier komplementärer Strategien zu bedienen, um Bindungsprobleme zu lösen, und in dieser Komplementarität liegt vermutlich ihr beispielloser evolutionärer Erfolg. Einerseits werden Beziehungen zwischen Merkmalen tatsächlich durch Konvergenz auf Bindungsneuronen definiert und durch die selektiven Antworten dieser Neuronen repräsentiert. Andererseits gibt es jedoch Hinweise auf die Existenz dynamischer Gruppierungsmechanismen, die eine flexible Rekombination von neuronalen Antworten ermöglichen und die Voraussetzung dafür schaffen, daß ganz unterschiedliche Konstellationen im gleichen Netzwerk fest verdrahteter Neuronen nacheinander analysiert und repräsentiert werden können.

Neuronen in der primären Sehrinde sind darauf spezialisiert, bestimmte räumliche und zeitliche Beziehungen zwischen Antworten retinaler Ganglienzellen zu erfassen und durch ihre merkmalspezifischen Antworten zu repräsentieren. Zu den auf diese Weise extrahierten Merkmalen zählen zum Beispiel der Ort und die Orientierung von Kontrastgrenzen, ihre Bewegungsrichtung und ihre spektrale Zusammensetzung. Um diese Merkmale zu extrahieren, müssen die Signale von verschiedenen retinalen Ganglienzellen zueinander in Bezug gesetzt werden, es müssen Bindungen hergestellt werden. Erreicht wird dies durch selektive Konvergenz ausgewählter Ganglienzellen auf bestimmte Neuronen in der Hirnrinde. Um zum Beispiel die gleichzeitige Erregung von Ganglienzellen zu detektieren, die auf eine vertikal orientierte Konturgrenze ansprechen, werden vertikal aneinandergereihte Ganglienzellen auf gemeinsame Zielzellen in der Hirnrinde verschaltet. Die Antworten der entsprechenden Reihen von Ganglienzellen werden durch Konvergenz auf einzelne Hirnrindenneurone miteinander verbunden. Entsprechend reagiert die Hirnrindenzelle selektiv auf vertikal orientierte Konturen. Die raumzeitlichen Relationen zwischen den Aktivierungsmustern räumlich verteilter Ganglienzellen werden über selektive Konvergenz auf spezialisierte Bindungsneurone evaluiert und durch die Antworten dieser Neuronen repräsentiert. Und so finden sich für alle möglichen Orientierungen und für alle möglichen Retinaorte spezialisierte Neuronen in der Hirnrinde, von denen jedes einzelne dann und nur dann anspricht, wenn eine Kontur mit der passenden Orientierung am richtigen Ort im Sehraum auftritt. Alles spricht dafür, daß diese Strategie der Rekombination von Eingangsverbindungen auch zur Evaluierung anderer elementarer Merkmale verwendet wird und daß diese einfache Operation auch auf höheren Verarbeitungsstufen wiederholt wird. Die Antworteigenschaften der Neuronen in den vielen verschiedenen visuellen Arealen jenseits der primären Sehrinde stützen die Hypothese, daß durch wiederholte Rekombination von Eingangsverbindungen zunehmend komplexere Beziehungen zwischen Merkmalskonstellationen analysiert und repräsentiert werden. In jedem dieser Areale scheint eine ganz bestimmte Art von Beziehungen im hochdimensionalen Merkmalsraum analysiert und dargestellt zu werden.

Interessant ist nun, daß diese Strategie der Rekombination konvergenter Eingangsverbindungen nicht konsequent durchgehalten wird, bis schließlich Bindungsneurone entstehen, die hochselektiv nur auf ein ganz bestimmtes Merkmal oder, auf höheren Verarbeitungsstufen, auf die komplexen Konstellationen von Merkmalen ansprechen, wie sie natürliche Objekte auszeichnen. Auf allen Verarbeitungsstufen reagieren die Neurone auf mehr als nur ein Merkmal und sind gegenüber Parameteränderungen in mehreren Merkmalsdimensionen empfindlich. Die Antwort einzelner Zellen bleibt damit vieldeutig. Eine orientierungsempfindliche Zelle in der primären Sehrinde ändert die Amplitude ihrer Antwort nicht nur, wenn sich die Orientierung einer Kontur verändert, sondern auch, wenn ihre Position oder ihr Kontrast oder ihre Ausdehnung variiert werden. Eine präzise Beschreibung eines bestimmten Merkmals oder einer bestimmten Konstellation von Merkmalen läßt sich demnach nur erhalten, wenn die Gesamtheit der Antworten jener Population von Neuronen gemeinsam bewertet wird, die auf dieses Merkmal ansprechen. Zunächst erscheint die Strategie, einzelne Merkmale durch große Populationen gleichzeitig aktiver Neurone zu repräsentieren, als kontraintuitiv, weil unökonomisch, erfordert sie doch scheinbar noch mehr Nervenzellen, um ein bestimmtes Merkmal zu repräsentieren, als es der Fall wäre, wenn einzelne Merkmale durch einzelne hochselektive Neuronen extrahiert und repräsentiert würden. Doch wieder trügt die Intuition. Weil einzelne Neuronen relativ unselektiv durch ein breites Spektrum verschiedener Merkmale erregt werden, überlappen die neuronalen Populationen beträchtlich, die durch verschiedene Merkmale aktiviert werden. Eine bestimmte Zelle kann zu verschiedenen Zeitpunkten Mitglied unterschiedlicher Populationen werden und dadurch an der Repräsentation sehr vieler verschiedener Merkmale partizipieren. Dies wiederum kann ausgenutzt werden, um die Zahl der für die Repräsentation unterschiedlicher Merkmale erforderlichen Neuronen drastisch zu reduzieren. Mit einer überschaubaren Zahl relativ unselektiver Nervenzellen können nun fast beliebig viele Populationen erzeugt werden, die sich voneinander durch die jeweilige Konstellation und den Aktivierungsgrad der beteiligten Neuronen unterscheiden, aber immer aus dem gleichen konstanten Reservoir von Nervenzellen rekrutiert werden. Wenn garantiert wird, daß jede dieser Populationen für ein ganz bestimmtes Merkmal spezifisch ist, können auf diese Weise mit einer begrenzten Zahl von Nervenzellen nahezu beliebig viele Merkmale repräsentiert werden. Auch die Repräsentation von neuen Merkmalen bereitet keine Schwierigkeiten, da hierfür lediglich die Kombination der jeweils erregten Nervenzellen verändert werden muß. Es ist nicht erforderlich, neue Verbindungen zu knüpfen, es genügt, eine neue Konstellation bereits vorhandener miteinander interagierender Neuronen zu aktivieren.

Populationscodes werfen aber wiederum Bindungsprobleme auf und können ihre Vorteile nur entfalten, wenn diese Probleme auf ebenso ökonomische Art gelöst werden. Natürliche visuelle Szenen enthalten in aller Regel eine Vielzahl von Merkmalen, die sowohl im cartesianischen Raum wie im Merkmalsraum eng benachbart sind. Diese Merkmale aktivieren folglich gleichzeitig eine Vielzahl überlappender Populationen von Hirnrindenneuronen. Um die Vorteile der Populationskodierung ausnützen zu können, ist es unerläßlich, jene Neurone zu identifizieren, die sich an der Kodierung eines ganz bestimmten Merkmales beteiligen, und deren Antworten so zu kennzeichnen, daß sie von höheren Verarbeitungsstufen als zusammengehörig erkannt werden können. Um an das Beispiel mit den gescheckten Pferden auf der ausapernden Wiese anzuknüpfen: Populationen, die auf die gekrümmte Kontrastgrenze eines aperen Wiesenflecks reagieren, müssen unterschieden werden können von den Antworten jener Population von Neuronen, die auf die ebenfalls gekrümmte Kontrastgrenze des Pferderückens reagieren, der den Wiesenfleck halb verdeckt. Gelingt das nicht, würden Kontrastgrenzen des Hintergrunds mit solchen der Figuren verbunden und eine Identifikation der Figuren wäre unmöglich. Natürlich wäre es absurd, dieses Bindungsproblem erneut durch Konvergenz von Populationsantworten auf dedizierte Bindungsneurone lösen zu wollen. Die Vorteile der Populationskodierung wären damit zunichte gemacht. Gebraucht wird vielmehr ein hochdynamischer Bindungsmechanismus, der es erlaubt, ein bestimmtes Neuron zu verschiedenen Zeiten in unterschiedlichen Konstellationen mit anderen zu funktionell kohärenten Populationen, sogenannten Zellassemblies, zu vereinen. Bei dieser Gruppierung muß gewährleistet sein, daß für die Dauer des Zusammenseins des jeweiligen Assemblies die Antworten der ad hoc assoziierten Neuronen von nachgeschalteten Strukturen als zusammengehörig identifizierbar sind. Im Prinzip können diese Gruppierungsoperationen über mehrere Verarbeitungsstufen hinweg iteriert werden, um zunehmend komplexe Konstellationen von Merkmalen selektiv miteinander zu assoziieren und schließlich Populationen herauszubilden, die dann abstrakte Beschreibungen von Wahrnehmungsobjekten darstellen.

Ein System, das zur Lösung von Bindungsproblemen Merkmalsextraktion durch Konvergenz mit Ensemblebildung kombiniert, benötigt zwei Klassen von Verbindungen: Aufsteigende, erregende Verbindungen, die über Rekombination und Konvergenz zur Herausbildung von Neuronen mit bestimmten Merkmalspräferenzen führen, und zweitens, reziproke Verbindungen zwischen diesen merkmalsempfindlichen Neuronen, denen die dynamische Assoziation dieser Neuronen zu funktionell kohärenten Assemblies obliegt. Um möglichst viele Neurone einzusparen, sollten die aufsteigenden Verbindungen so ausgelegt werden, daß vorwiegend Zellen entstehen, die auf Merkmale antworten, die häufig vorkommen und für die Beschreibung von Objekten besonders geeignet sind. Die aufsteigenden Verbindungen sollten also in ihrer Kombinatorik begrenzt sein auf die Herausarbeitung elementarer Bezüge. Die ensemblebildenden assoziierenden Verbindungen sollten dagegen möglichst wenig einschränkend sein und ein Maximum an kombinatorischer Freiheit für die Assoziation von elementaren Merkmalen einräumen.

Zur zentralen und nicht mehr aufschiebbaren Frage wird jetzt, auf welche Weise die ensemblebildenden Verbindungen Nervenzellen auf flexible Weise und temporär zu funktionell kohärenten Gruppen zusammenbinden können und zudem deren Antworten so markieren, daß diese auf nachfolgenden Verarbeitungsebenen als zusammengehörig identifiziert und von Antworten anderer, gleichzeitig aktiver Assemblies unterschieden werden können.

Das Nervensystem hat nur eine Option, um aus vielen, gleichzeitig aktiven Neuronen wenige auszuwählen und diese als zusammengehörig auszuweisen. Die Antworten der ausgewählten Neuronen müssen gemeinsam hervorgehoben werden; die Wahrscheinlichkeit, daß diese in nachgeschalteten Strukturen wiederum zur Erregung von Neuronen führen, muß erhöht werden. Hierfür gibt es zwei Möglichkeiten. Die naheliegendste ist, die ausgewählten Nervenzellen stärker zu aktivieren, da dies über zeitliche Summation das Erreichen der Erregungsschwelle von Neuronen auf der nächsten Stufe begünstigen würde. Betrachtet man das Beispiel der Vase und der Gesichter, wird deutlich, daß diese Strategie problematisch sein kann. Offensichtlich bereitet es keine Schwierigkeiten, die beiden Gesichter in der Abbildung gleichzeitig zu sehen. Es ist also möglich, gleichzeitig mehrere Ensembles zu bilden und hervorzuheben. Würde dies lediglich durch gleichzeitige Anhebung der Entladungstätigkeit der Neuronen beider Ensembles bewirkt, stellte sich erneut das Problem herauszufinden, welche der gleichermaßen verstärkten Antworten zu welchem der beiden Ensembles gehört. Es wäre unmöglich zu entscheiden, ob ein großes Ensemble entstanden ist oder ob sich mehrere kleinere Ensembles gebildet haben. Würden alle verstärkten Antworten einem Ensemble zugeordnet, entstünden falsche Konjunktionen zwischen nichtzusammengehörigen Bildelementen. Um diese Schwierigkeit zu umgehen, wurde vorgeschlagen, daß die Synchronizität der Entladungstätigkeit der Neurone diese als zusammengehörig ausweisen sollte und nicht deren erhöhte Entladungsrate (von der Malsburg 1985, Milner 1974). Dahinter steht die gut begründete Annahme, daß neuronale Antworten nicht nur durch Frequenzerhöhung, sondern auch durch Synchronisation hervorgehoben werden können. Der Grund ist, daß gleichzeitig eintreffende synaptische Potentiale in nachgeschalteten Zellen besonders gut summieren. Die saubere Trennung zwischen mehreren Ensembles wird dadurch möglich, daß nur die neuronalen Entladungen von der Summation profitieren, die genau synchron sind. Wenn dafür gesorgt wird, daß sich die verschiedenen Ensembles nach verschiedenen Zeitrastern synchronisieren, kann verhindert werden, daß diese sich vermengen und falsche Konjunktionen entstehen. Ein weiterer Vorteil ist, daß synchron eintreffende Signale mit minimaler Verzögerung weitergeleitet werden können, da zum Erreichen der Erregungsschwelle in nachgeschalteten Zellen keine zeitliche Summation erforderlich ist. Die Verarbeitung neuronaler Signale kann dadurch erheblich beschleunigt werden. Zudem bleibt die Zeitstruktur der synchronen Eingangssignale in den Antworten nachgeschalteter Zellen erhalten. Die Signatur der Zusammengehörigkeit kann somit über mehrere Verarbeitungsstrukturen hinweg erhalten werden. Synchronisation erscheint somit als ideale Strategie, um die Effektivität der Antworten von ausgewählten Zellgruppen selektiv zu erhöhen und diese für eine weitere, gemeinsame Verarbeitung zusammenzubinden.

Falls die Ensemblebildung in der Großhirnrinde auf diesem Prinzip beruht, müssen eine Reihe von Phänomenen beobachtbar sein. Eine zentrale Voraussage ist zum Beispiel, daß räumlich verteilte Nervenzellen ihre Antworten synchronisieren müssen, wenn sie sich an der Kodierung einer kohärenten Figur beteiligen. Diese Synchronisationsphänomene müssen sich wegen der distributiven Organisation kortikaler Repräsentationen nicht nur innerhalb eines Verarbeitungsareals, sondern auch zwischen verschiedenen Arealen nachweisen lassen. Um bei dem Beispiel der Teetasse zu bleiben: Es muß, was die Hand ertastet, mit dem, was die Augen sehen und der Geruchs- und Geschmackssinn melden, verbunden werden, damit das Gesamtperzept einer mit abgestandenem, ungesüßtem Tee gefüllten Tasse entstehen kann. Eine weitere Voraussage ist, daß die

Wahrscheinlichkeit, mit der Neurone ihre Antworten synchronisieren, die Gestaltkriterien widerspiegeln muß, nach denen Konturen zu Objekten zusammengefaßt werden. Eines dieser Kriterien ist zum Beispiel das »gleiche Schicksal« von Bildelementen. Es wird als zusammengehörig interpretiert, was sich mit der gleichen Geschwindigkeit in die gleiche Richtung bewegt. Objekte zeichnen sich dadurch aus, daß sich ihre Umrisse kohärent bewegen, wenn sich entweder der Beobachter bewegt oder sie selbst sich in Bewegung befinden. Ein weiteres, sehr wichtiges Gruppierungskriterium ist Kontinuität. Gewöhnlich gehört zum gleichen Objekt, was zusammenhängt. Weitere Gruppierungskriterien beziehen sich auf Ähnlichkeiten in verschiedenen Merkmalsdimensionen. Konturen gleicher Farbe oder gleicher Entfernung im Raum gehören mit großer Wahrscheinlichkeit zum selben Objekt. Neurone sollten also ihre Antworten synchronisieren, wenn sie von kontinuierlichen Konturen erregt werden oder von Kontursegmenten, die die gleiche Orientierung oder Farbe haben oder sich mit gleicher Geschwindigkeit in die gleiche Richtung bewegen.

Eine weitere wichtige Voraussage ist, daß einzelne Zellen die Partner, mit denen sie sich synchronisieren, sehr schnell wechseln können müssen, wenn sich die Gegebenheiten im Bildraum ändern. Nur so kann die Forderung erfüllt werden, daß verschiedene Merkmale, oder auf höheren Verarbeitungsstufen verschiedene Kombinationen von Merkmalen, durch verschieden zusammengesetzte, aber bezüglich der beteiligten Neurone erheblich überlappende Ensembles repräsentiert werden.

Ferner muß gelten, daß die zur Synchronisation erforderlichen Wechselwirkungen auf der Verarbeitungsebene der Hirnrinde erfolgen. Erst auf dieser Stufe werden Merkmale extrahiert und repräsentiert; die Bildung von Merkmalsrepräsentationen durch Ensembles ist also nur in und jenseits dieser Verarbeitungsebene sinnvoll. Daraus folgt, daß die Verbindungen zwischen Neuronen in der Hirnrinde, die sogenannten cortico-corticalen Verbindungen, synchronisierende Wirkung haben sollten. Die Kriterien, nach denen Merkmale gruppiert werden, müßten demnach in der funktionellen Architektur dieser Verbindungen verankert liegen. Das »Vorwissen« über die je wahrscheinlichsten Zuordnungen muß in der Netzwerkarchitektur der synchronisierenden Verbindungen gespeichert sein. Entsprechend würden angeborene Merkmale dieser Architektur den Anteil genetisch vorgegebener Gruppierungskriterien widerspiegeln. Da bekannt ist, daß die Gestaltkriterien für die Gruppierung von Merkmalen durch Erfahrung modifiziert werden können, muß die funktionelle Architektur synchronisierender Verbindungen durch Erfahrung veränderbar sein. Dies ist auch erforderlich, damit neue Ensembles strukturiert werden können, wenn neue Objekte zur Repräsentation kommen.

Die meisten dieser Voraussagen konnten inzwischen experimentell verifiziert werden. Zusammenfassende Darstellungen der hier skizzierten Arbeitshypothesen und experimentellen Ergebnisse finden sich in Singer (1993), Singer/Gray (1995) und Singer (1995 und 1999a). Um die Synchronizität der Entladungstätigkeit räumlich getrennter Nervenzellen zu bestimmen, ist es notwendig, mit mehreren Mikroelektroden gleichzeitig abzuleiten und nach zeitlichen Korrelationen zwischen den Antworten verschiedener Neurone zu suchen. Bei dem in Abbildung 5 dargestellten Versuch sollte z. B. die Voraussage überprüft werden, daß Nervenzellen, die in verschiedenen Hirnrindenarealen liegen, ihre Antworten synchronisieren, wenn sie vom gleichen Objekt aktiviert werden. In diesem Fall erfolgte eine Ableitung in einem Rindenareal, in dem figürliche Aspekte wie z. B. die Orientierung von Konturen im Raum analysiert werden, und die andere in einer Region, die sich hauptsächlich mit der Analyse von Bewegungstrajektorien befaßt. Wenn nun ein bewegtes Objekt sowohl identifiziert als auch hinsichtlich seiner Kinetik beurteilt werden soll, dann muß die Aktivität der Neuronen, die figurale Aspekte kodieren, verbunden werden mit der Aktivität von Neuronen, die angeben, in welche Richtung und mit welcher Geschwindigkeit sich das Objekt bewegt. Die in getrennten Arealen erzielten Analyseergebnisse müssen miteinander verbunden werden. Im gleichen Versuch läßt sich auch die Voraussage überprüfen, daß Neurone nur dann synchronisieren sollten, wenn sie auf Konturen reagieren, die mit großer Wahrscheinlichkeit zum selben Objekt gehören. Die Nervenzellen in den beiden Arealen können entweder mit einem einzigen kohärenten Objekt aktiviert werden, oder mit zwei getrennten Objekten, die sich kohärent mit der gleichen Geschwindigkeit in die gleiche Richtung bewegen, oder mit zwei Objekten, die sich in entgegengesetzte Richtungen, also inkohärent, bewegen. Wie die Ergebnisse zeigen, ähneln sich die Entladungsraten unter den drei verschiedenen Bedingungen. Stünden nur die Amplituden der Antworten zur Verfügung, ließen sich die drei Reizkonfigurationen nicht aufgrund der neuronalen Antworten unterscheiden. Aus der »Sicht« der einzelnen Nervenzellen unterscheiden sie sich auch tatsächlich nicht, da die abgeleiteten Neurone kleine rezeptive Felder haben und die Veränderungen in der globalen Konfiguration der Reize nicht dekodieren können. Betrachtet man jedoch die Kreuzkorrelogramme, die ein Maß für die Synchronizität der Antworten abgeben, findet man deutliche Unterschiede. Wenn beide Nervenzellen mit nur einem Objekt erregt werden, weisen die Antworten ein hohes Maß an Synchronizität auf. Diese ist geringer, aber immer noch beträchtlich, wenn beide Nervenzellen mit getrennten Konturen erregt werden, die sich kohärent bewegen. Dies ist zu erwarten, da die beiden Konturen entsprechend dem Gestaltkriterium des »gleichen Schicksals« immer noch als zusammengehörig interpretiert werden, etwa als Teile eines bewegten Objektes, das durch ein anderes, ruhendes partiell verdeckt wird. Keine Synchronisation hingegen findet sich, wenn die beiden Konturen sich in Gegenphase bewegen. Auch dies entspricht der Voraussage, da in diesem Fall die beiden Konturen nicht als Teile eines Objektes, sondern als zwei unabhängige Objekte wahrgenommen werden. Der Synchronisationsgrad der respektiven Antworten enthält demnach zusätzliche Information über die globale Konfiguration der zur Aktivierung verwendeten Konturen, und die Synchronisationswahrscheinlichkeit entspricht sehr gut den Gestaltkriterien zur Objektdefinition.

Um die Hypothese zu überprüfen, daß die Gruppierungskriterien, nach denen Nervenzellen zu objektrepräsentierenden Ensembles zusammengefaßt werden, in der funktionellen Architektur der synchronisierenden Faserverbindungen residieren, ist es zunächst notwendig, die entsprechenden Verbindungen zu identifizieren. Es gibt einen ausgezeichneten Ort im Gehirn, das sogenannte Corpus callosum, eine Fasermasse, die die beiden Hirnhälften miteinander verbindet, wo sich die synchronisierende Wirkung cortico-corticaler Verbindungen direkt überprüfen läßt. Wegen ihres exponierten Verlaufs lassen sich diese Fasern isoliert unterbrechen und die Folgen für die Synchronizität zwischen Neuronen in den beiden Hirnhälften untersuchen. Diese und verwandte Experimente haben bewiesen, daß cortico-corticale Verbindungen eine kritische Rolle bei der Synchronisierung von neuronalen Antworten sowohl innerhalb eines bestimmten Hirnrindenareals als auch zwischen verschiedenen Arealen spielen.

Dieser Befund ist aus einem weiteren Grund interessant. Nerven-

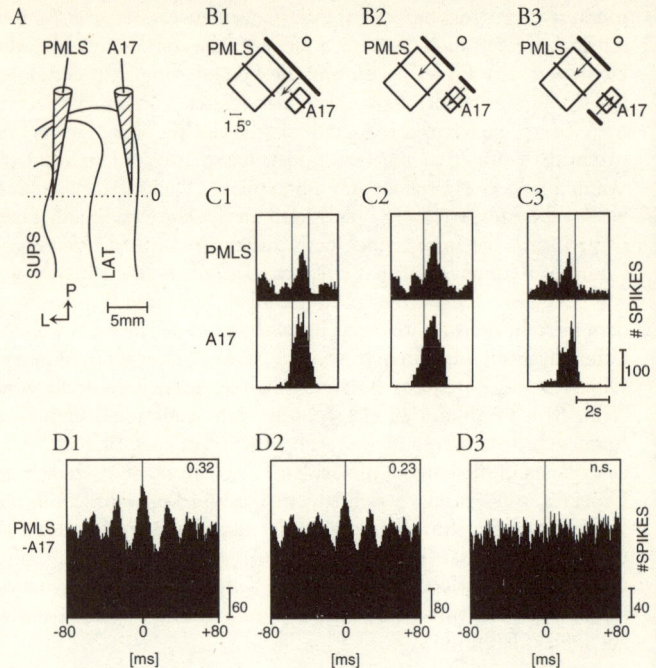

Abb. 5: Dieses Beispiel einer Doppelableitung von Neuronen in zwei verschiedenen visuellen Arealen belegt, daß Nervenzellen in verschiedenen Hirnrindenarealen ihre Aktivitäten synchronisieren können, wenn sich diese Zellen an der Kodierung des gleichen Objektes beteiligen. Wenn in den Kreuzkorrelogrammen in D1–D3 ein zentraler Gipfel erscheint, so bedeutet dies, daß ein überzufällig großer Anteil der Entladungen der beiden Nervenzellen synchron erfolgte. Links im Bild (A) ist die Registrierbedingung skizziert. Die beiden Elektroden liegen in Area 17, der primären Sehrinde, und in Area PLMS, einem bewegungsempfindlichen Areal der Großhirnrinde. SUPS und LAT bezeichnen zwei Windungen der Hirnrinde (Gyrus lateralis und Gyrus suprasylvius). Die Orte der rezeptiven Felder der beiden Nervenzellen im Gesichtsfeld und die entsprechenden Reizkonfigurationen sind in B1–B3 angedeutet. Die Balken sollen bewegte Lichtreize darstellen, die über die beiden rezeptiven Felder gleiten. In B1 wurden beide Nervenzellen mit einem einzelnen langen Lichtreiz aktiviert, in B2 mit zwei kurzen Balkensegmenten, die sich jedoch mit gleicher Geschwindigkeit in die gleiche Richtung bewegen; in B3 bewegen sich die beiden Balkensegmente in Gegenrichtung. Die Histogramme in C1–C3 zeigen die Entladungstätigkeit

der beiden Neuronen unter den drei Reizbedingungen. Die Antwortamplituden (Ordinate) differieren nur wenig trotz der sehr unterschiedlichen Reizkonfigurationen. Der Vergleich der Kreuzkorrelogramme (D 1–D 3) zeigt jedoch, daß sich die Synchronisationswahrscheinlichkeiten in den drei Fällen deutlich voneinander unterscheiden und die Kohärenz der verwendeten Reize widerspiegeln. Die stärkste Korrelation findet sich, wenn beide Neuronen nur mit einem Objekt aktiviert werden (D 1). Die abgeschwächte, aber immer noch deutliche Korrelation in D 2 entspricht der Tatsache, daß Konturelemente, die sich mit der gleichen Geschwindigkeit in die gleiche Richtung bewegen, nach dem Gestaltgesetz des »gleichen Schicksals« zu einem Objekt zusammengefaßt werden. Das Fehlen jedweder Korrelation in D 3 entspricht der Tatsache, daß Konturen, die sich gegenläufig bewegen, nicht zu einem Objekt gruppiert werden.

verbindungen leiten elektrische Signale nur sehr langsam. Dies wirft die Frage auf, wie es das Nervensystem zustande bringt, trotz dieser langsamen Wechselwirkungen über große Entfernungen hinweg Synchronizität zu erzeugen, die im Millisekundenbereich präzise ist und keine Phasenverschiebungen aufweist. Vermutlich spielen dabei aktivitätsabhängige ontogenetische Prozesse eine wichtige Rolle, vermittels deren aus dem reichen Repertoire zunächst im Überschuß angelegter Verbindungen diejenigen mit der passenden Leitungsgeschwindigkeit ausgewählt werden.

Aufgrund der bisherigen Versuchsergebnisse ist es also sehr wahrscheinlich, daß die Gruppierungskriterien für die Objektdefinition in der funktionellen Architektur cortico-corticaler Verbindungen residieren. Anatomische Untersuchungen bestätigen die Erwartung, daß diese Verbindungen hochselektiv sind. Wenn man in die Großhirnrinde lokal Farbstoffe einbringt, die entlang neuronaler Verbindungen transportiert werden, so verteilen sich diese diskontinuierlich. Das bedeutet, daß bestimmte Orte nur mit bestimmten anderen in Verbindung stehen, die Fasern also anisotrop und selektiv ausgelegt sind. Die zentrale Frage ist nun, woher diese Selektivität rührt. Wenn sie angeboren ist, dann sind die Gruppierungskriterien genetisch vorgegeben, nach denen wir Welt ordnen, nach denen wir in konstruktivistischer Weise Merkmale zu Objekten zusammenfassen. Werden diese Verbindungen hingegen erst nach der Geburt unter dem Einfluß von Erfahrung spezifiziert, dann würde dies bedeuten, daß Gruppierungskriterien erworben werden. Für beide Bedingungen lassen sich Argumente der Zweckmäßigkeit anführen. Sicherlich wäre es von Vorteil, wenn das im Laufe der Evolution erworbene Wissen über bestmögliche Strategien zur Segmentierung visueller Szenen vermittels genetisch determinierter Verbindungsarchitekturen von Generation zu Generation weitervererbt würde. Und in der Tat weisen die ensemblebildenden cortico-corticalen Verbindungen bereits zum Zeitpunkt der Geburt und noch vor jeder Erfahrung eine gewisse Selektivität auf. Andererseits könnte es von Vorteil sein, die Segmentierungskriterien den aktuellen Gegebenheiten der je vorgefundenen Umwelt anzupassen. Es wäre außerordentlich ökonomisch, wenn ein Teil der Spezifikation dieses komplexen Netzwerkes einem Lernprozeß überlassen würde, der nach der Geburt einsetzt und den realen Gegebenheiten Rechnung trägt. Um etwa das Wissen zu etablieren, daß Konturen, die sich kohärent bewegen, in der Regel zum gleichen Objekt gehören, würde es genügen, durch Ausprobieren all die bewegungsempfindlichen Nervenzellen zu identifizieren, die gemeinsam ansprechen, wenn sich ein Objekt über die Netzhaut bewegt oder wenn sich der Organismus insgesamt bewegt und die Umwelt an ihm vorbeizieht. Es wären dies die Nervenzellen, welche die gleiche Richtungspräferenz haben. Diese Zellen sollen nun bevorzugt miteinander verbunden werden, damit sie ihre Antworten besser und schneller synchronisieren, wenn es später darum geht, die Konturen von Objekten entsprechend dem Kriterium des »gemeinsamen Schicksals« miteinander zu verbinden. Dies würde folgen, wenn synchronisierende Verbindungen dann verstärkt würden, wenn die durch sie verbundenen Partnerneurone häufig korreliert erregt werden. Und genau dies ist der Fall.

Im Experiment läßt sich der Korrelationsgrad neuronaler Antworten während der frühen Entwicklung manipulieren. Durch einen kleinen Eingriff an den Augenmuskeln läßt sich z. B. Schielen induzieren. Die Folge ist, daß die Bilder der beiden Augen nicht mehr in Deckung gebracht werden können. Die von den beiden Augen vermittelten neuronalen Antworten sind dekorreliert. Mit anatomischen Verfahren läßt sich nun die Auswirkung dieser künstlichen Dekorrelation auf die Architektur ensemblebildender Verbindungen untersuchen. Es zeigt sich, daß Verbindungen zwischen Nervenzellen zerstört werden, die während der frühen Entwicklung nie korreliert aktiv waren. Während der postnatalen Entwicklung der Großhirnrinde werden sehr viel mehr Verbindungen angelegt, als später im reifen Gehirn übrigbleiben. Etwa ein Drittel der ursprünglich angelegten Verbindungen wird wieder vernichtet, wobei die Auswahl der zu konsolidierenden Verbindungen einer Korrelationsregel folgt: Nervenzellen, die häufig zusammen aktiv sind, bleiben miteinander verbunden. Solche, die nie gemeinsam aktiv sind, werden voneinander isoliert (Löwel und Singer 1992). So kann also Erfahrung genutzt werden, um während einer frühen Phase der Individualentwicklung Wissen über Gesetzmäßigkeiten, durch die sich Objekte auszeichnen, zu erwerben. Dieses »Wissen« wird über Modifikationen der Architektur ensemblebildender Verbindungen gespeichert, wobei als Kriterium für die Extraktion von Gesetzmäßigkeiten häufiges korreliertes Auftreten von Phänomenen gilt. Neurone, die auf Merkmale ansprechen, die häufig zusammen vorkommen, und das ist z. B. für die Konstellation der typischen Merkmale von Objekten der Fall, werden durch Änderungen der Architektur synchronisierender Verbindungen bevorzugt miteinander verbunden. Wissen über konsistente Beziehungen zwischen Phänomenen in der Welt wird auf diese Weise internalisiert und steht hinfort für die Interpretation sensorischer Signale zur Verfügung.

Das sich entwickelnde System sucht also nach konsistenten Relationen zwischen bestimmten Merkmalen der umgebenden Welt, wobei die Art der Merkmale durch die genetisch vorgegebenen Antworteigenschaften der Neurone festgelegt ist. Konsistente, häufig vorkommende Konstellationen führen zu verstärkter Kopplung zwischen Neuronen, die auf die korreliert auftretenden Merkmale reagieren. Die Folge ist, daß bei späterem Wiederauftreten ähnlicher Merkmalskombinationen die entsprechenden Neuronen sich über Synchronisation ihrer Antworten zu Ensembles konfigurieren, die dann als Ganzes in unverwechselbarer Weise die spezifische Konstellation von Merkmalen, das individuelle Wahrnehmungsobjekt, repräsentieren. Besonders hervorzuheben ist, daß es sich hierbei um selbstorganisierende Prozesse handelt, die weder einer zentralen Koordination noch irgendwelcher besonders ausgezeichneter Konvergenzzentren bedürfen.

Dies bedeutet jedoch nicht, daß die Hirnrinde als Tabula rasa zu verstehen wäre, in die durch Erfahrung beliebige Inhalte eingeschrieben werden können. Untersuchungen der Mechanismen, die erfahrungsabhängigen Veränderungen neuronaler Architekturen in der frühen Entwicklung zugrunde liegen, weisen darauf hin, daß nur solche Aktivitätsmuster Veränderungen zu induzieren vermögen, die vom Gehirn als konsistent und verhaltensrelevant erkannt werden. Die Gründe hierfür sind vielfältig. Um Veränderungen in der Verschaltung zu bewirken, müssen neuronale Antworten bestimmte Kriterien hinsichtlich ihrer Dauer und Intensität erfüllen. Dies ist in der Regel nur dann der Fall, wenn die Signale von den Sinnesorganen mit den Präferenzen der Neuronen übereinstimmen. Letztere werden durch die spezifische Einbettung der Neuronen in die jeweiligen Nervennetze festgelegt und sind in vielen Fällen genetisch vorgegeben. Das bedeutet also, daß Umweltreize nur dann zu Modifikationen der Verschaltung führen können, wenn sie bestimmten »Vorerwartungen« des Nervensystems entsprechen. Sinnessignale, die den angeborenen Resonanzeigenschaften des Nervensystems nicht genügend entsprechen, bleiben unwirksam. Aber auch wenn Signale aus der Umwelt zu starker Aktivierung von Neuronenpopulationen Anlaß geben, muß dies nicht notwendig zu Veränderungen der Verschaltung führen. Damit Modifikationen möglich werden, müssen sensorische Signale mit zusätzlichen, intern generierten Bewertungssignalen koinzidieren. Letztere werden nur generiert, wenn das Gehirn wach und aufmerksam ist und die zur Verarbeitung gelangten sensorischen Signale als adäquat und verhaltensrelevant identifiziert wurden. Die Kriterien für Adäquatheit und Verhaltensrelevanz werden ihrerseits wiederum aus der bereits vorhandenen Systemarchitektur und den in ihr erzeugten Aktivitätsmustern abgeleitet. Wie jeder aus eigener Erfahrung weiß, wird nur ein kleiner Teil dessen, was jeweils wahrnehmbar ist, auch tatsächlich wahrgenommen, und wiederum nur ein kleiner Teil des Wahrgenommenen wird erinnert. Spuren im Gedächtnis hinterlassen nur die Ereignisse, auf die sich die Aufmerksamkeit gerichtet hatte und die im Verhaltenskontext als bedeutsam erkannt wurden. Der Grund ist, daß aktivitätsabhängige Veränderungen in der neuronalen Verschaltung von Bewertungssystemen überwacht werden. Noch wissen wir wenig über die Gesetze, nach denen diese Bewertungssysteme interne Aktivierungszustände evaluieren. Soweit bisher erkennbar, sind auch diese Bewertungssysteme distributiv organisiert. Die Entscheidung darüber, ob ein bestimmtes Aktivitätsmuster Spuren hinterlassen darf, wird also nicht in einer Bewertungszentrale getroffen, sondern ergibt sich aus dem Zusammenspiel zahlreicher Bewertungsfunktionen, die sich hinsichtlich ihrer Evaluierungskriterien und ihrer Wirkmechanismen unterscheiden. (Für eine ausführliche Würdigung der inzwischen zahlreichen Arbeiten über diese Lernprozesse sei der Leser auf zwei zusammenfassende Darstellungen verwiesen: Singer 1990a; Singer 1995.)

So scheint es also im Säugergehirn weder für die Interpretation der Sinneswelt noch für die Bewertung von Systemzuständen eine zentrale Instanz zu geben. Dennoch wird ständig bewertet, entschieden und zielgerichtet gehandelt. Entscheidungen entstehen im Gehirn als Resultat von Selbstorganisationsprozessen, wobei Kompetition zwischen unterschiedlich wahrscheinlichen Gruppierungsanordnungen die treibende Kraft und kohärente Systemzustände die Konvergenzpunkte der Entscheidungstrajektorien darstellen. Es kann in Einzelfällen vorkommen, wie bei der Vase und den Gesichtern, daß sich das System mehreren Lösungen mit gleicher Wahrscheinlichkeit nähert. Aber in aller Regel konvergiert das System sehr schnell auf die wahrscheinlichste Lösung und trifft eindeutige Entscheidungen. Ganz anders sind die Entscheidungsstrukturen in unseren sozialen Systemen organisiert. Entscheidungssysteme in Politik und Wirtschaft orientieren sich weitestgehend am Descartesschen Modell, ihre Organisationsform ist eine hierarchische. Auf der untersten Ebene, an der Peripherie, erfolgt die Datenerfassung und auf zunehmend höheren Ebenen die Datenverdichtung und Vorselektion. Auf der höchsten Ebene, an der Spitze der Verarbeitungshierarchie, wird schließlich die Entscheidung gefällt. Solche Entscheidungsstrukturen sind effizient, weil übersichtlich und zu schnellen Reaktionen fähig, solange die zu verwaltenden Systeme einfach sind und keine komplizierte Dynamik aufweisen. Für lineare, nicht rückgekoppelte Systeme trifft dies in der Regel zu, vorausgesetzt, sie bestehen nicht aus zu vielen Komponenten. Probleme gibt es mit solchen hierarchischen Entscheidungsstrukturen, wenn die Systeme ein gewisses Maß an Komplexität übersteigen. Es werden dann entweder die Entscheidungsträger überfordert, weil sie zu viel Information verwerten müssen, oder aber es wird im Vorfeld der Entscheidung zu viel Information unterdrückt und eliminiert, um die Entscheidungsträger zu entlasten. Beide Szenarien sind suboptimal. Hinzu kommt, daß Entscheidungsträger an der Spitze hierarchischer Entscheidungssysteme eigentlich mit Metaintelligenz ausgestattet sein müßten. Systeme, vor allem wenn sie aus interagierenden, selbstaktiven Komponenten bestehen, sind notwendig komplexer als ihre Komponenten. Wenn solche Systeme in Anlehnung an hierarchische Entscheidungs- und Befehlsstrukturen verwaltet werden sollen, dann müssen an der Spitze dieser Systemhierarchien Agenten tätig sein, die wesentlich komplexer bzw. kompetenter als die Komponenten des Systems sind. Für Systeme, deren Komponenten Menschen sind, wie dies für wirtschaftliche und politische zutrifft, gilt dann, daß sie im Grunde von Übermenschen gelenkt werden müßten und nicht von Wesen, die kaum klüger sind als die Systemkomponenten.

Man sollte also prüfen, ob es nicht vorteilhaft wäre, von der Natur zu lernen und die Entscheidungssysteme in Politik und Wirtschaft an neuronalen Entscheidungsarchitekturen zu orientieren. Die Erwartung ist, daß solcherart parallelisierte Entscheidungssysteme wesentlich schneller und effektiver arbeiten können als die hierarchischen und daß sie das in komplexen Systemen immer akuter werdende Problem der relativen Inkompetenz von Entscheidungsträgern mildern helfen.

Im Grunde nichts Neues*

Menschen mit naturwissenschaftlicher Aus- und Vorbildung greifen neuerdings vermehrt zur Feder, um sich mit Fragen zu befassen, die nach herkömmlichen Denktraditionen in die Zuständigkeit von Philosophie und Kulturwissenschaften gehören. Als irritierend empfunden werden dabei von manchen Vertretern dieser Disziplinen zum einen der subversive Akt des Eindringens in fremde Territorien und zum anderen der Vorschlag, zu einen, was als unvereinbar gilt. Es geht um epistemische Probleme, die eng mit wissenschaftssoziologischen Strukturen und Empfindlichkeiten verschränkt zu sein scheinen. Naturwissenschaftler weisen darauf hin, daß die verschiedenen Beschreibungssysteme, mit denen Menschen bislang versucht haben, die Phänomene der ihnen zugänglichen Welt zu ordnen, mehr miteinander zu tun haben könnten, als bislang vermutet. Sollte dies zutreffen, sollte sich tatsächlich erweisen, daß unser Verlangen nach Zusammenschau zur Konstruktion von Weltbildern führt, die weniger segmentiert sind als die heute verbreiteten, dann würden Grenzen zwischen bestimmten Wissensdisziplinen einbrechen. Und dies hätte nicht nur aufregende erkenntnistheoretische Implikationen, sondern auch Auswirkungen auf das Selbstverständnis von Wissensdisziplinen.

Wie uns die Welt erscheint, ist vorgegeben durch die Organisation der kognitiven Werkzeuge, mit denen wir erkennen, ist festgelegt durch unsere Sinne und die Algorithmen, nach denen wir Signale aus der Welt ordnen, interpretieren und verknüpfen. Diesen kognitiven Akten scheint eine gemeinsame Strategie zugrunde zu liegen, eine Strategie, die sich offenbar im Laufe der Evolution als zweckmäßig erwiesen hat, um das Zurechtfinden in der Welt zu erleichtern: Es ist die Neigung zur Klassifizierung, zur Kategorienbildung, der Drang, Phänomene nach Kriterien der Ähnlichkeit zu Klassen zusammenzufassen und diese voneinander zu trennen. Erkennen ist Ergebnis sich wechselseitig bedingender gegenläufiger Prozesse: Suche nach gemeinsamen Merkmalen und Abgrenzung, Analyse und Synthese, Deduktion und Induktion.

Schon die Auslegung unserer Sinnessysteme bewirkt, daß uns die Welt in phänomenale Kategorien zerfällt, in eine sichtbare, hörbare,

---

* Anläßlich von E. O. Wilson 1998, H. R. Maturana 1998, A. Gierer 1998.

ertastbare, daß niederfrequente mechanische Schwingungen als Vibrationen klassifiziert werden und höherfrequente als Töne, daß elektromagnetische Wellen, je nach ihrer Länge als Licht oder als Wärme wahrgenommen werden. Aber auch innerhalb der einzelnen Modalitäten trägt dieses Prinzip des Unterteilens und Gruppierens. Die kontinuierlichen Helligkeitsverteilungen auf der Netzhaut des Auges werden nach bestimmten Merkmalen abgesucht und klassifiziert, diese dann nach Kriterien der Zusammengehörigkeit verbunden und gegebenenfalls als Komponenten von Objekten zusammengefaßt, die dann als solche wahrgenommen werden. Diese Objekte der Wahrnehmung können dann ihrerseits wieder kategorisiert und verbunden werden zu Repräsentationen höherer Ordnung. Die Überprüfung der syntaktischen Verknüpfungsregeln und der zugewiesenen semantischen Bezüge erfolgt dabei über den Vergleich mit dem, was wir durch die anderen Sinne über die Welt in Erfahrung bringen können. Die Interpretationen müssen kompatibel sein. Ein Objekt ist mit großer Wahrscheinlichkeit ein solches, wenn sich seine Konturen durch Ertasten von allen anderen abgrenzen lassen und wenn Verschiebung die gleichsinnige Bewegung all seiner Komponenten bewirkt.

Nicht anders dürfte es sich mit der Algorithmik unserer Denkprozesse verhalten. Ist es doch wahrscheinlich, daß sie der Strategie angepaßt sind, die sensorische Prozesse vorgeben. Ferner beruhen sie just auf dem gleichen neuronalen Substrat wie die kognitiven Prozesse. Wahrnehmen und Denken verdanken sich Funktionen der Großhirnrinde – und diese arbeitet immer nach den gleichen Prinzipien: Regionen der Großhirnrinde, die sich mit der Rekonstruktion visueller Signale befassen, weisen die gleichen Organisationsmerkmale auf wie Regionen, die sich mit der Verarbeitung von Sprache befassen, also mit der Erkennung und Kategorisierung von Objekten, deren Manipulation unser bewußtes Nachdenken ausmacht. Es gibt keinen Grund zur Annahme, daß die Algorithmen, nach denen wir die symbolischen Objekte unserer Sprache in Kategorien einteilen und über syntaktische Regeln zu Sätzen verknüpfen, andere sein sollten als die Algorithmen, die unsere Sinnessysteme anwenden, wenn sie »konkrete« Objekte der Wahrnehmung kategorisieren und zwischen ihnen semantische Bezüge herstellen.

Ähnlich wie der intermodale Vergleich – das Begreifen eines gesehenen Objekts – geeignet ist, Gleiches im Verschiedenen zu erkennen, vermag auch die Sprache im Verschiedenen das Gleiche zu erfassen, und dies auf besonders effiziente Weise, weil sie nicht an modale Grenzen gebunden ist. Unsere Fähigkeit zum Nach-Denken, zur Manipulation, zur Kategorisierung und Verknüpfung der symbolischen Repräsentanten primärer Wahrnehmungsprozesse erlaubt es uns, die von den Sinnessystemen vorgegebenen Kategoriengrenzen zu relativieren und Gemeinsamkeiten zu erkennen, wo die Primärerfahrung Unterschiede suggeriert. So lassen sich durch Nach-Denken Weltmodelle konstruieren, die einfacher und hinsichtlich ihrer praediktiven Potenz mächtiger sind als Modelle, die sich an den durch die Primärwahrnehmung vorgegebenen Kategoriengrenzen orientieren müssen. Und dies gilt selbst dann, wenn die Algorithmen der Denkvorgänge den gleichen Gesetzen folgen wie die unreflektierten Wahrnehmungsprozesse. Vermutlich liegt hier die nachträgliche Begründung dafür, warum sich das Mehr an Großhirnrinde, das uns Menschen gegenüber anderen Lebewesen auszeichnet, in der biologischen Evolution behaupten konnte und warum ein Mehr vom Gleichen die Emergenz neuer kognitiver Fähigkeiten ermöglichte, die zusammen mit einer Reihe anderer evolutionärer Prozesse schließlich zum Beginn der kulturellen Evolution führten.[1]

So sollten wir also nicht erstaunt sein, wenn uns Nach-Denken über unsere Beobachtungen zu dem Schluß kommen läßt, daß verbunden ist, was uns getrennt schien, oder gemeinsame Ursachen hat, was wir zunächst für unabhängig hielten. Vorgänge dieser Art sind uns seit alters geläufig, und sie haben ihr Wesen nicht dadurch geändert, daß wir Werkzeuge einsetzen: Meßinstrumente, um den Beobachtungsraum auszuweiten, und mathematische Formalismen, um Zusammenhänge zu beschreiben, deren Komplexität die Darstellungsmöglichkeiten der Umgangssprache übersteigt. Hierzu drei Beispiele aus der Wissenschaftsgeschichte, die sich ihrem Wesen nach nur wenig unterscheiden. In allen drei Fällen existierten voneinander unabhängige Beschreibungssysteme, die bemüht waren, Ordnung in beobachtbare Phänomene zu bringen, zwischen denen es keine Gemeinsamkeiten zu geben schien, außer, daß sie alle von dieser Welt und mit denselben Verfahren von allen Beobachtern gleichermaßen wahrzunehmen waren.

Die klassische Physik folgte in ihrer Kategorienbildung zunächst weitgehend der Einteilung der beobachtbaren Phänomene, wie sie

---

1 Singer, im Druck.

unsere Primärwahrnehmung nahelegt: Die Mechanik beschrieb das Verhalten tangibler Objekte mit bestimmbarer Masse, denen Orte in kartesianischen Raumkoordinaten zugewiesen werden, die sich bewegen und dann nur mit Kraftaufwendung gebremst werden können, also Energie haben usw. Die Optik befaßte sich mit Licht, das gänzlich andere Eigenschaften aufzuweisen schien. Und als, dank neuer Werkzeuge, die Elektrizität als beobachtbares Phänomen hinzukam, entstand ein drittes, von den anderen unabhängiges Beschreibungssystem. Der Fortgang der Geschichte ist bekannt: Durch die instrumentengestützte Beobachtung immer neuer Phänomene und durch Nach-Denken haben wir uns überzeugt, daß die verschiedenen, uns unabhängig erscheinenden Phänomene aufs engste miteinander verbunden sind, daß das eine auf das andere zurückgeführt werden kann. Wir erkannten, daß die Vielfalt der Erscheinungsformen der »Materie«, die den uns erfahrbaren Kosmos füllt, auf der variablen Rekombination einer Handvoll elementarer Teilchen beruht. Um diese Zusammenschau zu ermöglichen, bedurfte es der Entwicklung einer Metasprache, die, mit neuen Symbolen ausgestattet, geeignet war, die bislang getrennten Beschreibungssysteme miteinander zu verbinden. Notwendig ging dabei »Anschaulichkeit« verloren, weil die neuen Konstrukte unserer Primärwahrnehmung nicht entsprachen – wäre dem nicht so, hätte es der Brückentheorien erst gar nicht bedurft. Und so nimmt es auch nicht wunder, daß die Beobachtungen, die zur Vereinheitlichung von Beschreibungssystemen führten, Eigenschaften aufdeckten, die mit den uns vertrauten Qualitäten der Materie nur wenig gemein haben.

Ähnliches vollzog sich in der Chemie. Wir haben uns durch den gleichen kognitiven Akt, Beobachten und Nach-Denken, davon überzeugt, daß die Vielfalt der Stoffe auf einer überschaubaren Zahl von Elementen und deren Kombinatorik beruht und daß die vormals als bedeutsam angesehene Kategoriengrenze zwischen Organischem und Anorganischem hinfällig ist. Die Auflösung von Fachgrenzen war die unausweichliche Folge. Noch erinnern Doppelnamen wie Quantenoptik oder Physikalische Chemie an diesen Verschmelzungsprozeß ursprünglich getrennter Beschreibungssysteme, aber die Metasprachen für die Überführung der Begriffe sind wohletabliert.

Diese Fusionen beunruhigten nur wenige, handelte es sich bei den einbrechenden Kategoriengrenzen doch lediglich um solche zwischen Erscheinungsformen toter Materie und nicht um Grenzen zwischen Phänomenen, die als ontologisch unterschieden gelten. Allenfalls jene, die zu sehr auf die Objektivität unserer Primärwahrnehmung vertrauten, waren verunsichert. Aber die Ästhetik, Ökonomie und praediktive Potenz der vereinheitlichten Beschreibungen überzeugte.

Größer waren die Bedenken, als Darwin die Vermutung durch Beobachtung und Nach-Denken untermauerte, daß Mensch und Tier sich einem gemeinsamen evolutionären Prozeß verdanken. Und zu heftiger Polarisierung der Meinungen kam es, als hundert Jahre später die Erkenntnisse aus der Geophysik, Molekularbiologie und Thermodynamik nachvollziehbar machten, wie aus der sich selbstorganisierenden Aggregation von Molekülen lebende Organismen entstehen können, Gebilde, die ihre Struktur weitab vom thermodynamischen Gleichgewicht durch Energieaufnahme stabilisieren und reproduzieren können. Hier drohte die Auflösung einer Grenze zwischen Phänomenen, die unserer Primärwahrnehmung definitiv als ontologisch verschieden und somit als nicht aufeinander beziehbar erschienen waren. Wenn die Physik – und sie steht hier lediglich als Namenspatin für die modernen Naturwissenschaften – für die Erklärung dieses Phasenübergangs vom Toten zum Lebenden keines zusätzlichen, beseelenden Agenten bedarf, dann, so die schmerzlich empfundene Konsequenz, müssen die Grenzen zwischen Physik und Metaphysik neu definiert werden. In diesem Fall rückte die Grenze, jenseits derer für die Erklärung von Phänomenen die Metaphysik bemüht werden muß, mit einem Mal an den Anfang der Zeit. Auch erhöhte sich durch die Einsicht in die Kontinuität selbstorganisierender Prozesse die Signifikanz des zweiten, für unseren Planeten so bedeutenden Phasenübergangs: jenes evolutionären Schrittes, mit dem *homo sapiens sapiens* in die Welt trat und mit ihm all die mentalen und sozialen Phänomene, mit denen sich Philosophie und Kulturwissenschaften auseinandersetzen. Wenn es im Laufe der vorangehenden Entwicklungsprozesse schon keinen Hinweis auf ontologische Sprünge gibt und sich Bisheriges in vereinheitlichenden Beschreibungssystemen darstellen läßt, so bleibt nur der Schluß, daß das Neue, das in seinem Wesen von materiellen Vorgängen definitiv Verschiedene, das nicht Zurückführbare, über einen metaphysischen Prozeß in die Welt kam, der mit dem Eintritt des Menschen in die Erdgeschichte verbunden ist.

Solange sich unsere synthetischen Bemühungen lediglich auf Kategoriengrenzen bezogen, die Erscheinungen voneinander trennen, die wir aus der Dritten-Person-Perspektive zu beschreiben in der Lage sind – also Phänomene, die wir als außenstehende Beobachter gemeinsam betrachten und analysieren können –, solange nahm die Philosophie von gelegentlichen Grenzverschiebungen wenig Notiz. Sie betrafen Grenzverläufe zwischen naturwissenschaftlichen Beschreibungssystemen und tangierten noch kaum die Grenzen zwischen Natur- und Kulturwissenschaften. Die Grenze zwischen Erscheinungen der materiellen Welt, das Leben eingeschlossen, die aus der Dritten-Person-Perspektive darstellbar sind, und den mentalen Phänomenen, die nur unserer Selbsterfahrung zugänglich und demnach auch nur aus der Ersten-Person-Perspektive faßbar sind, erschien als sichere. Diese Grenze zwischen Materie und Geist, so die nur selten hinterfragte Überzeugung, trenne Seinsbereiche, die einer voneinander völlig unabhängigen Beschreibung bedürfen, in denen verschiedene Regeln gelten und zwischen denen jedwede Brückentheorien ausgeschlossen sind. Phänomene, die ihre Realität ausschließlich subjektiver Erfahrung verdanken, also Empfindungen, Intentionen, Erinnerungen, aber auch all die sozialen Realitäten, die aus der Interaktion von sich gegenseitig beobachtenden Menschen entstehen, wie Wertesysteme, Kulte, Religionen und Kulturen entzögen sich auf immer dem Zugriff naturwissenschaftlicher Erklärungsversuche. Entsprechend hermetisch waren bis vor kurzem die Grenzen zwischen kultur- und naturwissenschaftlichen Disziplinen. Psychologie, Psychoanalyse, Soziologie sowie Geschichts- und Literaturwissenschaften gehen zwar bei ihren Forschungen nach den gleichen Strategien vor wie die Naturwissenschaften, weil Erkennen immer auf den gleichen Vorgängen im erkennenden Gehirn beruht. Aber die Beschreibungen der jeweiligen Forschungsgegenstände werden sorgfältig getrennt gehalten, weil diese als verschiedenen ontologischen Kategorien zugehörig erfahren werden.

Dem gegenüber stehen nun naturwissenschaftliche Erkenntnisse, die als gleichermaßen überzeugend erfahren werden und nachvollziehbar machen, wie das eine aus dem anderen hervorging. Wir haben uns an die Tatsache gewöhnt, daß es in komplexen Systemen Phasenübergänge geben kann, welche neue Phänomene mit neuen Qualitäten hervorbringen, die beim ersten Hinsehen mit den sie hervorbringenden Prozessen wenig gemein haben.

Die Evolution, über welche der Mensch auf die Erde kam und mit ihm die mentalen Phänomene, begreifen wir als einen kontinuierlichen Prozeß, der sich lückenlos mit naturwissenschaftlichen Beschreibungsverfahren darstellen läßt und somit keine ontologischen Sprünge aufweist. Das gleiche gilt für den Werdensprozeß von der befruchteten Eizelle zum fühlenden, denkenden, sich seiner selbst bewußten Menschen. Und nachvollziehbar ist schließlich auch – diese Auskünfte verdanken wir den Kulturwissenschaften –, wie durch Interaktion zwischen Menschen jene Realitäten entstehen, die wir in der Begriffswelt der Geisteswissenschaften definiert finden.

Gewiß, hier handelt es sich um Phänomene, die grundsätzlich neue Qualitäten aufweisen. Gerade deshalb wurden sie auch von unserer Primärwahrnehmung anderen Kategorien zugewiesen als die Erscheinungen der Restwelt, und gerade deshalb haben wir für sie auch eigene Beschreibungssysteme entwickelt. Aber wie schon mehrmals in der Wissenschaftsgeschichte scheint auch hier die Macht des Faktischen zusammen mit dem Drang nach logisch konsistenten Interpretationen die für unverrückbar gehaltenen Kategoriengrenzen zu erodieren. Als uns molekularbiologische Erkenntnisse immer deutlicher vor Augen führten, wie Leben als Folge eines Selbstorganisationsprozesses aus unbelebten Bausteinen der Materie hervorgehen kann, haben wir begonnen, unsere Sichtweisen zu ändern. Wir haben Brückentheorien entwickelt, um die vormals durch den Phasenübergang vom Toten zum Lebenden getrennten Beschreibungssysteme miteinander zu verbinden. Ähnliches vollzieht sich gegenwärtig für den Phasenübergang vom Lebenden zum Geistigen. Neben der Evidenz evolutionärer und ontogenetischer Kontinuität kommen die stärksten Argumente für die Notwendigkeit eines erneuten Versuchs zur Formulierung von Brückentheorien von der Hirnforschung. Neurologen und Psychiater sind seit langem mit der materiellen Bedingtheit psychischer Prozesse vertraut, so wie wir um die Tatsache wissen, daß strukturelle Unversehrtheit von Organismen Voraussetzung für Leben ist. Zwingend wurde das Nachdenken über neue Brückentheorien schließlich, als die Neurowissenschaften zunehmend differenzierte Einblicke in die Mechanismen gewährten, die mentalen Phänomenen zugrunde liegen, als direkte Entsprechungen zwischen der Aktivität von Nervenzellen und kognitiven Prozessen gefunden wurden und als es möglich wurde, durch gezielte Beeinflussung neuronaler Erregungsmuster Wahrnehmungen, Empfindungen und Gestimmtheiten zu beeinflussen.[2]

Sobald man sich jedoch grundsätzlich zu der Möglichkeit bekennt, mentale Phänomene mit materiellen Vorgängen im Gehirn in Verbindung zu bringen und Theorien zu formulieren, welche die Grenzen zwischen den Beschreibungssystemen für neuronale und psychische Prozesse überbrücken, kommt dies einem Dammbruch gleich. Es wird dann die hermetischste aller bisherigen Grenzen durchlässig, die Grenze, welche die Welt der Erscheinungen entzweit in eine Teilwelt, die zu erklären den Naturwissenschaften überlassen wird, und eine Teilwelt, die zu beschreiben den Kultur- bzw. Geisteswissenschaften anvertraut ist. Die Grenzen zwischen den Subdisziplinen der beiden großen Beschreibungsbastionen sind schon jetzt recht offen, wie der rege Gedankenaustausch innerhalb der Kultur- und Naturwissenschaften belegt. Daraus folgt aber auch, daß schon marginale Erosionen der großen Territorialgrenze sehr schnell zu Wechselwirkungen zwischen den verschiedensten Subdisziplinen der Geistes- und Naturwissenschaften führen können. Daß dieser Syntheseprozeß bereits begonnen hat, belegen wiederum die Doppelnamen neuer Forschungsrichtungen: Neuropsychologie, Neurolinguistik, Cognitive Neuroscience, Biopsychologie, evolutionäre Psychologie, Soziobiologie, Kulturanthropologie und sogar Neuro-Psycho-Analyse zählen zu diesen neuen Disziplinen und werden inzwischen durch Lehrstühle, Fachgesellschaften und Zeitschriften repräsentiert. Naturgemäß läßt die Philosophie als Metawissenschaft diese Bewegungen nicht unkommentiert. Schon bald hat sie sich mit epistemischen Fragen befaßt, die Evolutions- und Neurobiologie aufwerfen, z. B. im Rahmen der evolutionären Erkenntnistheorie und des Konstruktivismus. Auch den durch die Hirnforschung veränderten Sichtweisen auf das Leib-Seele-Problem und den durch die Naturwissenschaften erzwungenen erneuten Deutungsversuchen von Qualia und Bewußtsein schenkt sie vermehrt ihre Aufmerksamkeit. In den USA bezeichnet sich ein Zweig der analytischen Philosophie bereits als Neurophilosophy.

Demnach also scheint es, daß die Bemühungen in vollem Gange sind, eine der letzten Barrieren zwischen unterschiedlichen, nicht-metaphysischen Beschreibungssystemen aufzubrechen. Wir gehen dabei in gewohnter Manier vor und suchen die Prozesse zu verste-

2 Changeux 1983, Damasio 1999.

hen, die dem Phasenübergang vom Materiellen zum Geistigen zugrunde liegen und formulieren dann Metatheorien, um die Phänomene auf beiden Seiten der Phasengrenze miteinander zu verbinden.[3] Daß dies nicht ohne Irrtümer, Fehlinterpretationen und mitunter unstatthaften Verallgemeinerungen abgeht, versteht sich. Daß die Versuchung groß ist, aus der Vereinigungseuphorie heraus das Fremde zu vereinnahmen, läßt sich bereits in vielen Werken nachlesen. Ein viel und zu Recht geschmähtes Beispiel ist der Versuch, die zutreffende Erkenntnis biologischer Bedingtheit von Verhalten flugs in eine naturwissenschaftlich ableitbare Ethik umzumünzen. Solche Unternehmungen verkennen das Wesen von Phasenübergängen in komplexen Systemen. Auch wenn der Übergang nachvollziehbar geworden ist, bedeutet dies noch lange nicht, daß die neuen Phänomene samt und sonders mit den alten Beschreibungssystemen erfaßbar sind und den gleichen Gesetzen folgen wie die Prozesse, die das Neue hervorbringen. Es wäre verfehlt, wollte man versuchen, das System der Beschreibung der emergenten Phänomene durch das System der Beschreibung der hervorbringenden Prozesse zu ersetzen. Was vielmehr not tut, ist die Entwicklung von Metasprachen, in denen Begriffe für die neuen Bezüge zwischen Phänomenen auf beiden Seiten des Phasenübergangs gefunden werden müssen. Dabei wird keine der bisherigen Aussagen, so sie in ihren überkommenen Beschreibungssystemen zutreffend waren, falsch – genausowenig wie die Aussagen der Disziplinen der klassischen Physik nach ihrer Vereinigung in der Quantenphysik falsch wurden. Es entstehen lediglich neue Bezüge zwischen vormals unabhängigen Aussagen, und die umfassenderen Metabeschreibungen, die neuen Modelle gewinnen an Mächtigkeit hinsichtlich ihrer erklärenden Funktion und ihrer praediktiven Potenz.

So betrachtet, widerfährt uns also bei dem gegenwärtigen Fusionsprozeß von Beschreibungssystemen nichts prinzipiell Neues. Natur- und kulturwissenschaftliche Beschreibungssysteme wurden zwar unabhängig voneinander entwickelt, aber ihre Konstruktion folgte den gleichen kognitiven Prozessen. Ihr interner Aufbau hat demnach den gleichen Konsistenzkriterien zu entsprechen, und ihre Aussagen, so sie mit gleicher Sorgfalt erarbeitet wurden, haben die gleiche Validität. Dasselbe gilt für die jeweils beschriebenen Phänomene. Solche, die aus der Ersten-Person-Perspektive wahrgenom-

3 Singer, 2000.

men werden, sind nicht weniger wirklich als jene, die aus der Dritten-Person-Perspektive erfahren werden. Es gibt also keinen Grund zur Befürchtung, die gegenwärtigen Bemühungen zur Erklärung des Phasenübergangs vom Lebendigen zum Geistigen könnten zur feindlichen Übernahme des einen Beschreibungssystems durch das andere führen. Es geht lediglich darum, ein umfassenderes Beschreibungssystem zu entwickeln, in welches die neuen Beobachtungen auf konsistentere Weise eingebettet werden können, als das im Rahmen der bisherigen, voneinander getrennten Systeme möglich ist. Wir sollten diesen Prozeß deshalb fördern und ihm nicht in den Arm fallen. Die Wahrscheinlichkeit, daß er Modelle liefert, die unzutreffender sind als die bisherigen, ist gering, wie die Fruchtbarkeit zurückliegender Verschiebungen von Kategoriengrenzen ausweist. Wir sind es doch, die die Grenzen gezogen haben, die wir jetzt, wie schon so oft, auf Grund eigener Beobachtungen zu revidieren haben. Wie immer, wenn sich neue Verbindungen zwischen vormals getrennten Weltbeschreibungen ergeben, wird es jedoch nicht zu vermeiden sein, die Grenzen zu jenen Erfahrungsbereichen zu verschieben, die nur metaphysischen Deutungen zugänglich sind. Diese werden ihre unendliche Dimension aber auch dann nicht verlieren, wenn es denn tatsächlich zu einer einheitlichen Metabeschreibung der Phänomene kommen sollte, die unseren kognitiven Möglichkeiten zugänglich sind.

Neugier als Verpflichtung

Warum der Mensch unentwegt weiterforschen muß

Neugier, das Verlangen, Verborgenes aufzudecken, ist angeboren. Sie dient dem Weiterleben, weil sie Wissen schafft, mit dem Entwicklungen vorausgesagt und Verhaltensstrategien optimiert werden können. Weil Unentdecktes nicht vorausgewußt werden kann, muß Neugier ungerichtet sein. So kommt es, daß sie nicht nur brauchbare Erklärungen liefert, sondern fortwährend unsere Erfahrungshorizonte weitet, den Schichten vorgefundener Wirklichkeit neue hinzufügt und dadurch die Komplexität der Bedingungen erhöht, die zu klären sie sich anschickt. Die Frage, ob uns diese Differenzierung von Erfahrungs- und Wissensräumen guttut, ist obsolet, seit wir begonnen haben, vorsätzlich in unsere Lebensbedingungen einzugreifen und die evolutionären Mechanismen zu beeinflussen, die uns einst ohne unser bewußtes Zutun hervorgebracht haben. Seit diesem Sündenfall entscheiden wir über unsere Zukunft mit und tragen Verantwortung. Wir sind verpflichtet, uns über die angestrebte Conditio humana zu verständigen und das Wißbare zu wissen zu trachten, also neugierig zu bleiben.

Wissenschaft, die professionalisierte Suche nach unserer Herkunft, nach Ordnungsprinzipien und Weltmodellen, durchläuft charakteristische Phasen. Der spielerische Umgang mit Vorgefundenem, die Suche nach Überraschungen, oft auch die angstdurchsetzte Lust am Fremden, führen zur Entdeckung neuer Phänomene. Ruhe, zumindest vorübergehend, kehrt erst zurück, wenn es gelungen ist, das Neue in das Gefüge von Bekanntem einzuordnen. Dem entspricht die Überzeugung, möglicherweise ein Vor-Urteil, daß die Welt kohärent sei und alle Dinge irgendwie miteinander in sinnvoller Weise zusammenhingen. Es beginnt ein kombinatorisches Spiel, dem Lösen eines Puzzles nicht unähnlich.

Woher aber weiß das forschende Gehirn, welche Lösungen tatsächlich Lösungen sind? Was meinen wir, wenn wir sagen, eine Erklärung treffe zu, eine Gesetzmäßigkeit sei gültig? Am Ende dieses Jahrtausends, etwa 300 Jahre nach Beginn der Aufklärung, haben die Wissenschaften, auch die sogenannten exakten, zu der ihr gebotenen Bescheidenheit zurückgefunden. Theorien und Modelle werden als Konstrukte begriffen, die zwar gewissen Gesetzen logischen Schließens und bestimmten funktionalen Kriterien genügen müssen, jedoch keinen Anspruch auf absolute Wahrheit, auf immerwährende Gültigkeit erheben können.

Entgegen landläufiger Ansicht ist dies in den exakten Wissenschaften nicht anders als in den Geisteswissenschaften. Freilich nimmt die Verläßlichkeit der Beweisführung zu, je mehr unabhängige Beobachtungen herangezogen und je erschöpfender Voraussagen formuliert werden können, und diese Bedingungen sind bei einfachen, reproduzierbaren Phänomenen mehr gegeben als bei historischen. Da die Geisteswissenschaften in aller Regel mit letzteren sich befassen, wiegt hier naturgemäß die argumentative Validierung mehr als die experimentelle. Aber auch Naturwissenschaften wenden sich vermehrt komplexen, nichtreproduzierbaren Prozessen zu. Die Stimmigkeit von Theorien über die Evolution, die Entstehung des Kosmos oder die Individualentwicklung kann nur in begrenztem Umfang durch gezielte Experimente verifiziert werden. Auch hier bleibt oft nur der Rekurs auf die Plausibilität.

Besteht Übereinkunft darüber, wie das Gewinnen von Erkenntnis vor sich geht, sollte es ein leichtes sein, sich über die Erfüllung der Rahmenbedingungen zu verständigen. Zunächst bedarf es einer arbeitsteiligen Gesellschaft, die es sich leisten kann, einen Teil ihrer erwirtschafteten Güter für die Gewinnung von Erkenntnis einzusetzen. Ist diese Voraussetzung erfüllt, was für die wohlhabende Bundesrepublik fraglos zutrifft, stellt sich die bedeutsamere Frage, ob Konsens darüber besteht, daß Erkenntnis erstrebenswert und das Wissenwollen Verpflichtung ist. Diese Übereinkunft fällt unserer Gesellschaft zunehmend schwer.

Obgleich in Deutschland immer noch vergleichsweise hohe Summen für die Grundlagenforschung bereitgestellt werden, setzt sich immer mehr die Überzeugung durch, die »Neugierdisziplinen« seien nur dann sozial tragbar, wenn sie einen deutlichen Anwendungsbezug erkennen lassen, wenn sie Standortvorteile verheißen: Kunstszene als Trumpf im Wettbewerb um Investoren, Wissenschaft als Innovationspotential für Märkte. Dahinter verbergen sich zwei richtige Einsichten und ein fataler Fehlschluß. Um unsere Zukunft vorzubereiten, müssen wir soviel wie möglich über unsere Lebensbedingungen in Erfahrung bringen, und dieses Wissen kann nur durch Forschung erworben werden. Richtig ist auch, daß neue Erkenntnisse zu neuen Technologien und damit zu marktwirtschaftlichen Wettbewerbsvorteilen führen. Unzutreffend ist jedoch die Vermutung, solches Wissen könne am besten durch Konzentration auf zweck- und anwendungsorientierte Forschung in naturwissenschaftlichen Disziplinen erlangt werden. Wer versucht, Kreativität auf diese Weise zu funktionalisieren, verkennt ihr Wesen und richtet sie zugrunde.

Es gab Zeiten, da waren die Wissenschaften eins und empfanden sich mit den Künsten den gleichen Fragen verpflichtet; die unselige Aufspaltung in Geistes- und Naturwissenschaften, an die wir uns gewöhnt haben, als entspräche sie einem Naturgesetz, wäre noch für Leibniz oder Kant unvorstellbar gewesen. Wenn wir die Verpflichtung ernst nehmen, Entscheidungen über unsere Zukunft nach bestem Wissen und Gewissen zu fällen, dann dürfen wir uns nicht auf Wissen beschränken, das von den Naturwissenschaften erschlossen wird. Wir müssen in gleichem Maße auf jenes Wissen zurückgreifen, das sich im Laufe der kulturhistorischen Entwicklung angesammelt hat. Dieses Wissen wird, seit sich die Disziplinen getrennt haben, vornehmlich von den Geisteswissenschaften erschlossen und aktualisiert. Hinzu kommt, daß es den Geisteswissenschaften mehr als den Naturwissenschaften eignet, Grundlagen für das zweite Kriterium verantwortlicher Entscheidungen zu schaffen – für das Gewissen.

Ein weiterer Grund für die Gleichbewertung der »Neugierdisziplinen« ist, daß Paradigmenwechsel – nur diese sind wirklich erkenntnisträchtig, weil sie Sichtweisen zu ändern vermögen – selten von einer wissenschaftlichen Disziplin allein vorbereitet werden. Die Wissenschaftsgeschichte zeigt, daß große Entwicklungsschübe sich immer in allen kulturellen Bereichen nahezu synchron ereignet haben. Damit Unvorstellbares gedacht oder Beobachtbares in neuen Bezügen gesehen werden kann, bedarf es der geistesgeschichtlichen Vorbereitung. Die Formulierung der heliozentrischen Theorie setzte eine tiefgreifende Veränderung im Selbstverständnis der Menschen im ausklingenden Mittelalter voraus. Beobachtungen, die diese neue Sicht der Welt gerechtfertigt hätten, lagen schon in der Antike vor.

Die Umsetzung von Wissen in brauchbare Erzeugnisse wird oft mehr von wissenschaftsfernen Randbedingungen als von der Verfügbarkeit des Gewußten bestimmt. Nicht Erkenntnisse suchen nach Anwendung, sondern die sich wandelnden Bedürfnisse der Menschen und die Märkte. Die für heutige Entwicklungen maßgeblichen Entdeckungen liegen meist einige Dekaden zurück und sind weltweit zugänglich. Folglich trifft die Annahme nur begrenzt zu, das Innovationspotential der deutschen Industrie würde direkt von der Leistungsfähigkeit unserer nationalen wissenschaftlichen Institutionen bestimmt und von deren Bereitschaft, anwendungs-orientiert zu forschen. Wie wäre es, wenn die Industrie »knowledge-hunters« beschäftigte, die das Wißbare zu erfassen trachten, anstatt selber kostspielige Forschungsabteilungen zu unterhalten?

Eine klare Trennung zwischen Forschung und Entwicklung wür-de nicht nur die Motivation erhöhen, bereits verfügbares Wissen zu erschließen, sie würde auch zur Optimierung der Ressourcenver-teilung beitragen, da den sehr unterschiedlichen Bedürfnissen von Forschungs- und Entwicklungseinrichtungen besser entsprochen werden könnte. Die Unbestimmbarkeit des Erkenntnisprozesses und das damit verbundene Unvermögen, den Bedarf an Infrastruk-tur langfristig zu prognostizieren, bedingen, daß Forschungsinstitu-tionen ein erhebliches Maß an Autonomie eingeräumt werden muß, damit sie sich effizient strukturieren können. Das verbietet die Übernahme von Haushaltsregeln und Organisationsstrukturen, wie sie in forschungsfernen Institutionen üblich sind. Dieses von Wissenschaftlern immer wieder verteidigte Postulat der Autonomie erzeugt Argwohn und trägt zur Polarisierung zwischen Gesellschaft und Wissenschaft bei. Das Mißtrauen ließe sich erheblich mindern, wenn es der Wissenschaft gelänge, glaubhaft darzustellen, daß Au-tonomie durchaus mit Effizienzkontrolle zu vereinbaren ist. Für Fachkollegen, aber nur für sie, ist es ein leichtes, die Qualität wissen-schaftlicher Arbeit zu beurteilen. Würde das, zugegeben sehr aufwen-dige, Evaluierungsverfahren der Deutschen Forschungsgemeinschaft in allen Bereichen der Forschungsförderung angewandt, könnten viele durch Mißtrauen motivierte Regularien schlicht entfallen.

Wissenschaft wird zuallererst von Individuen und nicht von In-stitutionen getragen. Damit rückt die Frage ins Zentrum, ob die Eltern, die Schulen und Universitäten in der Bundesrepublik darauf eingestellt sind, junge Menschen zu wissenschaftlicher Arbeit zu motivieren und sie so auszubilden, daß sie zum Erkenntnisgewinn beitragen können. Neugierde muß ins Erwachsenenalter hinüberge-rettet werden, der Mut muß gefördert werden, Vertrautes zu be-zweifeln, die Verpflichtung muß wachsen, Entscheidungen durch Wissen abzusichern, unkonventionelle Begabungen müssen sich entfalten können.

Die Universitäten sollten junge Menschen weiterbilden, bis diese zu selbständiger wissenschaftlicher Arbeit fähig sind. So jedenfalls sieht es die Promotionsordnung vor. Daß die Hochschulen unseres Landes diesen Auftrag in den meisten Bereichen schon seit vielen Jahren nicht mehr erfüllen können, ist offenkundig. Seit 1977 hat die Zahl der Erstsemester um 77 Prozent zugenommen, die Zahl der Abschlüsse um 20 Prozent, die Zahl der Studienplätze, berechnet über die Fläche von Hörsälen und Labors, um 11 Prozent und die Zahl der Dozentenstellen um ganze 7 Prozent. Die Gründe für diese Katastrophe sind bis zum Überdruß analysiert und dargelegt worden. Allein, es fehlen Mut und Wille zur Therapie. Hier haben wir ein weiteres Symptom des schleichenden Wertewandels in unserem Gemeinwesen, der zunehmenden Funktionalisierung kultureller Institutionen.

Viel wäre gewonnen, erlaubte man den Universitäten, den unterschiedlichen Begabungen und Neigungen der Studierwilligen mit differenzierten Curricula gerecht zu werden. Es widerspricht jeder Vernunft, das Abitur als Eingangsprüfung für die Hochschulen auszugeben, die Kriterien dafür aber ohne Beteiligung der Universitäten festzulegen und dann kaum Möglichkeiten einzuräumen, den sehr unterschiedlichen Qualifikationen der Studienanfänger Rechnung zu tragen.

Eine weitere Schwachstelle der Nachwuchsförderung, die jedoch nicht allein den Universitäten zugeschrieben werden kann, sondern unsere gesamte Gesellschaft angeht, ist die unfaßlich geringe Zahl lehrender und forschender Frauen. Sind unter den Hochschulabsolventen Frauen und Männer noch etwa gleich verteilt, verzerrt sich im weiteren Verlauf der akademischen Laufbahn die Verteilung zuungunsten der Frauen in krasser Weise. In den Rängen der Professoren finden sich kaum mehr als 5 Prozent Frauen. Deutschland liegt hinsichtlich der Repräsentanz von Frauen in wissenschaftlichen Laufbahnen an vorletzter Stelle. Nur Japan macht uns den letzten Platz streitig.

Die moralischen Implikationen dieses Mißstandes wiegen schwer genug. Ihre politische Reklamation vermochte jedoch wenig zu bewegen. Vielleicht erweist sich ein profitorientiertes Argument als das wirksamere. Eine Gesellschaft, die auf Grund von Vorurteilen und sozialen Bedingungen die Hälfte ihres akademischen Nachwuchses wenige Jahre nach Beendigung des Studiums aus Forschung und Lehre nahezu gänzlich eliminiert, also ihre Auswahl auf 50 Prozent der Population beschränkt, betreibt eine gewaltige

Verschwendung von Begabung und Kreativität. Oft wird entgegnet, Frauen seien für diese Laufbahn weniger geeignet und hätten außerdem andere Prioritäten. Ersteres ist schlichtweg falsch, der Hinweis auf andere Prioritäten aber ist ernst zu nehmen. Man muß sich fragen, was es ist, das 95 Prozent der Frauen zur Aufgabe und Resignation zwingt.

Anlaß zur Sorge ist schließlich die Befindlichkeit unserer kollektiven Neugier selbst. Wir erfahren in unserem dichtbesiedelten, hochindustrialisierten Land die Veränderungen der Lebensbedingungen durch menschliche Eingriffe besonders stark. Weil Angenehmes schnell zur Gewohnheit und selbstverständlich wird – gute Nachrichten sind keine Nachrichten –, überwiegen in unserer Wahrnehmung die bedrohlichen Aspekte der Zivilisation. Als Hauptverursacher der Veränderungen unserer Lebenswelt gelten, zu Recht, die Naturwissenschaften, und so erhält Erkenntnis einen schlechten Beigeschmack, wir reden von Wissenschaftsfeindlichkeit. Besonders nachdenklich stimmt dabei, daß die Neugierdisziplinen selbst an dieser Polarisierung mitwirken. Despektierliche Auslassungen von Kollegen aus geisteswissenschaftlichen Disziplinen über die lebensferne Kälte naturwissenschaftlicher Erkenntnis sind keineswegs seltener als die arrogante Geringschätzung geisteswissenschaftlicher Diskurse durch die Naturwissenschaften.

Noch tiefer und folgenreicher wird die Akzeptanz des Forschens durch eine schleichende Veränderung unseres Naturbegriffs beeinträchtigt. Wir setzen immer häufiger voraus, daß natürlich sei, was vom Menschen unberührt ist. Doch Kultur, Zivilisation, Wissenschaft und auch Werkzeuge sind die Folge eines evolutiven Prozesses, der genauso natürlich ist wie die Evolution selbst. Eine Schimpansin, die eine Stange als Werkzeug benutzt, um sich eine Banane zu angeln, verwendet kein unnatürliches Hilfsmittel, entfernt sich damit nicht von der sogenannten Natur. Sie nutzt lediglich Fähigkeiten ihres Gehirns, das seinerseits Ergebnis eines natürlichen evolutiven Prozesses ist. Die faktisch unhaltbare Trennung in natürliche Phänomene und unnatürliche, vom Menschen erzeugte Artefakte wird dadurch besonders unselig, daß das angeblich Natürliche als gut und Menschenwerk als schlecht erfahren wird. Diese verführerische Losung macht es sich zu leicht, halten wir es doch für eine kulturelle Errungenschaft des Menschen, dem Faustrecht des Stärkeren, das im Tierreich ungebrochen gilt, Altruismus und Fürsorge entgegengesetzt zu haben.

Besonders bedenklich erscheint diese Verklärung des »Natürlichen« und die daraus erwachsene Skepsis gegenüber menschlicher Neugier vor dem Hintergrund, daß Wissenschaft ein Unterfangen der gesamten Menschheit ist. Folge unserer Empfindlichkeit ist eine mitunter groteske Überregulierung der Forschung. Vor allem im biomedizinischen Bereich haben restriktive Gesetze bewirkt, daß wissenschaftliche Arbeit in erheblichem Umfang eingeschränkt oder ins Ausland verlegt wurde. Das ist nicht nur für unseren wissenschaftlichen Nachwuchs, sondern auch für unsere Volkswirtschaft verhängnisvoll. Moralisch wäre dies vertretbar, wenn wir uns wirklich konsequent verhielten und auch die Früchte dieser von uns nicht gewünschten Forschung zurückwiesen. Dies aber ist nicht der Fall. Obgleich wir in unserem Land die Gentechnologie jahrelang verteufelt haben, versorgen wir unsere Zuckerkranken ohne Bedenken mit gentechnisch erzeugtem Insulin. Und obgleich unsere Gesetze zum Tierschutz dazu geführt haben, daß die pharmazeutische Industrie ihre tierexperimentelle Forschung fast vollständig ins Ausland verlagert hat, behandeln wir unsere Patienten nach wie vor mit Methoden, die auf der Grundlage von Tierversuchen entwickelt wurden. Hier verhalten wir uns unlauter, müssen uns des moralischen »Doublebinding« bezichtigen.

Um Mißverständnissen vorzubeugen – es soll hier nicht einem ungebremsten Fortschrittspositivismus das Wort geredet werden. Natürlich ist es unsere moralische Pflicht, der Janusköpfigkeit von Erkenntnis kritisch zu begegnen und unsere Taten ethischen Setzungen unterzuordnen. Wissen erzeugt Macht, und Macht muß der Kontrolle durch die Gesellschaft unterworfen werden. Aber auch hier ist scharf zwischen dem Gewinnen von Erkenntnis und ihrer Anwendung zu unterscheiden. Das Gewinnen von Erkenntnis läßt sich nur schwer reglementieren, um so kritischer aber muß die Anwendung von Erkenntnis evaluiert werden, und das ist nur am konkreten Fall möglich. Risikoabschätzung kann immer nur eine bestimmte Anwendung meinen, nicht die Erkenntnis selbst. Vielleicht ist dies der gewichtigste Grund, Forschung und Anwendung nicht nur begrifflich, sondern auch inhaltlich getrennt zu halten.

Wissenschaft muß wieder verstanden werden als das, was sie ursprünglich war – Ausdruck kollektiver Neugier und integraler Bestandteil unserer kulturellen Aktivitäten. Die unselige Funktionalisierung von Forschung und die daraus entstehende Vermengung von Erkenntnis und Anwendung müssen rückgängig gemacht werden. Dies würde helfen, die natur- und geisteswissenschaftlichen Disziplinen wieder als gleichwertige, in idealer Weise komplementäre Partner zu sehen und die Polarisierung zwischen Wissenschaft und Gesellschaft zu überwinden. Aufklärung tut not, gerade in postmodernen Zeiten, und hier sind nicht nur die Wissenschaftler, sondern auch andere Mitglieder unseres Gemeinwesens in die Pflicht genommen: Eltern, Lehrer, Journalisten, Volksvertreter, kurzum, wir alle.

Für und wider die Natur

Was weiß die Wissenschaft, und was darf sie wissen?

Keine Phase der biologischen und der auf ihr aufbauenden kulturellen Evolution hat in so kurzer Zeit so viele tiefgreifende Veränderungen unserer Lebensbedingungen und unseres Selbstverständnisses hervorgebracht wie dieses Jahrhundert. Verantwortlich für den Prozeß, der schließlich revolutionäre Qualität erlangte, ist die Neugier, der Drang, uns und die Welt, in die wir eingebettet sind, zu verstehen. Es ist dies eine Verhaltensdisposition, die sich im Laufe der biologischen Evolution herausgebildet hat, weil sie dem Überleben dient. Neugier ist die Triebkraft für das Gewinnen von Erkenntnis, und Erkenntnis hilft im Kampf ums Überleben. Wer die Regeln zu erfassen vermag, die den Abläufen in der Welt zugrunde liegen, kann Voraussagen treffen, erwarteten Unbilden aus dem Wege gehen und sich auf Zukünftiges vorbereiten. Die Motivation und Fähigkeit, Wissen über die Gesetzmäßigkeiten unserer Lebenswelt zu erwerben, wurden uns von der biologischen Evolution mitgegeben und sind somit natürlich. Auch höherentwickelte Tiere sind neugierig, sind in der Lage, Wissen über die Gegebenheiten ihrer Umwelt zu erwerben und dieses Wissen zur Optimierung ihrer Lebensführung einzusetzen. In Grenzen sind sie sogar fähig, dieses Wissen zu nutzen, um manipulierend in den Ablauf lebensweltlicher Prozesse einzugreifen und diese zu ihren Gunsten zu verändern. Somit entfernen wir uns nicht von der Natur, wenn wir fragen, erkennen und manipulieren, sondern nutzen lediglich kognitive Fähigkeiten, die sich im Laufe der biologischen Evolution unserer Gehirne, natürlichen Prozessen folgend, herausgebildet haben.

Auch Aggressivität und Streben nach Besitz und Macht sind Verhaltensdispositionen, die – den Gesetzen der Evolution unterworfen – sich auf natürliche Weise herausgebildet haben. Doch wer wollte diese Verhaltensdispositionen schon als gut bewerten, nur weil sie natürlich sind? Das Argument, gut sei, was natürlich ist, greift folglich zu kurz. Biber bauen Dämme, um Lebensbedingungen zu ihren Gunsten zu manipulieren, und verändern damit Biotope oftmals tiefgreifend und auf Kosten anderer Lebewesen. Doch wer wollte das Tun der Biber alleine deshalb als böse bewerten, weil sie ihre Intelligenz und ihre technischen Fertigkeiten einsetzen, um Vorgefundenes zu ihrem Vorteil zu verändern, oder gar den Bibern vorhalten, sie verhielten sich durch diese Eingriffe in die Natur wider die Natur. Wir werden demnach bei der Zuschreibung von Gut und Böse das Vorgefundene, das sogenannte Natürliche, nicht ausnehmen dürfen. Andernfalls müßten wir alles, was die Natur ohne unser rezentes Zutun hervorgebracht hat, als gut bewerten, wir müßten es fördern und bewahren. Dies schließt dann aber alle Mitspieler ein, Krankheitserreger ebenso wie Naturkatastrophen, und auch auf unsere, dem eigenen Überleben dienliche Rücksichtslosigkeit müßten wir dann stolz sein dürfen.

Die ohnehin fragwürdige Unterteilung der Phänomene in natürliche und unnatürliche taugt somit kaum als Grundlage für wertende Setzungen. Sie taugt folglich auch nicht für die Definition von Handlungsgrenzen, etwa in dem Sinne, daß alle Eingriffe in unsere Lebenswelt verboten sein sollten, die auf die Veränderung von Bedingungen abzielen, die ohne unsere Beteiligung und somit auf »natürliche« Weise zustande gekommen sind. Nicht nur, daß es uns unüberwindliche Schwierigkeiten bereiten würde herauszufinden, was von dem heute Vorgefundenen auch ohne unser bisheriges Zutun wäre, es würde uns auch als befremdlich anmuten, dem sogenannten Natürlichen seinen Lauf zu lassen, dem kinderreißenden Löwen und dem Poliovirus genauso wie der Gewalt und dem Eigennutz. Woher also, wenn schon nicht von der Unterscheidung der Welt in Natürliches, Vorgefundenes einerseits und Unnatürliches, Menschengemachtes andererseits, sollen wir die Kriterien beziehen, nach denen wir Eingriffe in unsere Lebensbedingungen werten und begrenzen? Dies ist eine der vielen Fragen, auf die ich keine befriedigende Antwort weiß.

Der Prozeß der Wissensmehrung und manipulativen Veränderung unserer Lebensbedingungen wurde wegen seiner exponentiellen Beschleunigung erst in jüngster Zeit besonders augenfällig, seinen Anfang aber nahm er schon in den frühen Phasen unserer kulturhistorischen Entwicklung. Dank der kognitiven Fähigkeiten unserer Gehirne gelang es uns, arbeitsteilige Gesellschaftssysteme aufzubauen und dadurch Zeit zu gewinnen, Zeit zum Entwickeln von Werkzeugen, Zeit zum Experimentieren, Zeit, um nach Gesetzmäßigkeiten zu suchen und Modelle zu entwerfen. Erste Anfänge zu dieser Befreiung vom unmittelbaren Zwang zum Überleben lassen sich schon bei hochentwickelten Primatengruppen finden.

Von den kognitiven Leistungen, die nur dem Menschen eignen und ihn als einzigen zum Träger einer kulturellen Evolution werden ließen, seien nur die drei wichtigsten angeführt: Es sind dies erstens, das Vermögen, uns unserer kognitiven Prozesse und mentalen Operationen gewahr zu werden, die so erfahrenen Inhalte symbolisch zu repräsentieren und in rationalen Sprachen anderen Menschen mitzuteilen, zweitens, die Fähigkeit, uns von den mentalen Prozessen des je anderen ein Bild zu machen und daraus eine »Theorie des Geistes« zu entwickeln, uns vorstellen zu können, was im je anderen vorgeht, wenn wir ihn in einer bestimmten Situation wissen, und drittens, unsere Gabe, zu Lebzeiten erworbenes Wissen über die Welt so zu speichern und zu kodieren, daß es durch Belehrung und Erziehung auf die je nächste Generation tradierbar wird. Diese Fähigkeiten, und insbesondere die Tradierbarkeit erworbenen Wissens, haben es den Menschen ermöglicht, der biologischen Evolution die kulturelle hinzuzufügen.

Begünstigt wurde dieser kulturelle Evolutionsprozeß durch die extrem verlangsamte Ausreifung des menschlichen Gehirns während der Individualentwicklung. Zwar sind die Grundstrukturen des menschlichen Gehirns zum Zeitpunkt der Geburt vorhanden, ein Großteil der Verbindungen zwischen Nervenzellen, insbesondere in der Großhirnrinde, werden jedoch erst nach der Geburt angelegt. Dieser postnatale Entwicklungsprozeß zieht sich bis zur Pubertät, also über mehr als ein Jahrzehnt, hin. Besonders bedeutsam ist dabei, daß dieser Ausreifungsprozeß ganz maßgeblich von Einflüssen aus der Umwelt mitbestimmt wird. Welche von den zunächst im Überschuß gebildeten Verbindungen im erwachsenen Gehirn übrigbleiben, wird nach funktionellen Kriterien bestimmt. Auf diese Weise nehmen frühe Erfahrungen, auch solche, die durch Erziehung vermittelt werden, direkten Einfluß auf die Ausprägung der Verschaltungsarchitektur des Gehirns. Da das Programm für alle Funktionen des Gehirns durch das Verschaltungsmuster der Nervenzellen determiniert wird, hat diese Prägbarkeit der funktionellen Architektur des sich entwickelnden Gehirns zur Folge, daß nicht nur instrumentalisierbares Wissen, sondern auch tiefer wurzelnde Verhaltens- und Sichtweisen durch Erziehung von einer Generation auf die nächste übertragen werden können. Das im menschlichen Gehirn gespeicherte Wissen über die Welt residiert also in der spezifischen Verschaltung von Nervenzellen, und diese Verschaltung wird sowohl durch genetische Instruktionen als auch durch Erfahrung, beziehungsweise Erziehung, determiniert.

Unser Wissen über die Welt wird demnach aus zwei Quellen gespeist: Zum einen ist es das Wissen, das im Laufe der biologischen Evolution durch Versuch und Irrtum erworben und in den Genen gespeichert wurde, Wissen, das sich in den angeborenen Verschaltungsmustern unserer Gehirne manifestiert und unsere grundlegenden Verhaltensweisen vorgibt. Zum anderen ist es das Wissen, das die Generationen vor uns zu Lebzeiten erworben und über frühe Prägung und Erziehung auf uns übertragen haben. Auch dieses Wissen lagert in Verschaltungsmustern unserer Gehirne, nur daß diese nicht genetisch, sondern durch Erfahrung spezifiziert wurden. Es war die Erfindung dieses zweiten Mechanismus für die Übertragung von Wissen, der maßgeblich für die atemberaubende Beschleunigung der kulturellen Evolution verantwortlich ist. Synergistische Effekte durch zunehmende Arbeitsteilung, wachsende Bevölkerungsdichte und technische Erfindungen haben das ihre zu dieser Akzeleration beigetragen. Festzuhalten bleibt aber, daß die genetisch vorgegebenen Grundstrukturen unserer Gehirne sich wohl seit Beginn der kulturellen Evolution wegen der Kürze der Zeit kaum geändert haben können. Dies bedeutet, daß auch die elementaren Verhaltensdispositionen, die uns während der biologischen Evolution zuwuchsen, im wesentlichen erhalten blieben.

Trotz dieser immer noch allgegenwärtigen Begrenzungen läßt die Erfahrung exponentiellen Wissenszuwachses und schier unbegrenzter Machbarkeit in uns den Eindruck entstehen, wir näherten uns in raschen Schritten dem alten Traum des Menschen, er könne sich vom Geschöpf zum Schöpfer wandeln, den Zwängen der Evolution entfliehen, seine so schmerzlich erfahrene Endlichkeit überwinden und sich den Weg zurück ins Paradies durch Wissensmehrung ebnen. Das gleiche Streben nach Erkenntnis, das für die Vertreibung aus dem Paradies verantwortlich gemacht wird, sollte uns diesmal erlösen. Und die Wissenschaftsgeschichte tut das ihre, diese Hoffnung zu nähren, lehrt sie uns doch, daß das, was denkbar geworden ist, in der Regel auch Wirklichkeit wird.

Schon die mittlerweile konventionellen medizinischen und hygienischen Eingriffe in unsere Lebensbedingungen haben zu einer spürbaren Zunahme der Lebenserwartung geführt. Inzwischen ist denkbar geworden, jene Gene zu identifizieren, die für den Alterungsprozeß verantwortlich sind, und durch deren Manipulation Lebensspannen dramatisch zu verlängern. Wir sterben, weil Reparaturprozesse in unserem Organismus nach einer bestimmten, genetisch determinierten Zeit zum Stillstand kommen und die daraus resultierende Häufung von Abnützungsphänomenen und Spontanmutationen schließlich zur Destabilisierung und Desintegration des Organismus führt. Ließen sich die in der Jugend hochaktiven Reparaturprozesse aufrechterhalten, bräuchten wir den natürlichen Tod nicht zu fürchten. So sollten wir beginnen, darüber nachzudenken, welche Konsequenzen eine drastische Verlängerung unserer Lebensspanne nicht nur für die Weltpopulation, sondern auch für das Individuum hätte. Müßten dann nicht auch Manipulationen vorgenommen werden, die die Speicherkapazität des Gehirns nachhaltig erhöhen, damit die Erinnerung an die eigene Individualität erhalten bleibt, oder sollte man vielmehr dafür sorgen, daß Speichervorgänge so umorganisiert werden, daß neue Erfahrungen die Erinnerung an zurückliegende überschreiben? Was aber nützte ein langes Leben, wenn die Erinnerung an frühere Phasen verschüttet würde? Wollen wir überhaupt sehr viel länger leben, oder würde es uns genügen, die Angst vor dem Tod zu besiegen und den Schmerz des Verlustes der Liebgewordenen? Wären wir mit einem Leben ohne Krankheit und Leiden zufrieden, und nähmen wir einen würdevollen Tod in Kauf, um Platz zu machen für unsere Kinder? Was wollen wir eigentlich? Und wie können wir wissen, was wir wollen sollen?

Denkbar geworden ist auch, daß uns das Wissen um die Entstehung von Leben eines Tages in die Lage versetzen wird, Leben nicht mehr nur durch Rekombination von Erbgut aus bereits existierenden Organismen zu erzeugen, sondern die erforderlichen Grundbausteine, deren Zusammenwirken den Entwicklungsprozeß eines neuen Organismus einleitet und trägt, synthetisch herzustellen. Auch schon vor der Entwicklung gentechnischer Verfahren wurden Organismen mit ganz spezifischen Merkmalen nach Plan hergestellt. Seit altersher bedienen sich die Menschen der selektiven Kreuzung, um Tiere und Pflanzen mit ganz bestimmten Merkmalen zu züchten. In gewisser Weise nehmen wir sogar selbst durch die Partnerwahl ständig Einfluß auf die zukünftige Ausprägung des Menschengeschlechts. Weil diese Strategien zur Rekombination von Erbgut nur über viele Generationen hinweg zu erkennbaren Veränderungen führen und auch dann nur innerhalb enger Grenzen, wurde wenig über deren ethische Implikationen nachgedacht. Erst als Rassenideologien diese gewissermaßen natürlichen Verfahren zur Genmanipulation usurpierten, sind wir erschrocken und haben erkannt, daß hier Optionen bestehen, die mit der Würde des Menschen unvereinbar sein können. Inzwischen ist es Routine geworden, das Erbgut von Organismen gezielt zu verändern und synthetisch erzeugtes Genmaterial mit dem natürlich vorkommenden zu verbinden, um Organismen mit neuen Eigenschaften zu erhalten. Durch die Erzeugung transgener Organismen ist die bislang ausschließlich vom Zufall regierte Veränderung von Erbgut planbar geworden. Die Vollsynthese der Bausteine, die sich, wenn richtig kombiniert, zu Organismen entwickeln können, ist denkbar geworden. Die Menschheit muß sich jetzt einig werden darüber, wofür sie diese Optionen nutzen möchte und nach welchen Kriterien sie die Macht, die ihr durch dieses Wissen zugewachsen ist, begrenzen will. Nicht zu beeinflussen sind die nachhaltigen Veränderungen unserer Wahrnehmung des Lebendigen, die aus diesen Erkenntnissen resultieren. Die Entzauberung des Lebendigen wird weitreichende Folgen für unser Selbstverständnis haben, die dringend der Reflexion bedürfen.

Tiefgreifende Veränderungen unseres Selbstverständnisses erzwingen auch die Ergebnisse der modernen Hirnforschung. Sie legen nahe, daß das, was unsere Persönlichkeit und Individualität ausmacht, auf der funktionellen Architektur unserer Gehirne und somit auf einem materiellen Substrat beruht. Obgleich wir keine Probleme damit haben, das Verhalten von Tieren vollständig auf Hirnfunktionen zurückzuführen, fällt uns der logische Schluß schwer, das gleiche für den Menschen zu postulieren. Es gibt jedoch derzeit keinen Grund, daran zu zweifeln, daß auch mentale und psychische Funktionen auf Abläufen in unserem Gehirn beruhen, die sich im Rahmen naturwissenschaftlicher Beschreibungssysteme darstellen und untersuchen lassen. Es ist hier nicht der Platz, auf die Leib-Seele-Problematik einzugehen. Soviel nur sei gesagt, daß es zwar erhebliche Schwierigkeiten gibt, Phänomene wie Bewußtsein und Empfindung mit ihren ausgesprochen subjektiven Konnotationen auf Hirnprozesse zurückzuführen, ohne die Grenzen verschiedener Beschreibungssysteme überschreiten zu müssen. Doch auch hier sind Lösungen zumindest denkbar geworden (siehe hierzu Singer, 1997, 1998). Es steht zu erwarten, daß sich unsere Sichtweisen so verändern werden, daß wir eines Tages keine Schwierigkeiten mehr haben werden, Bewußtsein und Gefühle als emergente Eigenschaften hochkomplexer Gehirne zu verstehen, vor allem dann, wenn wir uns bei diesen Erklärungsversuchen nicht mehr nur auf die Erforschung einzelner Gehirne beschränken, sondern die Mechanismen und Folgen des für die Entstehung von Bewußtsein so eminent wichtigen Dialogs zwischen sich gegenseitig abbildenden und reflektierenden Gehirnen miteinbeziehen. Für reine Intelligenzleistungen, wie sie etwa beim Schachspielen erforderlich sind, ist uns die Sichtweise einer materiellen Gebundenheit mentaler Operationen schon jetzt vertraut. Auch die Tatsache, daß so komplexe kognitive Funktionen wie logisches Folgern, Mustererkennung und die Lösung komplizierter mathematischer Probleme von Maschinen erfüllt werden können, wurde für uns zur Alltagserfahrung. Wir haben uns daran gewöhnt, daß ein Teil der mentalen Leistungen, die wir für spezifisch menschlich hielten, auch von technischen Systemen erbracht werden können. Noch verdanken diese Maschinen ihre Eigenschaften einem vom Menschen erdachten, durchstrukturierten Bauplan. Denkbar ist aber geworden, künstliche Systeme zu konzipieren, die, ähnlich wie unsere Gehirne, einen Entwicklungs- und Lernprozeß durchlaufen, sich vorwiegend selbst organisieren und auf diese Weise einen Komplexitätsgrad erreichen, der weit über das hinausgeht, was wir gegenwärtig planend strukturieren und analytisch durchdringen können. Solche Systeme wären dann in der Lage, ihre eigenen Erfahrungen zu machen und mit Initiativen aufzuwarten, die nicht mehr vom Konstrukteur antizipierbar sind. Schon jetzt sollten wir darüber nachdenken, wie wir mit solchen Systemen umgehen wollen.

Seit der Mensch begonnen hat, seine Geschicke und die des ihn umgebenden Biotops zu manipulieren, hat er auch vor der Manipulation von Hirnfunktionen nicht haltgemacht. Erziehung mit Bestrafung und Belohnung oder Gesinnungsmanipulation durch das Wort alleine sind wohl die subtilsten und ältesten Formen der Beeinflussung mentaler Funktionen. Eine invasivere Strategie ist der Gebrauch von Drogen, und auch dieser läßt sich in die Anfänge der Menschheitsgeschichte zurückverfolgen. Eingriffe mit Psycho- und Neuropharmaka sind lediglich die professionalisierte Fortsetzung dieser Bemühungen, Hirnfunktionen mit chemischen Werkzeugen zu modifizieren. Der Neurochirurg schließlich greift täglich in Hirnstrukturen ein, um Leben zu retten oder Leiden zu mindern. Die Folge sind nicht selten tiefgreifende Veränderungen mentaler Funktionen, die Persönlichkeitsstruktur mit eingeschlossen. Die Optionen zur Beeinflussung von Hirnfunktionen wurden vom Menschen demnach schon seit langer Zeit, zunächst implizit und unreflektiert, später explizit und zielgerichtet genutzt.

Aus dem bisher Gesagten folgt also, daß die Bemühungen, unsere biologischen Grenzen manipulativ zu überwinden, samt und sonders eine lange Geschichte haben. Die Versuche, menschliches Leben zu verlängern, die Zusammensetzung des Erbguts zu manipulieren und Hirnfunktionen zu beeinflussen, sind nicht neu. Was uns heute bewegt, ist die rasche Zunahme der Optionen und die dramatische Ausweitung der Handlungsräume.

Das eigentliche und in gewisser Weise tragische Dilemma ist aber folgendes. Die kulturelle Evolution hat zu einer gewaltigen Expansion des Wißbaren geführt, Wissen angehäuft, das weit über das hinausgeht, was im Laufe der biologischen Evolution erworben und in den Genen gespeichert wurde. Dieses Wissen hat sekundär auf ebenso dramatische Weise die Optionen vermehrt, durch aktive Eingriffe in die Prozesse, die uns hervorgebracht haben, unsere biologische Geworfenheit zu überwinden. Dieses Wissen hat uns ungeahnte Macht über unser Biotop und über uns selbst verliehen. Wir sind in den Zugzwang geraten, über unsere eigene Zukunft entscheiden zu müssen. Und weil wir so viel Macht haben und unsere Eingriffe folgenreicher denn je werden und wir uns dieser Tatsachen bewußt geworden sind, brauchen wir mehr denn je verläßliche Kriterien für die Optimierung unserer Entscheidungen. Die Tragik ist nun, daß just das Wissen, das uns in diese verantwortungsvolle Lage gebracht hat, zugleich die Quellen zum Versiegen brachte, aus denen wir bislang glaubten, verläßliche Handlungsmaximen ableiten zu können. Auch hat dieses Wissen unser Vertrauen in unsere Fähigkeit, Gewißheit zu erlangen, nachhaltig erschüttert, und es hat eben dieses Wissen den Beweis erbracht, daß wir vieles von dem, was wir wissen müßten, um verantwortungsvoll zu entscheiden, im Prinzip nicht wissen können.

Die kognitiven Leistungen unserer hochdifferenzierten Gehirne haben uns Mechanismen erkennen lassen, mit denen sich die Entstehung von Leben, die Evolution der Arten und die Individualentwicklung von Organismen innerhalb naturwissenschaftlicher Beschreibungssysteme befriedigend erklären lassen. Teleonomiefreie, also nicht auf ein Ziel hin orientierte Evolutionstheorien haben Schöpfungsmythen auf die im dunkeln liegenden Anfänge verwiesen. Gerade aus diesen Schöpfungsmythen aber haben wir Legitimationen für unsere Eingriffe in die Natur und Kriterien für unser

Handeln abgeleitet. Solange das Gebot, uns die Erde untertan zu machen, als ein gottgegebenes keine Zweifel ließ, waren unsere Rechte gegenüber der Natur wohldefiniert. Aber damit nicht genug. Just in der Phase, in der wir Vertrauen in unsere Erkenntnis- und Urteilsgabe am dringendsten bedürften, wird auch dieses nachhaltig erschüttert. Die moderne Physik hat uns vorgeführt, daß die Welt ganz anders ist als sie unserer Primärerfahrung erscheint. Sie hat die für unverrückbar gehaltenen Koordinaten von Raum und Zeit relativiert und Zweifel an der allgemeinen Gültigkeit des Kausalgesetzes nahegelegt. Zweifel an der Erkenntnisfähigkeit unseres Gehirns werden von der modernen Hirnforschung weiter verstärkt. Sie begreift Nervensysteme als Produkte eines evolutionären Vorgangs, dessen Auswahlkriterium die erfolgreiche Weitergabe von Genen ist. Die Funktion unserer Gehirne kann also nur daraufhin optimiert worden sein, den sie tragenden Organismus bei dieser Aufgabe zu unterstützen. Unsere Gehirne, und damit auch unsere kognitiven Fähigkeiten sind deshalb so wie sie sind, weil sie sich offensichtlich bei diesem Wettbewerb der Individuen bewährt haben. Da es während der Evolution vermutlich keinen Selektionsdruck dafür gegeben hat, Gehirne herauszubilden, deren kognitive Eigenschaften so beschaffen sind, daß sie eine möglichst objektive Beschreibung von Welt liefern, ist es sehr unwahrscheinlich, daß unsere kognitiven Fähigkeiten für gerade diese Funktion optimiert wurden. Der extreme Eklektizismus unserer Sinnessysteme und die ausgeprägt konstruktivistischen Tendenzen unseres Denkapparates verstärken diesen Verdacht. Da wir aus einem Wettbewerb der Individuen hervorgegangen sind, ist es überdies wenig wahrscheinlich, daß wir Eigenschaften erworben haben, die Organismen haben sollten, wenn sie sich vom Geschöpf zum Schöpfer wandeln und Zukunft nach finalen Kriterien gestalten wollen. Das in den Genen gespeicherte, in Hirnstrukturen sich manifestierende, während der Evolution erworbene Wissen über den Umgang mit der Welt wird hierzu nicht taugen. Was diesen Teil des Wissens anlangt, ist der Mensch nach wie vor des Menschen Wolf.

So stellt sich die Frage, ob es uns im Laufe unserer kulturhistorischen Evolution gelungen ist, das erforderliche zusätzliche Wissen aus kollektiver Erfahrung zu schöpfen. Dieses, in Mythen und Glaubenssystemen, und neuerdings in Verfassungen und Gesetzbüchern sich verdichtende Wissen ist das einzige, auf das wir auf unserer Suche nach Gewißheit zurückgreifen können. Und hier ist das tragische, nachgerade ironische Dilemma: Eben jenes Wissen, dessen Bändigung jetzt der Gewißheit und verläßlicher Entscheidungskriterien bedürfte, hat wesentlich dazu beigetragen, jene Mythen und Glaubenssysteme zu erodieren, aus denen wir einst Gewißheit schöpften. Wir haben gelernt, diese Gewißheiten zu relativieren und die sie verkündenden Götter durch Besserwissen zu ersetzen. Doch die Hoffnung, daß es uns dieses Besserwissen erlauben wird, Entscheidungen, die früher auf Glaubensbasis gefällt wurden, jetzt auf der Basis gewußter Fakten nach rationalen Gesichtspunkten zu optimieren, trägt nicht. Die Analyse komplexer nichtlinearer Systeme hat uns gelehrt, daß deren Entwicklung prinzipiell nie mit Sicherheit, sondern bestenfalls mit begrenzter Wahrscheinlichkeit, und nur über kurze Zeiträume hinweg prognostizierbar ist. Lebewesen und die von ihnen gebildeten Gemeinschaften sind Systeme dieser Art. Es ist also prinzipiell unmöglich, selbst wenn die Ausgangsbedingungen und die Entwicklungsgesetze vollständig bekannt sind, die zukünftigen Trajektorien solcher Systeme vorauszuberechnen. Damit wird es auch unmöglich, die Konsequenzen von Eingriffen in solche Systeme mit Sicherheit vorauszusagen. Wenigstens also ist jetzt beweisbar, daß wir, was wir immer schon ahnten, nicht in die fernere Zukunft würden sehen können.

Selbst wenn es uns also gelänge, unter Ausnutzung aller, während unserer kulturhistorischen Entwicklung gemachten Erfahrungen einen Konsens darüber zu finden, wohin wir wollen und was aus uns werden soll, bliebe da die prinzipielle Unmöglichkeit, die gewünschte Entwicklung durch gezielte Eingriffe festzulegen. Noch nie zuvor hat die Menschheit so viel gewußt und so viel gekonnt wie jetzt, und nie zuvor war sie so ratlos oder, versöhnlicher formuliert, sich ihrer Ratlosigkeit und Geworfenheit so bewußt. Vermutlich werden wir uns also daran gewöhnen müssen, daß wir immer noch Komponenten eines Systems sind, das sich in einer für uns nicht erfaßbaren Evolution befindet, dessen Dynamik wir durch unser Tun zwar aufrechterhalten und modifizieren, dessen Zukunft aber, wie damals, während der Zeiten der blind würfelnden biologischen Evolution, undurchschaubar, unprognostizierbar und damit auch unplanbar ist. Zunächst hat sich die Menschheit, als sie sich ihrer Geworfenheit gewahr wurde, den Göttern anvertraut, dann hat sie versucht, ihr durch Erkenntnis zu entfliehen, und jetzt, wo sie das Ziel zum Greifen nahe wähnt, selbst die Schöpferrolle zu übernehmen, muß sie erkennen, daß ihr hierzu die Weisheit fehlt.

So werden wir fortfahren müssen, wie damals, kleine Veränderungen zu induzieren und durch Versuch und Irrtum je gangbare Wege zu finden, und wir werden die Kriterien zur Legitimation unseres Handelns pragmatisch aus der individuellen Erfahrung dessen ableiten müssen, was guttut und Leid mildert. Ob diese Erfahrungen noch einmal in verbindlichen Mythen und Religionen transzendiert oder nur noch in tradierbaren Verhaltensregeln weitergegeben, oder gar nur noch in Gesetzesbüchern kodifiziert werden – auch das gehört zu dem für uns Verborgenen. Gewiß ist, daß wir nicht innehalten können. Wir müssen fortfahren zu suchen und nach bestem Wissen und Gewissen entscheiden und handeln. Dabei sollte uns unser Wissen um die Begrenztheit des Wißbaren davor bewahren, jenen zu folgen, die einfache Losungen ausgeben und vorgeben, sie wüßten.

Die Architektur des Gehirns als Modell für komplexe Stadtstrukturen?

Es lohnt sich aus verschiedenen Gründen, die Struktur von Städten mit der Organisation des Gehirns in Verbindung zu bringen. Beide Systeme bestehen aus einer Vielzahl eng miteinander verknüpfter Komponenten, die in hochdynamischer Weise miteinander interagieren, und beide Systeme sind das Ergebnis eines Entwicklungsprozesses, der im wesentlichen auf Prinzipien der Selbstorganisation beruht. Weder Städte noch Gehirne entstehen nach einem bis in alle Einzelheiten ausgearbeiteten Plan. Beide Systeme wachsen, und ihr Wachstum wird im wesentlichen von lokalen Interaktionen zwischen den konstituierenden Elementen koordiniert; die resultierende globale Ordnung ist Folge eines begrenzten Satzes von Regeln, welche die lokalen Interaktionen steuern. Dies sind oberflächliche Analogien, doch die nähere Analyse enthüllt weiterreichende Ähnlichkeiten in der Organisation und Dynamik von Stadt und Gehirn.

Es scheint, als ob sich komplexe Systeme, wenn ihre konstituierenden Elemente eine kritische Zahl überschreiten, nach immer gleichen Prinzipien selbst organisieren, um Stabilität zu erlangen. Im Oktober 1995 erschien in *Nature* ein Artikel mit dem Titel »A new way of looking at cities« (»Städte – neu betrachtet«). Der Kerngedanke der Autoren besagt, daß Städte eine fraktale Struktur aufweisen. Fraktale zeichnen sich dadurch aus, daß ihre internen Strukturen selbstähnlich sind. Wenn wir über das Gehirn sprechen, wird deutlich werden, daß auch seine Organisation Merkmale selbstähnlicher Architekturen aufweist.

Sowohl in der biologischen Evolution als auch in der Entwicklung von Städten gibt es offenbar einen Phasenübergang zwischen verschiedenen Organisationsprinzipien, wenn Systeme eine kritische Schwelle der Komplexität erreichen. Solange Systeme aus nur wenigen Komponenten bestehen, überwiegen hierarchische Organisationsprinzipien. Dies gilt für Dörfer oder Kleinstädte ebenso wie für die kleinen Nervensysteme niedriger Tiere. Die Interaktionen zwischen den Komponenten werden von einem zentralen Koordinationszentrum aus gesteuert; der Informationsfluß ist im wesentlichen bidirektional, er verläuft von der Peripherie zur Zentrale und umgekehrt (top-down). In solchen Strukturen verteilt sich

Information ungleich; sie konzentriert sich im Koordinationszentrum – dort, wo auch Entscheidungen getroffen werden. Systeme mit dieser Organisationsstruktur können nur dann effizient verwaltet werden, wenn die Komponenten des koordinierenden Knotens intelligenter sind als die Komponenten auf niedrigeren Hierarchieebenen.

Solche Architekturen werfen jedoch unüberwindbare Probleme auf, wenn die Zahl der Komponenten eine kritische Schwelle überschreitet; insbesondere dann, wenn die Bestandteile des Systems selbst aktiv und miteinander gekoppelt sind. In diesem Fall entfaltet das System sehr bald eine extrem komplexe Dynamik, so daß eine Vorhersage seiner zukünftigen Entwicklung schwierig wird. Wenn man derartige Systeme durch Top-down-Anweisungen stabilisieren wollte, müßte an der Spitze der Pyramide ein Koordinator agieren, der mit Metaintelligenz ausgestattet ist; die koordinierende Instanz müßte sehr viel intelligenter sein als die jeweiligen Komponenten. Angesichts der Schwierigkeit, die zukünftige Entwicklung komplexer Systeme zutreffend zu prognostizieren, blieben weitreichende Lenkungsversuche selbst dann problematisch.

Der Grund liegt auf der Hand: In Systemen wie Gesellschaften oder Gehirnen, in denen alle Komponenten eine ähnliche Komplexität aufweisen – im ersten Fall sind es Menschen, im zweiten Neuronen –, kann es keine Komponenten mit Metaintelligenz geben. Die naheliegende und vermutlich einzig mögliche Alternative ist die Selbstorganisation autonomer Untereinheiten. Es müssen verteilte Strukturen entwickelt werden, damit die funktionellen Einheiten ausreichend klein bleiben, und es müssen lokale Interaktionsmodi installiert werden, die auch ohne zentrale Koordination zu globaler Ordnung führen.

Entscheidend für den Erfolg dieser Strategie sind die Regeln für die Interaktion zwischen den verteilten Strukturen. Sie müssen garantieren, daß lokale Interaktionen zu globaler Ordnung und Stabilität führen, auch wenn eine zentrale Koordinationsinstanz fehlt. Wenn man also die Architektur von verteilten Systemen optimieren will, die zu komplex und unberechenbar sind, um nach dem Top-down-Prinzip gesteuert zu werden, dann wird es unabdingbar, geeignete Regeln für lokale Interaktionen zu identifizieren. Von ihnen allein hängt die Architektur des Interaktionsskeletts und damit die globale Stabilität des Systems ab.

Da wir offenbar in der Lage sind, die Organisation komplexer

Systeme wie Gesellschaften, Volkswirtschaften oder Städte zumindest in gewissem Maß zu beeinflussen, obgleich wir zugleich ihre Komponenten sind, sollten wir auch in der Lage sein, die dafür geeigneten Interaktionsregeln zu finden. In diesem Zusammenhang könnte es lohnen, von der biologischen Evolution zu lernen. Weil lebende biologische Systeme über einen Selektionsprozeß entwickelt werden, können wir annehmen, daß sie optimiert sind, das heißt, daß die Regeln, nach denen ihre interagierenden Komponenten globale Ordnung erzeugen, gut angepaßt sind. Da, wie oben erwähnt, die Organisation des Zentralnervensystems typische Merkmale komplexer, distributiver Systeme aufweist, könnte es interessant sein zu untersuchen, wie die Natur in diesem Fall das Problem der Koordination von Multikomponentensystemen löst.

Es liegt auf der Hand, daß man nur dann über die Optimierung einer Architektur sprechen kann, wenn über ihren Zweck Einvernehmen herrscht. Die biologische Evolution ist zwar nicht zielgerichtet, doch das Kriterium des Reproduktionserfolgs definiert, zumindest a posteriori, einen Katalog verbindlicher Funktionen. Wissen wir aber, welche Funktionen Städte haben? Sind sie nur ein Zufallsprodukt der historischen Entwicklung von Gesellschaften, Epiphänomene wachsender Populationen, die irgendwann auch wieder verschwinden werden? Die Antwort lautet wahrscheinlich »nein«, weil sie sonst wohl nicht entstanden wären und nicht so viele Jahrhunderte lang Bestand gehabt hätten.

Wenn Städte bestimmte Funktionen haben, sollten sich diese definieren und optimieren lassen. Ein Vorschlag wäre, Städte als Kristallisationspunkte in der fraktalen Struktur von Gesellschaften zu verstehen. Demnach würden Städte entstehen, sobald die Populationsdichte eine kritische Schwelle überschreitet; sobald die Interaktionen zwischen Individuen einen Grad an Komplexität erreichen, der nur durch vorstrukturierte Kommunikationsarchitekturen bewältigt werden kann. Das Netz der Städte, die einzelne Stadt und die Untereinheiten einer Stadt wären somit als Komponenten eines informationsverarbeitenden Systems zu betrachten, das dazu dient, die Interaktionen innerhalb des Superorganismus Gesellschaft zu optimieren. Trifft dies zu, lassen sich auch die Funktionen genau so definieren.

An erster Stelle stünde die Optimierung der Informationsflüsse. Dies impliziert unter anderem eine Minimierung der Kommunikationsdistanzen. Man erreicht dies am besten dadurch, daß man diejenigen Elemente, die am meisten miteinander interagieren müssen, in Gruppen anordnet. Wie die Betrachtung der Gehirnarchitektur zeigen wird, erfordert dies häufig Kompromisse, die zu interessanten Topologien führen. Ein zweites Postulat ist die Minimierung des Energieverbrauchs. Das läßt sich dadurch erreichen, daß man die Einheiten zusammenfaßt, die dieselben Ressourcen benötigen. Auch müssen die Entfernungen minimiert werden, die Produkte, Arbeitskräfte und Verbraucher zurückzulegen haben, um ihre Ziele zu erreichen. Soweit es nur um diese vordergründigen Randbedingungen geht, ist es sicherlich möglich, von der Organisation des Gehirns zu lernen und Regeln für die Selbstorganisation solcher Systeme aufzustellen.

Das Problem ist jedoch, daß Menschen keine Neuronen sind. In der Evolution des Gehirns bestand die einzige Beschränkung bei der Entwicklung einzelner Neuronen darin, daß ihre Umgebung ihre Funktionsfähigkeit und ihr Überleben gewährleisten mußte. Die Lebensqualität der Komponenten des Systems war unerheblich. Hochentwickelte biologische Systeme wie Gehirne oder die Superorganismen von staatenbildenden Insekten gehen mit ihren Komponenten in recht rüder Weise um. So werden während der Gehirnentwicklung – ich komme auf diesen Punkt zurück – zahlreiche Neuronen geopfert, um Architekturen zu optimieren. Neuronen, deren Funktion nicht optimal an die Ansprüche des Systems angepaßt sind, werden vernichtet.

Dasselbe brutale Prinzip der Beseitigung der Fehlangepaßten herrscht auch in Ameisen- und Bienenstaaten. Das Wohlergehen des Individuums hat geringe Priorität. Alles, was vom Individuum verlangt wird, ist zu funktionieren. Wenn also die Organisation unserer Städte tatsächlich der von Gehirnen oder Insektenstaaten ähnelt, folgt dann daraus, daß sich Städte hauptsächlich deshalb entwickelt haben, weil die Optimierung ihrer globalen Funktion wichtiger war als die Optimierung des Wohlergehens der Komponenten, in diesem Fall der Stadtbewohner? Die Kriterien für die Optimierung biologischer Systeme einerseits und menschlicher Sozialsysteme andererseits können somit nicht identisch sein. Die Notwendigkeit, Lebensqualität und Menschenwürde als vorrangiges Ziel zu berücksichtigen, könnte uns schließlich zwingen, den Versuch, von biologischen Systemen zu lernen, aufzugeben.

Trotzdem kann es nützlich sein, einige Aspekte der Gehirnorganisation näher zu betrachten. Mittelalterliche Städte waren um ein Zentrum herum organisiert und wurden zentralistisch regiert. In Analogie dazu gingen mittelalterliche Vorstellungen über das Gehirn ebenfalls von hierarchischen Organisationsstrukturen aus. Das Gehirnkonzept von Descartes (›Cartesisches Theater‹) steht für diese Auffassung. Die Fortschritte der Neurowissenschaften im letzten Jahrzehnt haben jedoch gezeigt, daß diese Vorstellung von Grund auf falsch ist. Ich möchte dies am Beispiel der visuellen Wahrnehmung illustrieren.

Der Sehvorgang beginnt damit, daß die zweidimensionalen Helligkeitsverteilungen des Netzhautbildes über eine Kaskade von Retinazellen in frequenzmodulierte Sequenzen von Aktionspotentialen umgewandelt werden. Diese elektrischen Signale gelangen über den Sehnerv zu Umschaltstationen im Zwischenhirn und schließlich zur primären Sehrinde im Okzipitalhirn. Bis hierher folgt die Informationsweiterleitung einem seriellen Prinzip. Jenseits der primären Sehrinde kommen jedoch gänzlich andere Strategien zum Tragen. Die primäre Sehrinde verteilt ihre Verarbeitungsergebnisse parallel an eine Vielzahl eng miteinander vernetzter Hirnrindenregionen. Jedes dieser Areale ist nur für einen Teilaspekt der in der primären Sehrinde vorverarbeiteten visuellen Signale zuständig. Einige Areale befassen sich vorwiegend mit der Analyse von Bewegungsinformation, andere mit der Farbe oder mit figürlichen Aspekten von Objekten. Und wieder andere berechnen die Entfernung von Objekten zueinander und zum Betrachter usw. Beim Auftauchen eines Gegenstandes im Gesichtsfeld werden alle diese Areale nahezu gleichzeitig aktiviert. Sie treten miteinander in Wechselwirkung, tauschen ihre Verarbeitungsergebnisse aus und senden die Resultate ihrer Ermittlungen an eine Vielzahl weiterer Hirnrindenareale, die sich mit der Analyse von Signalen anderer Sinnesmodalitäten oder mit der Vorbereitung motorischer Aktionen befassen.

Das im Szenario des cartesischen Theaters postulierte Konvergenzzentrum, in dem die Ergebnisse dieser vielfältigen, parallel ablaufenden Analyseprozesse zusammengefaßt und interpretiert werden könnten, existiert nicht. Dies gilt ebenso für die Organisation der anderen sensorischen Systeme, für das auditive, welches akustische Signale analysiert, genauso wie für das somatosensorische, das sich mit der Körperfühlsphäre befaßt. Ein ähnliches Bild ergibt sich, wenn man jene Areale miteinbezieht, denen die Programmierung von Bewegungsabläufen obliegt. Wieder entsteht eine Netzwerkstruktur, in der Parallelität als Organisationsprinzip vorherrscht und Konvergenzzentren fehlen.

Dies wirft die zentralen Fragen auf, wie trotz dieser distributiven Organisation kohärente Repräsentationen aufgebaut und Entscheidungen getroffen werden können und wie eine einheitliche Interpretation der umgebenden Welt und aus ihr abgeleitete, koordinierte Verhaltensstrategien möglich werden. Diese als »Bindungsproblem« bezeichnete Frage nach der Koordination zentralnervöser Prozesse wurde in den letzten Jahren als eine der größten Herausforderungen der Hirnforschung erkannt. Die klassischen Vorschläge zur Lösung dieses Bindungsproblems orientieren sich an hierarchischen Verarbeitungsstrukturen, in denen Bindung durch Konvergenz erfolgt. Danach werden Signale, die gebunden werden sollen, über konvergierende Nervenbahnen in einzelnen, auf die Gruppierung spezifischer Signalkombinationen spezialisierten Bindungsneuronen zusammengeführt. Diese Strategie kann in einfachen neuronalen Architekturen realisiert werden, ist aber nur dann anwendbar, wenn wenige und stereotype Muster analysiert und repräsentiert werden müssen. Sie taugt nicht zur Bewältigung von Bindungsproblemen im allgemeinen. Der Grund ist, daß für jedes erkennbare Objekt und alle seine Erscheinungsformen jeweils mindestens ein Bindungsneuron erforderlich ist.

Offensichtlich erfordert diese Strategie eine riesige Zahl von Bindungsneuronen. Der Aufwand an notwendigem Substrat skaliert auf äußerst ungünstige Weise mit der Zahl repräsentierbarer Objekte. Die intuitiv plausible Lösung des Bindungsproblems erweist sich also bei genauerer Betrachtung als untauglich, und es stellt sich die Frage nach Alternativen. Die Hirnrinde scheint sich zweier komplementärer Strategien zu bedienen, um Bindungsprobleme zu lösen. In dieser Komplementarität liegt vermutlich ihr beispielloser evolutionärer Erfolg. Einerseits werden Beziehungen zwischen Merkmalen tatsächlich durch Konvergenz mit Bindungsneuronen definiert und durch die selektiven Antworten dieser Neuronen repräsentiert. Andererseits gibt es jedoch Hinweise auf die Existenz dynamischer Gruppierungsmechanismen, die eine flexible Rekombination von neuronalen Antworten ermöglichen und die Voraussetzung dafür schaffen, daß ganz unterschiedliche Konstellationen im gleichen Netzwerk fest verdrahteter Neuronen nacheinander analysiert und repräsentiert werden können. Nicht die Antworten einzelner Neuronen, sondern die Gesamtheit der verteilten Antworten spezieller, ad hoc formierter Neuronengruppen signalisieren in diesem Fall das Vorhandensein eines bestimmten Wahrnehmungsobjektes. Weil ein bestimmtes Neuron zu verschiedenen Zeitpunkten unterschiedlichen Gruppierungen zugehören kann, vermag es sich an der Repräsentation vieler verschiedener Merkmalskonstellationen zu beteiligen. Dies wiederum kann ausgenutzt werden, um die Zahl der für die Repräsentation unterschiedlicher Objekte erforderlichen Neuronen drastisch zu reduzieren.

Mit einer überschaubaren Zahl relativ unselektiver Nervenzellen können nun fast beliebig viele Populationen erzeugt werden, die sich voneinander durch die jeweilige Konstellation und den Aktivierungsgrad der beteiligten Neurone unterscheiden, aber immer aus dem gleichen konstanten Reservoir von Nervenzellen rekrutiert werden. Ist jede dieser Populationen für ein ganz bestimmtes Objekt spezifisch, können auf diese Weise mit einer begrenzten Zahl von Nervenzellen nahezu beliebig viele Objekte repräsentiert werden. Auch die Repräsentation von neuen Objekten bereitet keine Schwierigkeiten, da hierfür lediglich die Kombination der jeweils erregten Nervenzellen verändert werden muß. Es ist nicht erforderlich, neue Verbindungen zu knüpfen. Es genügt, eine neue Konstellation bereits vorhandener interagierender Neurone zu aktivieren.

Zur zentralen Frage wird dann, auf welche Weise Nervenzellen flexibel und temporär zu funktionell kohärenten Gruppen gebunden und wie deren Antworten so markiert werden können, daß diese auf nachfolgenden Verarbeitungsebenen als zusammengehörig zu identifizieren und von Antworten anderer, gleichzeitig aktiver Ensembles zu unterscheiden sind. Eine der zur Zeit intensiv beforschten Hypothesen geht davon aus, daß diese dynamischen Bindungen über die zeitliche Synchronisation von Nervenzellentladungen realisiert werden. Zellen, die sich zu einem Ensemble zusammengeschlossen haben, entladen im gleichen Takt. Dieser Takt soll für verschiedene, gleichzeitig aktive Ensembles verschieden sein. Wie für fraktale Strukturen typisch, manifestiert sich dieses Organisationsprinzip in gleicher Weise auf den verschiedenen Organisationsstufen des Nervensystems. Die Anwendung immer gleicher Gruppierungsoperationen erfordert jedoch eine topologische Parzellierung der Verarbeitungsstrukturen, weil gleichzeitig unterschiedliche Inhalte behandelt werden müssen. Entsprechend weist die Großhirnrinde eine hochdifferenzierte topologische Aufteilung auf.

Wie in Städten müssen auch in der Großhirnrinde viele heterogene Funktionen über eine zweidimensionale Fläche verteilt werden. Dies muß so geschehen, daß unterschiedlichste Gruppierungsoperationen mit maximalen Freiheitsgraden realisiert werden können. Eine Vielzahl von unterschiedlichen Merkmalsdimensionen müssen parallel repräsentiert und so angeordnet werden, daß die zur Gruppenbildung erforderlichen Verbindungen möglichst kurz werden.

Städte haben dasselbe Problem. Viele unterschiedliche Funktionen müssen repräsentiert werden und flexibel kombinierbar sein. Auch hier stehen im wesentlichen nur zwei Dimensionen zur Verfügung, weshalb es unmöglich ist, alle Funktionen räumlich kontingent anzuordnen. Ein multidimensionaler Raum muß in einen niedrigdimensionalen, durch cartesische Koordinaten definierten Raum abgebildet werden. In der Hirnrinde wird dieses Kartierungsproblem durch eine hochkomplexe Architektur ineinander verschachtelter Repräsentationen gelöst. Die entsprechenden Topologien sind Ergebnis eines genialen Selbstorganisationsprozesses, dessen Regeln weitestgehend verstanden sind.

Ich möchte mich nun der Frage zuwenden, wie sich komplexe Systeme dieser Art organisieren und welche Faktoren zur Stabilität beitragen. Eines der Grundmerkmale ist der extrem hohe Grad von Wechselwirkungen zwischen Komponenten. In Nervensystemen sorgen Myriaden von wechselseitigen Verbindungen dafür, daß alles, was an irgendeiner Stelle im System geschieht, sofortige Rückwirkungen auf Prozesse an allen anderen Stellen hat. Dies allein erzeugt jedoch noch keine Stabilität. Die Wechselwirkung ist lediglich eine notwendige Voraussetzung. Der wichtigste stabilitätserzeugende Faktor ist die Kooperation zwischen einem weitverteilten und schnell reagierenden Lernmechanismus und einem kontrollierenden Bewertungssystem. Die jeweiligen Systemzustände des Gehirns entsprechen bestimmten Verhaltensweisen und werden durch den Erfolg oder Mißerfolg der Verhaltensaktionen bewertet.

Die Kommunikationspfade, die zu angemessenem Verhalten beitragen, werden durch Lernen verstärkt, während diejenigen, die nicht zu angepaßtem Verhalten beigetragen haben, geschwächt werden. Wichtig ist dabei, daß das Bewertungssystem kein Entscheidungssystem ist. Das Bewertungssystem hat keinen Zugang zu der semantischen Information, die von den vielen Untereinheiten verteilt bearbeitet wird. Es streut in globaler Weise Signale auf das

Netzwerk und vermittelt den lokalen Verarbeitungseinheiten, ob ihr Beitrag zum Gesamtverhalten angemessen war oder nicht. Es bedarf daher auch keiner besonderen Intelligenz, was Planen, Entscheiden und Strukturieren betrifft. Es muß lediglich die globale Entwicklung des Systems mit einem vorgegebenen Ziel vergleichen. Im Falle von Organismen ist dieses Ziel Überleben und Fortpflanzung. Die Bewertungssysteme weisen dementsprechend eine geringe strukturelle Spezifizität auf und sind global organisiert. Einige von ihnen zeigen sogar Merkmale von hormonellen Signalsystemen auf, die Gehirnschaltkreise unterschiedslos belohnen. Entsprechend sind die Bewertungszentren nicht an der Spitze einer Verarbeitungshierarchie angeordnet, sondern finden sich im Zentrum einer verteilten, hochparallelen Struktur interagierender Untereinheiten.

Für Leser, die sich beruflich mit Stadtentwicklung und -planung befassen, ist es vielleicht von Interesse, kurz einige Prinzipien der Gehirnentwicklung zu betrachten. Wiederum finden sich zahlreiche Parallelen, die ich hier nicht im einzelnen ausführen kann. Einen zentralen Aspekt jedoch möchte ich herausstellen. Er hat mit der einzigartigen Fähigkeit von Nervenzellen zu tun, Information über weite Strecken mit großer topologischer Spezifizität zu übermitteln. Es gibt andere hochkomplexe Systeme wie das Immunsystem, die sich als informationsverarbeitend betrachten lassen. Ihnen fehlt jedoch die Erregbarkeit durch Elektrizität. Sie können daher Information nur durch den physikalischen Transport von Molekülen übermitteln. Um Information von A nach B zu übertragen, müssen entweder einzelne Zellen wandern oder Substanzen ausgeschüttet werden, die sich verteilen können. In diesem Fall läßt sich die Information nicht zu einem bestimmten Ziel leiten. Folge ist, daß solche Systeme keine Verarbeitungsarchitektur haben. Sie verhalten sich wie eine Nomadenpopulation oder, wenn sie sich verdichten, wie die Ansammlung kleiner, zentralisierter Einheiten, die untereinander nur lose gekoppelt sind.

Erst durch die Erfindung von Telekommunikationssystemen, den elektrisch erregbaren Nervenzellen, konnten die Komponenten des Systems seßhaft werden und trotzdem ihren Partnern durch ein topologisch strukturiertes Netz von Kommunikationskanälen, oder in unserem Fall Nervenfasern, hochselektiv Information übermitteln. Diese Möglichkeit steigert die Leistungsfähigkeit komplexer Systeme dramatisch, weil sie die Realisierung spezieller Verarbeitungsarchitekturen erlaubt. Die Interaktionen sind nicht mehr auf die nächsten Nachbarn beschränkt, sondern werden von topologischer Nähe unabhängig. Dadurch lassen sich die Begrenzungen des cartesischen Raums überwinden und hochdimensionale Verarbeitungsarchitekturen realisieren. Strukturelle Komplexität ist proportional zur Quantität speicher- und verarbeitbarer Information. Somit liegt die Informationsmenge, die organisierte Architekturen bewältigen können, um Größenordnungen über jener, die nicht-strukturierte Systeme wie etwa Nomadenpopulationen oder das Immunsystem bewältigen können.

Infolgedessen kann auch mehr Wissen aufgenommen werden, was wiederum eine weitere Differenzierung in Architekturen erlaubt und der Optimierung des Systemverhaltens zugute kommt. In diesem Zusammenhang möchte ich auf einen besonders faszinierenden Aspekt der Gehirnentwicklung hinweisen: Das Gehirn hat eine Reihe von Mechanismen herausgebildet, mit denen sich elektrische Aktivität in strukturelle Veränderungen seiner Architektur übersetzen läßt. Dies wiederum ermöglicht es dem sich entwickelnden Gehirn, seine eigene Intelligenz zur weiteren Verfeinerung seiner Organisation zu nutzen. Darüber hinaus kann es aufgrund seiner, über den Zeitpunkt der Geburt hinaus andauernden Entwicklung sogar Information aus der Außenwelt zur weiteren Spezifikation seiner Organisation nutzen.

Diesem genialen Trick ist es zu verdanken, daß sich derart komplexe Strukturen wie das Gehirn überhaupt entwickeln, an ihre Umwelt anpassen und schließlich Stabilität erreichen konnten. Das sich entwickelnde Gehirn nutzt seine verteilte Intelligenz, um sich selbst zu strukturieren. Wenn ich »verteilte Intelligenz« sage, so tue ich dies in voller Absicht, denn es gibt keinen Ort im Gehirn, wo seine Intelligenz konzentriert wäre. Sie residiert in der funktionellen Architektur, ist eine emergente Eigenschaft des Ensembles selektiv gekoppelter Komponenten, wobei keine der Komponenten als solche mit genügend Wissen ausgestattet ist, um das Ganze koordinieren zu können. Wiederum gibt es einen Satz lokaler Regeln, die die Verdichtung und Differenzierung von Zellen und Netzwerken steuern. Aufgrund der evolutionären Selektion sind diese lokalen Regeln so gut angepaßt, daß sie global geordnete Zustände erzeugen.

Es würde zu weit führen, diese Regeln hier zu explizieren. So muß die Bemerkung genügen, daß sie recht einfach und allgemein sind und daß sie auf Wettbewerb beruhen und auf Versuch und

Irrtum. Die Spezifizität des reifen Systems ist das Ergebnis eines Formungsprozesses, bei dem etwa die Hälfte der einmal gebildeten Elemente und Verbindungen wieder entfernt werden. Die Prinzipien lauten also: anfängliches Überangebot, Versuch und Irrtum, Konkurrenz und Beseitigung des Nichtangepaßten. Es könnte sich lohnen zu untersuchen, ob sich ähnliche Strategien auf die Entwicklung von Städten anwenden lassen. Die Prozesse, die die Architektur des Nervensystems während seiner Entwicklung formen, werden natürlich wiederum in der gleichen Weise wie das Lernen beim Erwachsenen durch Bewertungssysteme kontrolliert. Diese müssen nur wissen, was für das Gehirn als Ganzes gut oder schlecht ist. Den Plan des voll entwickelten Gehirns brauchen sie nicht zu kennen. Tatsächlich gibt es gar keinen derartigen Plan, weder in den Genen noch sonstwo. Es gibt nur Regeln für lokale Interaktionen zwischen Komponenten; das Endresultat des Entwicklungsprozesses wird erst klar, wenn er abgelaufen ist, weil der Prozeß selbstorganisierend ist.

Wenn das auch für andere komplexe Systeme wie Städte zuträglich ist, sollten wir in Zukunft darauf verzichten, Städte als Ganzes zu planen, wie das für Brasilia versucht wurde. Solche Lösungen können nur suboptimal sein. Ein vermutlich ertragreiches Vorgehen wäre es vielmehr, auf die »Vernunft« der Selbstorganisation zu vertrauen, gute Regeln für lokale Interaktionen zu erfinden, effiziente Lern- und Korrekturmechanismen einzuführen, für Reziprozität der Informationsflüsse zu sorgen, die Kriterien für zentrale Bewertungssysteme festzulegen und auf zentralistische Koordinationsversuche zu verzichten.

Neurobiologische Anmerkungen zum Wesen und zur Notwendigkeit von Kunst

Der Versuch, die neuronalen Grundlagen kreativer Prozesse zu behandeln, muß notwendig spekulativ bleiben. Er zwingt jedoch zur Bestandsaufnahme und dieses mag als Rechtfertigung genügen. Abweichend von der üblichen Gepflogenheit will ich nicht mit dem Versuch beginnen, den Gegenstand der Abhandlung zu definieren. Ich möchte pragmatisch vorgehen, in der Hoffnung, daß der Gegenstand durch die Behandlung seines Umfeldes an Kontur gewinnt. Folglich werde ich mich mit den Randbedingungen zuerst befassen. Ich vermute, daß die Voraussetzungen für die Emergenz dessen was wir Kunst nennen, ganz wesentlich auf verfeinerten kognitiven Leistungen beruhen. Deshalb werde ich zunächst an einigen Beispielen das Wesen kognitiver Prozesse zu verdeutlichen suchen.

Kognitive Prozesse

Aus Studien an Patienten, die von Geburt an blind aufwuchsen, weil die optischen Medien der Augen getrübt waren, denen jedoch im Erwachsenenalter durch operative Maßnahmen eine normale Funktion der Augen zurückgegeben werden konnte, wissen wir, daß Sehen gelernt werden muß. Die meisten dieser spätoperierten Blinden, deren Augen nachweislich wieder vollkommen normal funktionierten – dies wurde in begleitenden Tierversuchen verifiziert – waren nicht in der Lage, die nunmehr verfügbaren visuellen Signale sinnvoll einzuordnen. Mit nur wenigen Ausnahmen fielen diese Patienten nach einer kurzen Phase vergeblicher Lernbemühungen in ihren Blindenalltag zurück. Sie empfanden Licht als schmerzhaft oder als unerträgliches Geräusch, waren nicht in der Lage, die Flut der auf sie einstürzenden Signale zu ordnen. Sie waren unfähig, Konturen als zu einem Gegenstand gehörig zusammenzufassen und von Konturen des Hintergrundes abzugrenzen, also Figur-Grund-Unterscheidungen vorzunehmen. Es war ihnen ferner unmöglich, Räumlichkeit als Gleichzeitigkeit von Beziehungen zu erfassen. Die Patienten vermochten sich nicht von ihrer bisherigen Strategie zu lösen, Räumlichkeit als die ertastete Sequenz nacheinander eintreffender Ereignisse zu interpretieren. Die neuerschlossene Sinneswelt stellte sich als unentwirrbares Chaos dar. Bei den meisten Patienten traten tiefe und behandlungsbedürftige Depressionen auf.

Diese klinischen Berichte unterstreichen in sehr eindrucksvoller Weise, daß zwischen der physikalischen Wirklichkeit und unserer Erfahrungswelt ein außerordentlich komplizierter und in Teilaspekten offenbar erlernter Übersetzungsprozeß vermittelt. Wir bezeichnen ihn als kognitiven Prozeß und verstehen ihn gemeinhin als eine Leistung des Zentralnervensystems.

In höherdifferenzierten Gehirnen läßt sich die mit kognitivem Verhalten umschriebene Gesamtfunktion in eine Vielzahl von Teilleistungen untergliedern, die von spezialisierten Hirnrealen erbracht und entsprechend auch voneinander getrennt werden können.

Solche Teilleistungen sind unter anderem: 1.) die Extraktion gewisser Merkmale von Mustern, 2.) die Bildung von Invarianten aus Merkmalskombinationen, 3.) die abstrakte, Generalisierung ermöglichende Repräsentation dieser Invarianten, 4.) die Fähigkeit derart repräsentierte Sachverhalte in neue Beziehungen zueinander zu setzen, 5.) die Ergebnisse dieser assoziativen Analyse in Speichern festzuhalten, 6.) andere Gehirne in einer für sie verständlichen Weise auf diese Prozesse hinzuweisen, und schließlich 7.) die schwer objektivierbare aber zweifellos vorhandene Fähigkeit, die in kognitiven Auseinandersetzungen mit der Außenwelt und dem eigenen Körper erfaßten Sachverhalte zu bewerten, ihnen bestimmte emotionale Attribute zuzuordnen. In ihrer Gesamtheit sind diese kognitiven Leistungen sicher eine der Grundvoraussetzungen für die Emergenz menschlicher Kulturen. Ich will im folgenden die wichtigsten Schritte der phylogenetischen Entwicklung dieser Leistungen nachzeichnen.

Zur Phylogenie kognitiver Prozesse

Im folgenden sollen die evolutionären Prozesse diskutiert werden, welche für die Heranbildung eines Gehirnes verantwortlich waren, das sich neben der Verwaltung lebenserhaltender Funktionen kultureller Aktivitäten befleißigt. Der Umstand, daß die adaptiven Funktionen kultureller Aktivitäten hinsichtlich Lebenserwartung und Reproduktivität nicht ohne weiteres zu erkennen sind, wirft die Frage auf, warum die Befähigung zu kulturellen Leistungen entstanden ist. Die einfachste Erklärung wäre, daß sich diese Befähigung entwickelt hat, weil sie, wie die meisten anderen Funktionen auch, einen wenn auch für uns verborgenen Selektionsvorteil bedeutet. Eine alternative Möglichkeit ist, daß nicht alle Eigenschaften, die wir heute an uns vorfinden, optimierte Ergebnisse evolutiver Selektionsmechanismen sind. Viele Befunde weisen darauf hin, daß diese Möglichkeit ernst genommen werden muß. Ich will deshalb näher auf sie eingehen. Es gibt ein der Materie immanentes Prinzip, welches die Entstehung komplexer Strukturen begünstigt. Dieses Prinzip zeichnet letztlich auch für den Aggregationsprozeß von Molekülen verantwortlich, welcher zu reproduktionsfähigen, ihre Identität erhaltenden Systemen führte. Variiert durch das Würfelspiel der Mutation und bereichert durch die geschlechtliche Rekombination von Genen bringt dieser Trend zu höheren Komplexitätsstufen zwangsläufig eine Vielfalt immer komplexerer Systeme hervor. Dieser autonome, von vielen Zufälligkeiten abhängige Proliferationsprozeß wird nur sekundär entsprechend den darwinistischen Selektionsregeln gesteuert. Dies impliziert, daß zwar Neuentwicklungen, die schaden, ausgemerzt werden, solche aber, die nicht schaden, erhalten bleiben und allenfalls durch weitere Mutationen wieder vergessen werden. Da die darwinistischen Selektionsregeln kompetitiver Natur sind, breiten sich natürlich besonders erfolgreiche Neuerfindungen auf Kosten aller anderen aus. Miterhalten bleiben jedoch all die Funktionen und Leistungen, die zwar selbst keinen Selektionsvorteil bieten, jedoch als Epiphänomen einer Entwicklung mitauftraten, welche ihrerseits einen hohen Selektionsvorteil bietet. Es wäre also durchaus möglich, daß die Fähigkeit zur kulturellen Betätigung lediglich Epiphänomen von Hirnleistungen ist, die andere Selektionsvorteile bedingen. Wäre dies so, und ich will versuchen zu zeigen, daß es so sein könnte, dann bliebe natürlich die weitere Frage, warum der Mensch sich kultureller Aktivitäten befleißigt, wo sie doch nichts nützen. Vor der Behandlung dieser Frage, die zwangsläufig spekulativ bleiben wird, möchte ich kurz die wichtigsten Schritte in der Phylogenese von Hirnfunktionen skizzieren.

Lebende Systeme zeichnen sich durch ganz bestimmte Merkmale aus: 1.) Sie besitzen eine Eigenschaft – sie sei operational definiert als Identität –, die sie gegenüber störenden Einflüssen aus der Umwelt konstant erhalten. 2.) Lebende Systeme sind reproduktionsfähig, d. h., sie können jene Information, die Grundlage ihrer Identität ist, weitergeben. Die Identität eines Lebewesens liegt begründet in der besonderen Art der Beziehungen zwischen den Elementen, aus denen die abgrenzbare Einheit Lebewesen zusammengesetzt ist. Die Reproduktionsfähigkeit setzt einen minimalen Komplexitätsgrad voraus, der nicht unterschritten werden kann. Folglich setzen sich Lebewesen immer aus einer Mindestzahl wiederum abgrenzbarer Untereinheiten zusammen. Eines der Hauptprobleme eines lebenden Systems ist also, die Beziehungen zwischen seinen Elementen gegenüber äußeren Einwirkungen konstant zu halten. Das Lebewesen muß in der Lage sein, auf äußere Einwirkungen auf eine Weise zu reagieren, die seine Identität, oder anders, die Konstanz der Beziehungen zwischen seinen Elementen nicht gefährdet. Diese Anpassung erfordert in der Regel regenerative Prozesse und strukturelle Veränderungen. Somit müssen Lebewesen Energie aufnehmen, um ihre Identität zu wahren. Nachrichtensysteme, mit Hilfe derer Energiequellen identifiziert werden können und mit denen Störfaktoren erkannt werden können, die die Identität gefährden, haben deshalb adaptive Funktionen. Die Entstehung von Reizleitungssystemen ist in diesem Zusammenhang zu sehen. Mit zunehmender Beweglichkeit der Organismen wird es sinnvoll, Sinnessysteme mit motorischen Systemen zu verknüpfen, um Zuwendungs- oder Abwendungsreaktionen reizabhängig zu steuern. In der Realisierung dieser Verhaltensleistungen liegt die Hauptfunktion primitiver Nervensysteme. Die ursprüngliche Aufgabe von Nervennetzen, und diese hat sich im Lauf der Phylogenese kaum verändert, ist es also, Bezüge herzustellen. Es ergibt sich nun von selbst, daß es zweckmäßig ist, diese Zuwendungs- oder Vermeidungsautomatismen auch vom internen Zustand des Systems abhängig zu machen. Die exterozeptiven, sensomotorischen Schleifen werden verknüpft mit Sensoren, die den inneren Zustand des Systems signalisieren und die Reizreaktionen von diesem abhängig machen. Ein wichtiger nächster Schritt ist dann der Übergang von gesteuerten zu geregelten Systemen. In letzteren wird der Erfolg einer Reaktion durch spezielle Rezeptorsysteme gemessen und diese Information wird benutzt, um die Reaktion entsprechend nachzuregeln. Die ersten rückgekoppelten Systeme entstehen. Schon relativ früh finden sich ferner Speicherfunktionen, d. h. der Effekt eines Reizes bzw. der Effekt einer Reaktion verändert den Zustand des reizleitenden Systems vorübergehend, wodurch die Wahrscheinlichkeit folgender Reaktionen modifiziert wird. In primitiven Systemen sind die Zeitkonstanten dieser aktivitätsabhängigen Modifikationen noch sehr kurz. Das System vergißt nach wenigen Minuten seine Vorgeschichte, kann aber bereits seine Reaktionen von Erfahrung abhängig machen.

Mit diesen wenigen Organisationsprinzipien sind die wichtigsten Voraussetzungen für die Entwicklung komplexerer Nervensysteme erfüllt. Durch Hinzufügen und Überlagerung zusätzlicher Rezeptor- und Effektorsysteme und vor allem durch die Verknüpfung zwischen den stammesgeschichtlich alten und den neu hinzugekommenen Nervennetzen lassen sich zunehmend komplexere Funktionen verwirklichen – Funktionen, die der Anpassung des lebenden Systems an ständig wechselnde Umweltbedingungen außerordentlich dienlich sind.

Noch aber sind solche Systeme nur in sehr begrenztem Maße zu prädiktivem Verhalten fähig. In der genetisch festgelegten Organisation dieser einfachen Nervensysteme ist zwar Vorwissen über die Struktur der Umwelt und über die Bedürfnisse des Organismus selbst gespeichert, die Systeme sind jedoch nicht in der Lage, aus eigenen Fehlern zu lernen, d. h. aufgrund eigener Erfahrung Voraussagen zu machen. Für diese Leistung, deren adaptive Funktion evident ist, müssen zusätzliche Mechanismen implementiert werden: 1.) Es müssen Speichermechanismen mit sehr langen Zeitkonstanten entwickelt werden. 2.) Es bedarf abstrakter Kodierungsweisen für Reizkombinationen, die Invariantenbildung zulassen. Die Kodierung von sensorischen Signalen muß so erfolgen, daß Reize als identisch erkannt werden können, auch wenn sie unter variierten Erscheinungsformen auftreten. 3.) Das Ergebnis einer sensomotorischen Reaktion muß selbst speicherfähig werden, damit es als Bewertungsmaßstab beim Wiederauftreten einer ähnlichen Situation herangezogen werden kann. Letzteres bedeutet, daß es möglich sein muß, das Ergebnis eines hirninternen Prozesses selbst als Ereignis abzugrenzen, zu speichern und mit Signalen, die von außen kommen, zu verrechnen.

Noch wissen wir nur sehr wenig über die neuronale Realisierung dieser Funktionen. Es kann jedoch angenommen werden, daß die Entwicklung der Großhirnrinde notwendige Voraussetzung für diese Leistungen war. Unsere Gehirne unterscheiden sich von denen einfacher Lebewesen fast ausschließlich durch die enorme Volumenvermehrung der Hirnrinde. Dies legt nahe, daß mit der Entwicklung von Hirnrindenmodulen ein Verarbeitungsalgorithmus realisiert werden konnte, der sehr allgemeiner Natur ist, für die

Behandlung verschiedenartigster Informationen eingesetzt werden kann und dessen Iteration zur Emergenz immer neuer Leistungen führt.

Die interne Struktur der Hirnrinde ist in den verschiedenen Hirnrindenbereichen, den phylogenetisch alten wie den ganz neuen, nur dem Menschen eigenen, nahezu identisch. Hervorstechendes Merkmal der einzelnen Rindenmodule ist, daß anders als in allen anderen Hirnstrukturen positive Rückkopplungsschleifen zwischen Nervenzellen vorgesehen sind. Diese basieren auf einem unglaublich komplexen Netz reziproker Verbindungen. So sind z.B. in einem cbmm Hirnrinde etwa 6 km Kabel verlegt. Eine vergleichbar komplexe Reziprozität kennzeichnet die Verbindungen zwischen den einzelnen Modulen und die Verbindungen zwischen den verschiedenen Hirnrindenarealen. Dies legt die Vermutung nahe, daß kortikale Prozesse assoziative Funktionen erfüllen. Es darf ferner angenommen werden, und für die ontogenetische Entwicklungsphase des Gehirns gilt dies als gesichert, daß ein Großteil der intrakortikalen Verbindungen plastisch ist. Die Effizienz dieser Verbindungen kann durch die von ihnen vermittelte neuronale Aktivität langfristig, oft dauerhaft, verändert werden. Aufgrund dieser charakteristischen Organisationsmerkmale werden der Großhirnrinde heute oft die Funktionen eines sehr komplexen assoziativen Speichers zugeschrieben.

Wichtig in unserem Zusammenhang ist nun die phylogenetische Entwicklung der Kortikalisation. Als erstes entwickelten sich die sensomotorischen Hirnrindenareale. Diese sind den phylogenetisch älteren Reflexketten, die direkt zwischen Sinnessystemen und Effektorsystemen vermitteln, parallel geschaltet und überlagert. In dem Maße, in dem die Kortikalisation fortschreitet, gewinnt der indirekte Weg von den Rezeptoren über die Hirnrinde zu den Effektoren zunehmend an Bedeutung. Diese Entwicklung geht mit dem Erwerb zweier wichtiger Fähigkeiten einher: 1.) der Verbesserung von Mustererkennungsleistungen durch Invariantenbildung und 2.) der Fähigkeit, die Reaktion auf Reize in zunehmendem Maße von der Erfahrung mit ähnlichen, bereits durchlebten Situationen abhängig zu machen.

Der enorme Volumenzuwachs der Großhirnrinde beim Menschen beruht jedoch nur zum kleinsten Teil auf einer Volumenzunahme dieser sensomotorischen Hirnrindenareale. Diese sind bereits bei höheren Wirbeltieren, insbesondere bei Primaten, genauso stark differenziert wie beim Menschen. Neu hinzu kommen vorwiegend solche Hirnrindenareale, die sich nicht mehr direkt mit den Signalen befassen, die von Rezeptor- und Effektorsystemen an sie geliefert werden, sondern es sind Hirnrindenareale, die ihre Informationen hauptsächlich und in manchen Fällen sogar ausschließlich von bereits existierenden Hirnrindenarealen erhalten. Wir haben also einen hierarchischen Aufbau vor uns. Seine Verbindungsstruktur legt nahe, daß die gleichen neuronalen Prozesse, die sich auf peripherer Ebene mit der Vermittlung zwischen sensorischen Systemen und Effektororganen befassen, auf einer höheren Verarbeitungsebene wiederholt und auf eben diese peripheren Prozesse noch einmal angewandt werden. Hirninterne Abläufe werden also zum Gegenstand der Verarbeitung der in ihnen überlagerten, aber sonst identisch aufgebauten Hirnstrukturen. Es soll im Moment dahingestellt bleiben, über wieviele solcher hierarchischer bzw. reflexiver Ebenen das menschliche Gehirn letztlich verfügt. Dieses spezifische Organisationsprinzip allein macht bereits einige der erstaunlichen Leistungen unseres Gehirns plausibel.

Die Entwicklung abstrakter Repräsentationen

Unleugbar sind Tiere mit sensomotorischen Hirnrindenarealen in der Lage, Muster auch dann wiederzuerkennen, wenn diese in einer Weise verändert worden sind, die zwar den Gesamtaspekt des Musters, wie etwa die Größe oder den Betrachtungswinkel stark verändert, jedoch die für das Muster charakteristischen inneren Bindungen konstant läßt. Die Tiere sind in der Lage, aus Mustern Relationen zu extrahieren und diese abzuspeichern anstelle skalarer Größen. Dies ist ein abstrakter Kodierungsvorgang. Für den Schritt von hier zur symbolischen Kodierung von Relationen, und nichts anderes ist die begriffliche Durchdringung unserer Welt mit Hilfe der Sprache, bedarf es keiner neuen Verarbeitungsqualität. Es ist lediglich notwendig, die abstrahierten Speicherinhalte, wie sie bereits in sensomotorischen Rindenarealen vorhanden sein müssen, erneut voneinander abzugrenzen, die bei diesem Abgrenzungsvorgang identifizierten Einheiten zueinander in Relation zu setzen und für diese Relation wiederum eine abstrakte Repräsentation niederzulegen usw. Im Laufe der Hirnentwicklung hat sich ferner die Möglichkeit angeboten – Möglichkeit hier realisiert durch das Entstehen entsprechender neuronaler Verbindungen –, auch die Inhalte dieser hierarchisch höherstehenden assoziativen Speicher über die bereits vorhandenen Effektorsysteme zu externalisieren und damit Lebewesen mit ähnlich strukturierten Nervensystemen auf Zustandsänderungen im eigenen System hinzuweisen.

Die Effizienz solcher hierarchisch aufgebauter reflexiver Systeme liegt auf der Hand. Durch die Möglichkeit, abstrakte Repräsentationen von Beziehungen zu bilden und diese wiederum zueinander in Beziehung zu setzen und dafür wiederum abstrakte Repräsentationen niederzulegen, können prädiktive Modelle über die Umwelt, über den Organismus selbst und über die dynamischen Interaktionen des Organismus mit der Umwelt gebildet werden. Auf der Basis dieser Modelle lassen sich Maximen für das eigene Verhalten optimieren mit dem Ziel, die eigene Identität trotz vielfältigster Störungen konstant zu halten.

Begrenzt lediglich durch die genetisch festgelegten Bahnverbindungen zwischen den einzelnen Hirnarealen ist ein solcherart organisiertes System in der Lage, eine fast beliebige Zahl von neuen Bezügen herzustellen. Positiv rückgekoppelte Nervennetze sind ferner in der Lage, den Speicherinhalten entsprechende Aktivitätsmuster selbst zu generieren. Somit können auch ohne Außenreize die bereits gespeicherten Inhalte ausgelesen und miteinander assoziiert werden. Damit solche kombinatorischen Prozesse schließlich auch wirklich ablaufen, müssen die assoziativen Speicher durch selbsterzeugte Aktivität angeregt werden. In diesem Zusammenhang ist interessant, daß es im Gehirn Kontrollsysteme gibt, welche die Erregbarkeit der Hirnrinde modulieren. Die Aktivierung eines bestimmten Anteils dieser Kontrollsysteme ist offenbar mit angenehmen Empfindungen assoziiert. Werden diese aktivierenden Systeme über elektrische Reizelektroden stimuliert, stellt sich Wohlbefinden ein. Gibt man Tieren die Möglichkeit, sich diese Reize durch Betätigung eines Schalters selbst zu applizieren, so tun sie dies bis zur physischen Erschöpfung.

Zur Notwendigkeit von Bewertungssystemen

Die fast unendliche Vielfalt kombinatorischer Möglichkeiten, die rekursive Neuronennetze eröffnen, wirft einige Probleme auf, für die gesorgt werden muß. Nicht alle möglichen Assoziationen sind sinnvoll und im Laufe eines Lebens realisierbar. Es muß also ein Kontrollsystem vorgesehen werden, welches die Stimmigkeit neuer

Assoziationen im Kontext des jeweiligen Gesamtzustands des Systems bewertet, Prioritäten setzt und darüber entscheidet, welche der möglichen Querverknüpfungen realisiert und als Engramme gespeichert werden sollen. Hierfür kann jenes Bewertungssystem herangezogen werden, das bereits auf früheren phylogenetischen Entwicklungsstufen geschaffen wurde und die reflektorische Beantwortung von Außenreizen vom internen Zustand des Systems abhängig machte. Solches scheint der Fall zu sein, da mit der Kortikalisation keine neuen nichtkortikalen Strukturen entwickelt wurden. Die neuen kortikalen Areale wurden lediglich an die bereits vorhandenen Strukturen angeschlossen. Ein wahrscheinlicher Kandidat für ein solches Kontrollorgan ist das limbische System, welches stammesgeschichtlich alte Strukturen umfaßt und eng mit der Steuerung von Motivation und Gestimmtheiten befaßt zu sein scheint. Dieses System erhält Afferenzen von allen Hirnrindenarealen und steht seinerseits mit den eben erwähnten Aktivierungssystemen in Verbindung. Vermutlich ist das limbische System in der Lage, die Aktivitätsmuster der Hirnrindenareale zu bewerten, und über die Steuerung der aktivierenden Kontrolleitungen bestimmte Aktivierungszustände bevorzugt aufrechtzuerhalten und speicherfähig zu machen.

Ein weiteres Problem erwächst aus dem hierarchischen Aufbau des Zentralnervensystems. Nicht alle der auf peripheren Verarbeitungsschichten ablaufenden Prozesse können gleichzeitig einer reflexiven Analyse in den höheren Schichten zugänglich gemacht werden. Wieder müssen Kontrollsysteme vorgesehen werden, welche von Fall zu Fall entscheiden, welche der vielfältigen, parallel ablaufenden Vorgänge einer weiteren reflexiven Analyse unterworfen werden sollen. Auch für diese Funktionen können stammesgeschichtlich alte Systeme herangezogen werden, denn Auswahlprobleme stellten sich bereits zu dem Zeitpunkt, als mehrere Sinnessysteme auftraten. Entsprechend sind auch diese Kontrollsysteme stammesgeschichtlich alt und liegen in nicht-kortikalen Hirnstrukturen, insbesondere im Mittelhirn und im Zwischenhirn. Sie werden offensichtlich dazu herangezogen, selektive Aufmerksamkeit zu steuern. Ihre Zerstörung führt dazu, daß Sinnesreize, obgleich sie über die Rezeptorsysteme an das Zentralnervensystem und die entsprechenden Hirnrindenareale geleitet werden, nicht zur weiteren Verarbeitung gelangen. Falls solche »nicht-beachteten« Sinnesreize, was unter bestimmten Umständen möglich ist, dennoch bis zu den

Effektoren weitergeleitet werden und dort Reaktionen hervorrufen, dann werden sie nicht bewußt und nicht als Engramme abgelegt. Die Funktion dieser Auswahlsysteme läßt sich auf vielfältige Weise zeigen und auch unter nicht-klinischen Bedingungen erfassen. So wissen wir, daß die Wahrnehmungsschwellen in den verschiedenen Modalitäten ganz entscheidend davon abhängen, ob wir aufmerksam sind. In der Umgangssprache findet dies seinen Niederschlag in den Worten »hinhören«, »hinschauen«. Zudem wissen wir, daß auch innerhalb einer Modalität, im Gesichtsfeld etwa, nur jene Signale wahrnehmbar und speicherfähig sind, denen Aufmerksamkeit geschenkt wird. Es besteht also die Notwendigkeit, Mechanismen zu postulieren – und für manche Hirnprozesse ist deren Existenz auch schon bewiesen –, die bestimmte zentrale Aktivierungsmuster mit einer positiven, negativen oder indifferenten emotionalen Bewertung versehen.

In dieser kurzen Rekapitulation der Hirnevolution habe ich mich auf die Entwicklung von Leistungen beschränkt, deren adaptive Funktion unmittelbar einsichtig ist. Ich möchte mich nun der Frage zuwenden, ob diese Leistungen hinreichen, um Phänomene zu erklären, deren Selektionsvorteil nicht direkt erkennbar ist. Insbesondere will ich untersuchen, ob diese Leistungen zur Erklärung kreativer bzw. künstlerischer Aktivitäten hinreichen.

Zur Emergenz kreativer Prozesse

Wie oben dargelegt, verfügen komplizierte Gehirne, insbesondere das des Menschen, über die Fähigkeit, Vorgänge, die in ihnen selbst ablaufen, zum Gegenstand kognitiver Prozesse zu machen. Auf diese Weise kann eine praktisch unbegrenzte Sequenz von iterativen Reflexionen eingeleitet werden. Zwischen- und Endergebnisse solch reflexiver kognitiver Prozesse können externalisiert und anderen Gehirnen wiederum als Gegenstand für deren kognitive Prozesse verfügbar gemacht werden. Diese Möglichkeit, das Ergebnis kognitiver Prozesse anderen Hirnen mitzuteilen, erfährt beim Menschen aufgrund seiner erweiterten Fähigkeiten zur symbolischen Repräsentation bereits abstrakt kodierter Beziehungen eine explosionsartige Vermehrung der Zahl und Art möglicher Inhaltsträger.

Folgende Beispiele mögen die kontinuierliche Differenzierung dieser Kommunikationsformen verdeutlichen. Bei Tieren, die im Sozialverband leben, bestimmt das Leittier durch zielgerichtetes

Verhalten u. a. die Marschrichtung der Herde bei der Futtersuche und verweist auf diese, zur direkten Nachahmung auffordernden Art auf die in seinem Gehirn gespeicherten Daten über den Ort geeigneter Nahrungsquellen. Die tanzende Biene verweist auf ihr Wissen um attraktive Nektarquellen, indem sie Himmelsrichtung und Entfernung des Zielgebietes nach einer komplizierten Koordinatentransformation auf der Wabe darstellt. Mit ritualisierten Tänzen, Gesang und Duftsignalen weisen die meisten geschlechtsreifen Tiere auf ihre sexuelle Gestimmtheit hin und leiten auf diese Weise den Paarungsakt ein. Primaten schließlich verfügen über ein breites Spektrum akustischer und mimischer Signale, mit Hilfe derer sie ihre Gruppenmitglieder über ihre Stimmungen und Intentionen in Kenntnis setzen.

Durch die, mit der Entwicklung von Werkzeugen eröffnete Möglichkeit, Umwelt gestalterisch zu verändern, erschließen sich zudem externe, das Individuum überdauernde Speichermöglichkeiten, in denen die Ergebnisse reflexiver Analyse festgehalten werden können. Schriftliche Mitteilungen, Bilder, Skulpturen, Kompositionen, Gebrauchsgegenstände bis hin zu technischen Produkten teilen sich in diese Speicherfunktion. Diese Speicher sind Bestandteil neuer Wirklichkeiten, und somit Objekte für weitere kognitive Interaktionen. Die bereits für die einzelnen Gehirne charakteristischen rekursiven Prozesse weiten sich aus und beziehen die Gehirne der kommunikationsfähigen Artgenossen mit ein. Diese Iteration von Perzeption, Reflexion, Rekombination, Abstraktion, Kommunikation und Perzeption, die sich als unendliche Reihe fortsetzen kann, ist in der Lage, neue Systeme von fast beliebiger Komplexität hervorzubringen.

Kunst als Ergebnis und Gegenstand kognitiver Prozesse

Ein Teil der externalisierten Inhaltsträger reflexiver Prozesse wird von uns als Kunst bezeichnet. Die stoffliche Bindung und Speicherfunktion kann jedoch nicht unabdingbares Attribut von Kunst sein, sondern bezeichnet bestenfalls eine Eigenschaft des Kunstwerkes. Andernfalls müßte man Darstellungsweisen, wie sie beim Tanz, bei der Pantomime und in der Musik die Regel sind, absprechen, Ausdruck künstlerischer Betätigung und damit Kunst zu sein. Unabdingbares Attribut dessen, was wir mit künstlerischer Leistung bezeichnen, scheint mir jedoch, daß über einen reflexiven Prozeß neue

Bezüge entdeckt und diese durch symbolische Kodierung verdichtet werden. Hierdurch werden neue Wirklichkeiten erzeugt. Ob es eine Conditio sine qua non für künstlerische Betätigung ist, daß das Ergebnis dieses kreativen Prozesses durch eine Aktion mit Verweisungscharakter externalisiert wird, mag dahingestellt bleiben. Entsprechend dieser Definition wären natürlich sehr viel mehr Bereiche menschlichen Gestaltens unter Kunst zu subsumieren, als dies von jenen, die über die Zugehörigkeit von menschlichen Kreationen zur Welt der Kunst entscheiden, akzeptiert würde. Diese Merkmale charakterisieren gleichermaßen wissenschaftliches und philosophisches Vorgehen und treffen natürlich auch für eine Reihe ganz alltäglicher Aktivitäten zu. Vor jeder wissenschaftlichen, philosophischen oder sonstwie gearteten alltäglichen Erkenntnis liegt ein Schöpfungsakt, der in seinem Wesen von künstlerischer Reflexion kaum verschieden sein dürfte. Die unterschiedliche Art der Externalisierung dieses Prozesses, die logischen, in Sprache gefaßten Bezüge beim Philosophen und Wissenschaftler und die mannigfaltigen Materialisationsformen beim künstlerischen Schaffen, sollen darüber nicht hinwegtäuschen. Wo also liegt die ökologische Nische des Künstlers, falls es sie überhaupt gibt. Ich vermute, ohne daß ich dies näher begründen kann, daß das, was Kreativität im einen Fall zur künstlerischen Handlung und im anderen Fall zur wissenschaftlichen oder philosophischen Betätigung werden läßt, im Gegenstand des reflexiven Prozesses und im Inhaltsträger des sekundären kommunikativen Aktes begründet liegt. Wahrscheinlich gibt es jedoch auch auf diesen Bereichen fließende Übergänge und keine sauberen Grenzen zwischen Kunst, Wissenschaft und Philosophie.

Der Gegenstand künstlerischer Reflexionen ist vielleicht in höherem Maße als dies in den anderen Disziplinen der Fall ist, bereits die verarbeitete und symbolische Repräsentation unserer Erfahrungen: Entitäten, die erst durch Reflexion entstehen und die Popper als zur Welt 3 gehörig bezeichnen würde. Dies gilt natürlich zum Teil auch für die Gegenstände der Wissenschaft und der Philosophie. Auch diese Disziplinen befassen sich in zunehmendem Maße bereits wieder mit Konstrukten, die ihrerseits aus reflexiven Prozessen hervorgegangen sind. Der Künstler scheint sich ferner seine Gegenstände jeweils dort zu suchen, wo der reflexive Prozeß zu Ergebnissen führt, die mit den in Wissenschaft und Philosophie üblichen Kommunikationsarten, also mit rationalen Sprachen, nicht – noch nicht oder niemals – darzustellen sind. Dies wären also Bereiche, die aufgrund ihres Wesens und/oder aufgrund ihrer Komplexität in rationalen Bezugssystemen nicht abgebildet werden können und somit den Analyseverfahren des Wissenschaftlers und den rationalen Volten des Philosophen entzogen sind. Künstlerische Betätigung grenzte sich also ab von anderen schöpferischen Aktivitäten einmal in der Wahl des Gegenstandes und dann, zwangsläufig, in der Wahl des Vehikels zur Externalisierung der geschöpften Erkenntnis. Gemeinsam wäre allen kreativen Akten, daß Phänomene, die durch die reflexive Struktur unseres Gehirns erfahrbar, und durch diesen reflexiven Prozeß je neu entstehen, also ohne diesen nicht vorhanden wären, symbolisch verdichtet und in einer Weise externalisiert werden, die geeignet ist, andere Gehirne auf das Ergebnis dieser Verdichtung der in reflexiven Prozessen entstandenen Entitäten hinzuweisen. Geschieht dies in rationalen Sprachen, liegt die Botschaft also ausschließlich in einer Sequenz logisch verknüpfter Aussagen, so entstehen wissenschaftliche oder philosophische Werke, geschieht dies auf andere Weise, so liegt vermutlich ein Stück Kunst vor.

Der künstlerische Ausdruck kennt also kaum Restriktionen bei der Wahl der Inhaltsträger, bezieht alle Sinneskanäle mit ein und benutzt sogar die auf rationalen Beziehungen aufbauende Sprache um darzustellen, was in rationalen Bezugssystemen alleine nicht abbildbar ist. Wo sich künstlerischer Ausdruck der Sprache bedient, liegt der künstlerische Anteil der übermittelten Botschaft jedoch nicht in den Sätzen selbst – und hier ausschließlich liegen die bei wissenschaftlichem und philosophischem Vorgehen erfaßten Sachverhalte –, sondern sie liegen in der Metastruktur des Geschriebenen. Der Satz in der Dichtung hat denselben atomistischen Stellenwert für das gesamte Kunstwerk wie der Farbtupfer im Bild oder der einzelne Ton im Lied.

Die präferentielle Behandlung von Phänomenen, die in rationalen Sprachen nicht abgebildet werden können, impliziert jedoch nicht, daß das Ergebnis des kreativen Aktes nicht auch in der Kunst zuerst reflexiv durchdrungen und in eine geeignete Sprache übersetzt werden müßte, um für Empfänger in optimaler Weise dekodierbar gemacht zu werden. Der künstlerische Kommunikationsakt muß also nicht notwendig unmittelbarer sein als der sprachliche. Wo er sich der Sprache bedient, um Metasprachliches auszudrükken, wird er sogar noch mittelbarer sein, wo er sich vorsprachlicher Vehikel bedient, kann er direkter sein.

Kunst ließe sich also definieren als Ausdruck des Versuches, Wirklichkeiten faßbar zu machen, die aufgrund der reflexiven Struktur unserer Gehirne entstanden sind und erfahrbar wurden und die mit dem rationalen Anteil unserer Sprache nicht abgebildet werden können. Daß Kunstwerke grundsätzlich eine kommunikative Eigenschaft haben, kann nicht bestritten werden. Die Frage jedoch, ob bei ihrer Entstehung die Intention zur Kommunikation Pate stand, scheint irrelevant für das Wesen von Kunst. Wesentlich scheint mir allein der Versuch, einzufangen, festzuhalten und zu materialisieren, was ungreifbar und doch konkret erfahrbar ist: die Wirklichkeit, die durch die Tätigkeit unseres Gehirns erst entsteht und aufgrund der reflexiven Struktur unseres Gehirns abgebildet werden kann.

Hier stellt sich nun die Frage, warum sich Menschen kulturellen und insbesondere künstlerischen Aktivitäten widmen. Wenn die bisherige Argumentation zutrifft, dann wäre einsichtig, warum sich Hirnfunktionen entwickelt haben, die die Emergenz einer Kulturwelt zulassen; daraus folgt jedoch nicht notwendig, daß diese prospektive Potenz auch verwirklicht wird. Eine Erklärung wäre, daß es unvermeidlich ist, sich künstlerisch zu betätigen, weil jene Hirnprozesse, die diese Unvermeidbarkeit bedingen, ihrerseits adaptive Funktionen haben. Ich will diese Möglichkeit im folgenden illustrieren.

Zur Triebstruktur künstlerischer Betätigung

Das reflexiv organisierte Gehirn hat grundsätzlich die Möglichkeit, sich mit sich selbst zu beschäftigen. Durch Herstellen neuer Bezüge zwischen gespeicherten Repräsentationen der über die Sinnessysteme vermittelten Informationen können Entdeckungen über die Struktur der Umwelt gemacht werden, und daraus lassen sich prädiktive Verhaltensstrategien ableiten, die das Überleben entscheidend begünstigen. Damit aber solche Entdeckungen zustande kommen, muß dieses kombinatorische Spiel auch tatsächlich gespielt werden. Damit es gespielt wird, muß es eine positive Motivation für dieses Spiel geben, welches, wie jeder weiß, anstrengend ist. Es liegt also nahe, anzunehmen, daß jene Gehirne, die besonderen »Spaß« daran haben, das kombinatorische Spiel zu spielen und neue Bezüge zwischen vorher nicht Verbundenem herzustellen, einen erheblichen Selektionsvorteil erlangen. Ebenso wie eine adaptive

Funktion für den Geschlechtstrieb und für das Hunger- und Durstgefühl abgeleitet werden kann, läßt sich also eine adaptive Funktion für einen Trieb ableiten, den man als Explorationstrieb, Neugierde, Experimentiertrieb usw. umschreiben könnte und der durch das Spielen des oben skizzierten kombinatorischen Spieles befriedigt würde. So entstünden bei der Befriedigung dieses Triebes ganz nebenbei und parallel zu den Weltmodellen, die prädiktives Verhalten begünstigen, die kulturellen und künstlerischen Aktivitäten, als »fall-out« des Daseinskampfes gewissermaßen. Nun gibt es zahlreiche Fälle, wo solche Nebenprodukte, die nicht schaden und deshalb nicht verschwinden, durch das Hinzutreten neuer Mutationen oder durch Veränderungen in der Umwelt plötzlich zum Bestandteil eines neuen Wirkungsgefüges werden, welches seinerseits wieder einen erheblichen Selektionsvorteil bietet. Künstlerische Betätigung könnte also zunächst als Epiphänomen eines, die Überlebensfähigkeit steigernden kreativen Prozesses aufgetreten sein. Der kommunikative Charakter der Erzeugnisse künstlerischer Aktivität könnte jedoch später, als sich Sozialverbände herausbildeten, eine wichtige Funktion für den Zusammenhalt dieser Gruppen und für deren Identifikation übernommen haben. Falls dies zuträfe, müßte gelten, daß über die aus dem kombinatorischen Spiel hervorgegangenen Erzeugnisse ein gewisser Konsens erzielbar ist. Dies leitet über zur Frage, inwieweit den neuen Wirklichkeiten, die aus kreativen Prozessen hervorgehen, eine kommunikative Funktion zukommen kann.

Das Problem des ästhetischen Konsenses

Ich habe oben dargelegt, daß sich im Laufe der Evolution Systeme im Gehirn entwickeln mußten, die eine Auswahl aus den unendlich vielen möglichen Aktivierungsmustern treffen können, und jenen, denen »Bedeutung« zugemessen wird, ein bestimmtes emotionales Attribut beimessen. Dieser Prozeß nun könnte in der Tat zur Grundlage einer ästhetischen Bewertung geworden sein. Für das Bewertungssystem selbst ist es natürlich belanglos, ob die Aktivierungsmuster, die es zu bewerten gilt, Folge einer Signalkombination sind, die über die sensorischen Organe an das Gehirn geliefert werden, oder ob es sich um Aktivitätsmuster handelt, die das Gehirn selbst erzeugt. Die begleitenden Empfindungen, die sich während der befriedigenden Lösung eines kombinatorischen Problems einstellen, scheinen denen nahe verwandt, die die Betrachtung eines gelungenen Bildes, die das Hören wohlklingender Akkorde usw. begleiten. Grob vereinfacht würde dies bedeuten, daß von den beliebig vielen Aktivierungsmustern nur ganz bestimmte mit positiven bzw. negativen Bewertungen belegt werden. Diese können entweder selbst generiert werden, wie dies bei kreativen Prozessen der Fall ist, sie können aber auch als Folge externer Reize entstehen. Für die emotionale Bewertung der Muster ist es letztlich belanglos, wie sie erzeugt wurden. Diese Interpretation macht plausibel, warum sowohl die in rein reflexiven Prozessen erzeugten, wie auch die von außen angeregten Aktivierungsmuster mit Befindlichkeiten assoziiert werden können. Was die Außenreize anlangt, so ist es wiederum gleichgültig, ob diese von natürlich vorkommenden oder »künstlich-künstlerisch« erzeugten Mustern stammen.

Nachdem diese ursprünglich lediglich an der Lebenstüchtigkeit von Organismen getesteten Bewertungssysteme, wie es scheint, letztendlich auch für die Bewertung der reflexiven, kombinatorischen Prozesse in höheren Nervensystemen herangezogen wurden, ist es plausibel, daß so etwas wie ein ästhetischer Konsens über Kulturkreise hinaus entstehen könnte. Ganz bestimmte Merkmalskombinationen werden als gefällig empfunden, andere nicht.

Zur Phylogenese von Universalien

Ich will eine Hypothese zur Entwicklung solcher Universalien wagen. Grundvoraussetzung für jede kognitive Leistung ist es, die Figur vom Grund zu unterscheiden, also Strukturelemente als zu einer Figur gehörig zu identifizieren und diese vom Hintergrund abzugrenzen. Dies kann auf mannigfaltige Weise geschehen: alles was die gleiche Farbe, die gleiche Helligkeit, die gleiche Bewegungsrichtung und Geschwindigkeit hat, gehört wahrscheinlich zusammen. Das gleiche gilt natürlich auch für Strukturen im Klangraum, nur daß die Beziehungen hier meist eine zeitliche Struktur haben, Einheiten sich also durch Repetition, Regelmäßigkeit usw. abgrenzen. Ein System, das solche Bezüge auswerten kann, ist bei Erkennungsaufgaben im Vorteil. Nun gibt es eine Fülle weiterer Strukturbeziehungen, die darauf verweisen, daß etwas »zusammenhängt«, z. B. die Kontinuität von Konturen, die Regelmäßigkeit von Sequenzen oder die Symmetrie von Kontrastverteilungen. Letztere will ich weiter untersuchen.

Symmetrie ist ein wesentliches Strukturmerkmal der unbelebten Welt sowie der meisten Organismen. Die Fähigkeit, symmetrische Beziehungen erkennen zu können, ist somit außerordentlich wertvoll für Figur-Grund-Diskrimination. Ein farblich getarntes Objekt, z. B. ein Käfer im Laub, kann von der Umgebung oft nur aufgrund der Symmetriebeziehungen zwischen seinen Konturen unterschieden werden. Tiere können solche Beziehungen hervorragend, oft besser als der Mensch, auswerten. Es müssen sich also zentralnervöse Verschaltungen herausgebildet haben, die bei Vorliegen symmetrischer Beziehungen und ohne vorherigen Lernprozeß bevorzugt in Resonanz geraten. Dieser spezifische Resonanzzustand muß seinerseits bewertet werden. So ist zu erwarten, daß symmetrische Beziehungen, ob räumliche oder zeitliche spielt letztlich keine Rolle, präformierte, darauf spezialisierte Nervenverbindungen zur Resonanz anregen und diese spezifischen Resonanzzustände von irgendwie gearteten Gestimmtheiten begleitet werden. Das gleiche träfe für alle anderen, in der Natur häufig vorkommenden Strukturbeziehungen zu. Ein reiches Repertoire von prästabilierten Auswertungs- und Bewertungsalgorithmen darf somit vorausgesetzt werden.

Optimiert wurden diese Bewertungskriterien zwangsläufig an der noch nicht durch Menschenhand überformten unbelebten und belebten Natur. Sie wurden lange vor der Zeit entwickelt, zu der die Menschen begannen, natürliche Erscheinungsformen der Materie umzuformen. Ähnlich wie dies in der Linguistik bereits geschehen ist, wäre es interessant, einen transkulturellen Vergleich anzustellen und nach ästhetischen Universalien zu suchen. Werden Proportionen, die dem Goldenen Schnitt entsprechen, Symmetrien und deren Brechung, bestimmte Verhältnisse zwischen statistischer Ordnung und Unordnung, Moll- und Durakkorde, Quinten und Terzen, Farbkontraste usw. unabhängig von der kulturellen Prägung ähnlich bewertet?

Zur Prägung ästhetischer Normen

Die Frage nach der Universalität ästhetischer Normen zieht die Frage nach der kulturellen Prägbarkeit bzw. der Erlernbarkeit künstlerischer Kommunikationsformen nach sich. Man würde erwarten, daß ähnliches gilt wie bei der rationalen Sprache. Genetisch festgelegt sind bestimmte fundamentale Strukturmerkmale, wie sie sich in der Logik der Syntax und der Grammatik niederschlagen. Das Gehirn kommt schon mit ganz bestimmten Hypothesen (Vorwissen) über die Struktur von Sprache zur Welt und erlernt dann lediglich die kulturspezifischen Vokabeln und Modifikationen der Grundstruktur. Der Differenziertheitsgrad und das Abstraktionsniveau der verwendeten Sprache hängen jedoch ganz entscheidend von epigenetischen Instruktionen ab, von Lernprozessen also. Hierbei wird über extern gespeicherte Sprachstrukturen auf die kreativen Verknüpfungsleistungen früherer Sprecher des gleichen Kulturkreises zurückgegriffen. Das gleiche sollte für künstlerische Kommunikationsformen zutreffen. Um diese Vermutung zu illustrieren, möchte ich zum Abschluß kurz auf die neurobiologischen Grundlagen ontogenetischer Lernprozesse eingehen.

Zur Neurobiologie ontogenetischer Lernprozesse

Zur Zeit erleben wir eine Renaissance der Diskussion der zyklisch wiederkehrenden Frage, welche der Leistungen unseres Gehirns angeboren und welche durch Lernen erworben wurden. Es gibt auf diese Frage immer noch keine schlüssige Antwort und die nunmehr in großer Zahl vorliegenden neurobiologischen Daten legen sogar nahe, daß es sich möglicherweise hierbei um eine unbeantwortbare Frage ohne heuristische Bedeutung handeln könnte.

Die Embryogenese des Gehirns wird wie die Entwicklung jedes anderen Organes bestimmt von Prozessen wie Zellteilung, Zellwanderung, Zelldifferenzierung, gerichtetes Wachstum von Nervenzellfortsätzen, selektiver Ausbildung von Verbindungen usw. Diese Entwicklungsschritte unterliegen einer strikten Kontrolle durch die genetische Information und regeln sich durch die ständige Veränderung der Nachbarschaftsbeziehungen im sich entwickelnden System selbst. Zu einem bestimmten Zeitpunkt, der bei den meisten Tieren und auch beim Menschen noch weit vor der Geburt liegt, nehmen die Nervenzellen dann ihre elektrische Aktivität auf und tauschen untereinander elektrische Signale aus, jene Signale also, die später als Informationsträger für alle Funktionen des Nervensystems dienen. Diese Aktivität wird sehr bald zu einem wichtigen strukturierenden Faktor für die weitere Differenzierung des Nervensystems.

Ab dieser Entwicklungsstufe besteht das Hauptproblem darin, die Myriaden von Verbindungen zwischen Nervenzellen selektiv anzulegen. Der Komplexitätsgrad dieses Selektionsprozesses läßt sich am Beispiel des Sehsystems ermessen. In jedem Auge befinden sich etwa 1 Million Nervenzellen, welche ihre Fasern nach einer Umschaltung im Zwischenhirn zur Sehrinde entsenden. Dort werden die Afferenzen von beiden Augen mit gemeinsamen Hirnrindenneuronen verknüpft und hierbei muß Sorge getragen werden, daß die Nachbarschaftsbeziehungen in der Netzhaut des Auges auch bei der Verschaltung in der Hirnrinde erhalten bleiben. Überdies muß dafür Sorge getragen werden, daß nur solche afferente Bahnen auf gemeinsame Zielzellen konvergieren, die von jenen Orten in beiden Augen kommen, welche beim normalen beidäugigen Sehen auf den gleichen Ort im Sehraum gerichtet sind. Dies ist unabdingbare Voraussetzung dafür, daß die von den beiden Augen aufgenommenen Bilder miteinander verschmolzen werden können. Es gilt heute als gesichert, daß diese und andere Spezifikationsprozesse im wesentlichen von neuronaler Aktivität geleitet werden. Die Natur geht so vor, daß sie Verbindungen zunächst im Überschuß anlegt und nur die generellen Ordnungsprinzipien genetisch vorgibt. Die Feinabstimmungen überläßt sie aktivitätsabhängigen Selektionsprozessen. Die Aktivierungsmuster in den ankommenden Bahnen und in den nachgeschalteten Zellen werden miteinander korreliert. Besteht eine hohe zeitliche Korrelation der Aktivitätsmuster, werden die entsprechenden Verbindungen konsolidiert und bleiben erhalten, während Afferenzen, deren Aktivitäten mit denen der nachgeschalteten Zellen negativ korrelieren, abgekoppelt werden. Der Großteil der Feinabstimmung der neuronalen Verbindungen erfolgt also bereits nach funktionellen Kriterien. Aus dem Korrelationsgrad von Aktivitätsmustern in neuronalen Bahnverbindungen läßt sich auf deren Provenienz schließen und diese Information wird genutzt, um die erforderlichen Selektionsprozesse zu steuern. Diese aktivitätsabhängigen Auswahlvorgänge setzen bereits während der intrauterinen Entwicklungsphasen ein. Die verfügbaren neuronalen Aktivitäten beschränken sich somit zunächst auf die vom Gehirn selbst generierten Aktivitätsmuster und auf die Signale, die von den wenigen bereits zu diesem Zeitpunkt funktionstüchtigen Rezeptorsystemen generiert werden. Diese aktivitätsabhängigen Entwicklungsvorgänge setzen sich jedoch nach der Geburt fort und dauern je nach Tierart Monate bis Jahre nach der Geburt an. Wir haben Veranlassung zu glauben, daß sie in der Sehrinde des Menschen mindestens bis zum Schulalter andauern. Nun jedoch wirken nicht nur die selbstgenerierten Aktivitätsmuster strukturierend, sondern auch solche, die von den Sinnesorganen geliefert werden, und damit nimmt die Umwelt ganz entscheidenden Einfluß auf die Strukturentwicklung und damit auch auf die funktionelle Entwicklung des Zentralnervensystems. Wie entscheidend diese postnatalen erfahrungsabhängigen Entwicklungsprozesse sind, zeigen die eingangs erwähnten Funktionsdefizite, die folgen, wenn die Aufnahme sensorischer Signale nach der Geburt gestört ist.

Ein teleologisches Argument

Es stellt sich nun die teleologische Frage, warum die Natur überhaupt sensorische Signale aus der Umwelt als strukturierenden Faktor bei der funktionellen Ausdifferenzierung des Gehirns miteinbezieht und damit das Risiko eingeht, daß vorübergehende Störungen bei der Signalaufnahme zu irreversiblen und schwerwiegenden strukturellen und funktionellen Veränderungen im Zentralnervensystem führen. Wir haben gute Gründe zu glauben, daß sie dies tut, weil sie dadurch einen Grad an Selektivität und Spezifität der neuronalen Verbindungen realisieren kann, den sie mit genetischen Instruktionen alleine niemals erreichen könnte. Der Mensch verfügt nur über 1,6% mehr genetische Information als die Maus, und dieses Mehr an Instruktionen kann nicht hinreichen, um die Myriaden neu hinzugekommener neuronaler Verbindungen im einzelnen zu spezifizieren. Ferner darf vermutet werden, daß die Miteinbeziehung der Information, die durch Wechselwirkung mit der Umwelt gewonnen werden kann, einen Anpassungsgrad zu erreichen erlaubt, der ebenfalls durch genetische Instruktionen allein nicht erreichbar wäre. Diese beiden Vorteile wiegen offenbar die Risiken einer möglichen Fehlentwicklung durch Deprivation bei weitem auf.

Wichtig ist nun, und hierfür lassen sich eine Reihe experimenteller Befunde anführen, daß sich das heranreifende Gehirn nicht durch beliebige Umwelteinflüsse beliebig modifizieren läßt. Es konnte gezeigt werden, daß nur solche sensorischen Aktivitätsmuster in der Lage sind, Verbindungen langfristig zu modifizieren, die den bereits präformierten Reaktionsmustern zentraler Nervenzellverbände entsprechen. Aber selbst wenn dies der Fall ist, können sensorische Aktivitätsmuster nur dann langfristige Veränderung induzieren, wenn sie im entsprechenden Verhaltenskontext von hirninternen Bewertungssystemen als adäquat erkannt werden. Die Tiere müssen den sensorischen Aktivitätsmustern Aufmerksamkeit schenken und sie für die Kontrolle des Verhaltens benutzen. Veränderungen bleiben aus, wenn die verfügbaren sensorischen Signale inadäquat sind, d. h. bestimmten Erwartungen des Systems nicht entsprechen und sie bleiben auch aus, wenn die Tiere unaufmerksam sind. Schon diese frühen Anpassungsprozesse werden also einer strikten Bewertung unterworfen und ähneln somit zumindest formal den Lernprozessen im Erwachsenen. Es lassen sich keine Funktionen instruieren, für die keine präformierte Akzeptanz vorliegt. Das sich entwickelnde System tritt also mit einem gewaltigen Satz von Hypothesen über die Struktur der Umwelt an diese heran und überprüft und modifiziert durch aktives Befragen der Welt das in der phylogenetischen Entwicklung erworbene und in den genetischen Kodes abgespeicherte Vorwissen.

Wollte man die Frage klären, was von den im Erwachsenen nachweisbaren Funktionen nun angeboren und erworben sei, so stößt man auf ein Problem ähnlich dem der Unschärferelation in der Physik. Man muß die Tiere von sensorischer Erfahrung deprivieren, interferiert dabei aber direkt mit dem Entwicklungsprozeß selbst und darf aus den zu erwartenden Funktionsausfällen nicht schließen, daß die noch erhaltene Restfunktion jenes sei, was als angeborene Leistung zu bezeichnen wäre. Die Unterscheidung von »Angeboren« und »Erworben« wird für die meisten unserer Leistungen ferner noch dadurch fragwürdig, daß für das Gehirn der Geburtszeitpunkt keine qualitative Änderung ablaufender Entwicklungsprozesse impliziert. Nur die Quellen für strukturierte sensorische Aktivität vermehren sich. Überdies münden genetische Instruktionen und durch epigenetische Einflüsse bewirkte Modifikationen in die gleiche gemeinsame Endstrecke ein. Beide bewirken Strukturänderungen, welche sich letztlich in einer differenziellen Gewichtung der Wechselwirkungen zwischen bestimmten Neuronengruppen niederschlagen. Es dürfte deshalb a priori ausgeschlossen sein, herauszufinden, was, abgesehen von den globalen Organisationsmerkmalen des Gehirns, an feinstrukturellen Einzelheiten genetisch oder erfahrungsbedingt realisiert wurde.

Die Tatsache, daß Umweltfaktoren die Hirnentwicklung strukturierend mitbestimmen, widerspricht somit nicht der Hypothese, es könne ästhetische Universalien geben. Zum einen können erfahrungsabhängige Modifikationen nur im Rahmen der genetisch vorgegebenen Hypothesen erfolgen, zum anderen ähneln sich die Umwelten, in denen Menschen aufwachsen.

Zum Problem der Deprivation

Es ist ein besonders folgenreiches Merkmal der erfahrungsabhängigen Selbstorganisationsprozesse im Gehirn, daß diese an kritische Phasen der Entwicklung gebunden sind. Wenn die zur Ausbildung bestimmter Funktionen erforderlichen Informationen während dieser kritischen Phase nicht verfügbar sind, bleibt die Entwicklung dieser Funktionen aus und kann später nicht mehr nachgeholt werden. Experimentelle und klinische Befunde weisen darauf hin, daß sich die erfahrungsabhängige Strukturierbarkeit der primären Sehrinde etwa bis ins Schulalter erstreckt. Neurobiologische Daten über die Dauer dieser kritischen Phasen in anderen Hirnrindenarealen sind noch sehr unvollständig. Wir dürfen jedoch annehmen, daß es sie auch in anderen Modalitäten gibt und daß die Zeitkonstanten möglicherweise sehr verschieden sind. Neuere Befunde weisen darauf hin, daß solche Entwicklungsprozesse bis zur Pubertät andauern.

Falls man gewillt ist, diese Sachverhalte über die ontogenetische Entwicklung des zentralen Nervensystems, die vorwiegend im Sehsystem von Säugetieren gewonnen wurden, zu generalisieren und auf Hirnfunktionen im allgemeinen zu übertragen, so folgt für mich daraus, daß auch die Entwicklung kreativer Leistungen deprivierbar ist. Jedes gesunde menschliche Gehirn verfügt über die reflexive Organisation, welche kombinatorische Prozesse und die Verdichtung der neu geschaffenen Entitäten in symbolischen Repräsentationen zuläßt. Ebenso dürften alle Menschen in der Lage sein, ihre gestalterischen technischen Fähigkeiten auf der Effektorseite so weit zu entwickeln, daß eine sie befriedigende Externalisierung und Materialisierung der hirninternen Reflexionen möglich wird. Von entscheidender Bedeutung ist, daß diese beiden Fähigkeiten miteinander verknüpft werden. Dies jedoch scheint eines Lernvorgangs zu bedürfen. Es scheint sich ähnlich zu verhalten wie beim Erlernen der Sprache. In der Sprachentwicklung kommt eine Phase vor, während derer das Sprachverständnis weiter fortgeschritten ist als die Sprachproduktion. Die assoziativen Operationen, die zum Sprachverständnis notwendig sind, werden beherrscht und die entsprechenden symbolischen Repräsentationen der Sprachinhalte sind etabliert, die Sprech- und Ausdrucksfähigkeit steht jedoch hinter diesen hochdifferenzierten Fähigkeiten zurück. Eine ähnliche Dissoziation tritt beim Erlernen toter Sprachen oder beim passiven

Erwerb lebendiger Sprachen in der Schule auf.

Dies vor Augen muß es bestürzen, daß ein Kommunikationsverfahren zwischen Menschen, dessen Ausdrucksspektrum jenes der rationalen Sprachen komplementär ergänzen kann, nur von einer verschwindend kleinen Elite genutzt wird. Die Schlußfolgerung wäre, daß alle Menschen, genauso wie sie sprechen, lesen und schreiben lernen können, in der Lage sind, kreative bzw. künstlerische Aktivitäten zu entfalten und die Produkte dieser Aktivität zu verstehen. Die prospektive Potenz, die zu diesen Leistungen befähigt, darf nicht depriviert werden, weil sie sonst, kritische Phasen vorausgesetzt, unwiderruflich verlorengeht. Es sollte die Frage sehr ernst genommen werden, warum fast 100% der in unseren Lehrplänen vorgesehenen Zeit darauf verwendet wird, Wissen zu vermitteln und rationale Sprachen einzuüben. Wissen über die Welt und die Beherrschung rationaler Sprachen sind eine Grundvoraussetzung für eine kausale Analyse von Beziehungen und damit für die Entwicklung prädiktiver Modelle.

Diese Techniken decken jedoch nur einen Teilbereich der erfahrbaren Wirklichkeit ab. Dort wo sie auf sehr komplexe Systeme angewandt werden, liefern sie oft sehr unanschauliche, kaum einfühlbare Beschreibungen. Dies hat zur Folge, daß die Modelle, selbst wenn sie zutreffend sind, ihre Bedeutung verlieren. Die so erkannten Zusammenhänge wirken kaum noch auf unser Handeln ein, können nicht mehr als Maximen für prädiktives Verhalten internalisiert werden. Hier könnte es hilfreich sein, die komplementären Darstellungsweisen miteinzubeziehen, wie sie für den Ausdruck »künstlerischer« Erkenntnis genutzt werden. Oft lassen sich damit Erkenntnisse über das Wesen komplexer Zusammenhänge einfacher und vor allem anschaulicher, einfühlbarer darstellen als mit der rationalen Sprache alleine. Eine Aufwertung dieser Inhaltsträger könnte vermutlich wesentlich dazu beitragen, unsere Erkenntnisse über das Wesen komplexer Systeme in Maximen für ein besser angepaßtes Verhalten umzusetzen. Die Lösung der für unser Überleben im Augenblick bedrohlichsten Probleme wird davon abhängen, ob es uns gelingt, die Gesetze anschaulich und erfahrbar zu machen, welche die komplexen, von Menschen z. T. selbst erschaffenen Systeme regieren. Dies gilt für unsere Interaktion in hochkomplexen Sozialsystemen ebenso wie für Wirtschaftssysteme und Ökosysteme. Mir scheint, daß eine Bewältigung anstehender Überlebensprobleme nur dann gelingen kann, wenn neben der rationalen Durchdringung der Systeme, in denen wir existieren, Kommunikationsverfahren gepflegt werden, die in der Lage sind, komplizierte Sachverhalte erfahrbar zu machen. Nur dann kann Wissen auch wirklich Handeln lenken. Es könnte also sein, daß wir ein Entwicklungsstadium erreicht haben, in welchem eine Fähigkeit, die zunächst als Epiphänomen bestimmter adaptiver Funktionen entstanden ist, plötzlich eine wichtige, möglicherweise arterhaltende Funktion bekommen hat. Wenn das so ist, dann werden jene Gesellschaftssysteme überleben, die die künstlerische Begabung ihrer Mitglieder ausschöpfen und die Sprache der Kunst verstehen. Vielleicht ist es eine glückliche Koinzidenz, daß wir heute über Medien verfügen, mit denen sich auch nicht-verbale Inhalte speichern und multiplizieren lassen. Wenn diese neuen Speicher und Multiplikatoren genutzt würden, um unsere nicht-verbalen Kommunikationsmöglichkeiten ebenso auszuschöpfen wie dies für die rationalen Sprachen durch Gutenbergs Druckmaschine der Fall war, dann könnte dies in der Tat eine neue evolutionäre Epoche unserer kulturellen Bezugsräume einleiten. Wie immer in solchen Entwicklungsphasen, halten die Gefahren des Mißbrauches neuer Optionen den Chancen, die sie bieten, die Waage.

Literatur

Artola, A., Bröcher, S., Singer, W., »Different voltage-dependent thresholds for the induction of long-term depression and long-term potentiation in slices of the rat visual cortex«, in: *Nature* 347 (1990), S. 69-72.

Bear, M. F., Singer, W., »Modulation of visual cortical plasticity by acetylcholine and noradrenaline«, in: *Nature* 320 (1986), S. 172-176.

Callaway, E. M., Katz, L. C., »Emergence and refinement of clustered horizontal connections in cat striate cortex«, in: *Journal of Neuroscience* 10 (1990), S. 1134-1153.

Changeux, J. P., *L'Homme Neuronal*, Paris 1983.

Collingridge, G. L., Singer, W., »Excitatory amino acid receptors and synaptic plasticity«, in: *Trends in Pharmacological Sciences* 11 (1990), S. 290-296.

Damasio, A. R., *The Feeling of What Happens*, New York/San Diego/London 1999.

Eckhorn, R., Bauer, R., Jordan, W., Brosch, M., Kruse, W., Munk, M., Reitboeck, H. J., »Coherent oscillations: A mechanism for feature linking in the visual cortex?«, in: *Biological Cybernetics* 60 (1988), S. 121-130.

Engel, A. K., König, P., Gray, C. M., Singer, W., »Stimulus-dependent neuronal oscillations in cat visual cortex: Inter-columnar interaction as determined by cross-correlation analysis«, in: *European Journal of Neuroscience* 2 (1990), S. 588-606.

Engel, A. K., König, P., Kreiter, A. K., Singer, W., »Interhemispheric synchronization of oscillatory neuronal responses in cat visual cortex«, in: *Science* 252 (1991), S. 1177-1179.

Engel, A. K., Singer, W., »Neuronale Grundlagen der Gestaltwahrnehmung«, in: *Spektrum der Wissenschaft: Kopf oder Computer* 4, (1997), S. 66-73.

Felleman, D. J., van Essen, D. C., »Distributed hierarchical processing in the primate cerebral cortex«, in: *Cerebral Cortex* 1 (1991), S. 1-47.

Frégnac, Y., Imbert, M., »Development of neuronal selectivity in primary visual cortex of cat«, in: *Physiological Reviews* 64 (1984), S. 325-434.

Frégnac, Y., Shulz, D., Thorpe, S., Bienenstock, E., »A cellular analogue of visual cortical plasticity«, in: *Nature* 333 (1988), S. 367-370.

Gierer, A., *Im Spiegel der Natur erkennen wir uns selbst. Wissenschaft und Menschenbild*, Reinbek 1998.

Goebel, R., Khorram-Sefat, D., Muckli, L., Hacker, H., Singer, W., »The constructive nature of vision: direct evidence from functional magnetic resonance imaging studies of apparent motion and motion imagery«, in: *European Journal of Neuroscience* 10 (1998), S. 1563-1573.

Gray, C. M., Singer, W., »Stimulus-specific neuronal oscillations in orientation columns of cat visual cortex«, in: *Proceedings of the National Academy of Sciences of the United States of America* 86 (1989), S. 1698-1702.

Gray, C. M., König, P., Engel, A. K., Singer, W., »Oscillatory responses in cat visual cortex exhibit inter-columnar synchronization which reflects global stimulus properties«, in: *Nature* 338 (1989), S. 334-337.

Greuel, J.M., Luhmann, H.J., Singer, W., »Pharmacological induction of use-dependent receptive field modifications in the visual cortex«, in: *Science* 242 (1988), S. 74-77.

Hebb, D. O., *The Organization of Behavior*. New York 1949.

Hubel, D. H., Wiesel, T. N., »Receptive fields of cells in striate cortex of very young, visually, inexperienced kittens«, in: *Journal of Neurophysiology* 26 (1963), S. 994-1002.

Kasamatsu, T., Pettigrew, J., »Depletion of brain catecholamines: Failure of ocular dominance shift after monocular occlusion in kittens«, in: *Science* 194 (1976), S. 206-209.

Logothetis, N. K., Pauls J., Poggio, T., »Shape representation in the inferior temporal cortex of monkeys«, *Current Biology* 5 (1995), S. 552-563.

Löwel, S., Singer, W., »Selection of intrinsic horizontal connections in the visual cortex by correlated neuronal activity«, in: *Science* 255 (1992), S. 209-212.

Luhmann, H.J., Singer, W., Martinez-Millan, L., »Horizontal interactions in cat striate cortex: I. Anatomical substrate and postnatal development«, in: *European Journal of Neuroscience* 2 (1990a), S. 344-357.

Luhmann, H. J., Greuel, J. M., Singer, W., »Horizontal interactions in cat striate cortex: II. A current source-density analysis«, in: *European Journal of Neuroscience* 2 (1990b), S. 358-368.

Luhmann, H. J., Greuel, J. M., Singer, W., »Horizontal interactions in cat striate cortex. III. Ectopic receptive fields and transient exuberance of tangential interactions«, in: *European Journal of Neuroscience* 2 (1990c), S. 369-377.

Von der Malsburg, C., »Nervous structures with dynamical links«, in: *Berichte der Bunsengesellschaft der Physikalischen Chemie* 89 (1985), S. 703-710.

Von der Malsburg, C., Singer, W., »Principles of cortical network organization«. In: P. Rakiç, W. Singer (Hrsg.): *Neurobiology of Neocortex*, New York 1988, S. 69-99.

Maturana, H. R., *Biologie der Realität*, Frankfurt/Main 1998.

Maunsell, J. H. R., »The brain's visual world: Representation of visual targets in cerebral cortex«, in: *Science* 270 (1995), S. 764-769.

Milner, P., »A model for visual shape recognition«, in: *Psychological Review* 81 (1974), S. 521-535.

Schmidt, K. E., Goebel, R., Löwel, S., Singer, W., »The perceptual grouping criterion of colinearity is reflected by anisotropies of connections in the primary visual cortex«, in: *European Journal of Neuroscience* 9 (1997), S. 1083-1089.

Singer, W., »The formation of cooperative cell assemblies in the visual cortex«, in: *Journal of Experimental Biology,* 153 (1990a), S. 177-197.

Singer, W., »Search for coherence: a basic principle of cortical self-organization«, in: *Concepts in Neuroscience* 1 (1990b), S. 1-26.

Singer, W., Gray, C. M., Engel, A. K., König, P., Artola, A., S. Bröcher, »Formation of cortical cell assemblies«, in: *Cold Spring Harbor Symposium on Quantitative Biology,* Vol. LV., (1990c), S. 939-952.

Singer, W., »The role of acetylcholine in use-dependent plasticity of the visual cortex«, in: M. Steriade, D. Biesold (Hrsg.), *Brain Cholinergic Systems,* Oxford 1990d, S. 314-336.

Singer, W., »Synchronization of cortical activity and its putative role in information processing and learning«, in: *Annual Review of Physiology* 55 (1993), S. 349-374.

Singer, W., »Putative functions of temporal correlations in neocortical processing«, in: C. Koch, J. L. Davis (Hrsg.), *Large-Scale Neuronal Theories of the Brain,* Cambridge, Mass. 1994a, S. 201-237.

Singer, W., »Hirnentwicklung – neuronale Plastizität – Lernen«, in: S. Silbernagl, R. Klinke (Hrsg.): *Lehrbuch der Physiologie.* Stuttgart 1994b, S. 725-737.

Singer, W., »Development and plasticity of cortical processing architectures«, in: *Science* 270 (1995), S. 758-764.

Singer W., Gray, C. M., »Visual feature integration and the temporal correlation hypothesis«, in: *Annual Review Neuroscience* 18 (1995), S. 555-586.

Singer, W., »Bewußtsein, etwas ›Neues, bis dahin Unerhörtes‹«. *Berichte und Abhandlungen, Berlin-Brandenburgische Akademie der Wissenschaften,* Band 4. Berlin (1997), S. 175-190.

Singer, W., Engel, A. K., Kreiter, A. K., Munk, M. H. J., Neuenschwander, S., Roelfsema, P. R., »Neuronal assemblies: necessity, signature and detectability«, in: *Trends in Cognitive Sciences* 1(7) (1997), S. 252-261.

Singer, W., »Consciousness and the structure of neuronal representations«, in: *Philosophical Transactions of the Royal Society of London.* Series B 353 (1998), S. 1829-1840.

Singer, W., »Neuronal synchrony: A versatile code for the definition of relations?«, in: *Neuron* 24 (1999a), S. 49-65.

Singer, W., »Das Bild im Kopf – ein Paradigmenwechsel«, in: D. Ganten (Hrsg.), *Gene, Neurone, Qubits & Co. Unsere Welten der Information.* Gesellschaft Deutscher Naturforscher und Ärzte, Stuttgart/Heidelberg 1999b, S. 267-278.

Singer, W., »Phenomenal awareness and consciousness from a neurobiological perspective«, in: T. Metzinger (Hrsg.), *Neural Correlates of Consciousness – Empirical and Conceptual Questions,* Cambridge, Mass. 2000, S. 121-137.

Singer, W., »The evolution of culture from a neurobiological perspective«, in: S. Levinson (Hrsg.), *Proceedings of Fyssen Symposium* (im Druck).

Volgushev, M., Chistiakova, M., Singer, W., »Modification of discharge patterns of neocortical neurons by induced oscillations of the membrane potential«, in: *Neuroscience* 83 (1) (1998), S. 15-25.

Wallis, G., Rolls, E. T., »Invariant face and object recognition in the visual system«, in: *Progress of Neurobiology* 51 (1997), S. 167-194.

Wilson, E. O., *Die Einheit des Wissens,* Berlin 1998.

Nachweise

»Auf dem Weg nach innen. 50 Jahre Hirnforschung in der Max-Planck-Gesellschaft«, in: *MPG-Spiegel* 2, 1998. S. 20-34.

»Das Jahrzehnt des Gehirns«, in: *Frankfurter Allgemeine Zeitung* vom 27. 12. 1990.

»Vom Gehirn zum Bewußtsein«, in: Norbert Elsner/Gerd Lüer (Hrsg.), *Das Gehirn und sein Geist.* © Wallstein Verlag, Göttingen 2000. S. 189-204.

»Wahrnehmen, Erinnern, Vergessen. Über Nutzen und Vorteil der Hirnforschung für die Geschichtswissenschaft«, in: *Frankfurter Allgemeine Zeitung* vom 28. 9. 2000.

»Neurobiologische Anmerkungen zum Konstruktivismus-Diskurs«, in: Hans Rudi Fischer/Siegfried J. Schmidt (Hrsg.), *Wirklichkeit und Welterzeugung.* Carl-Auer-Systeme Verlag, Heidelberg 2000. S. 174-199.

»Hirnentwicklung und Umwelt«, in: *Gehirn und Denken. Kosmos im Kopf.* Hg. vom Deutschen Hygienemuseum, Hatje Cantz Verlag, Ostfildern-Ruit 2000. S. 108-115.

»Hirnentwicklung oder die Suche nach Kohärenz«, in: S. Krämer (Hrsg.), *Geist – Gehirn – Künstliche Intelligenz. Ringvorlesung an der Freien Universität Berlin.* Walter de Gruyter Verlag, Berlin 1994. S. 165-188.

»Der Beobachter im Gehirn«, in: Heinrich Meier/Detlev Plog (Hrsg.), *Der Mensch und sein Gehirn.* © Piper Verlag GmbH, München 1997, S. 35-65.

»Im Grunde nichts Neues«, in: *Rechtshistorisches Journal* 19, 2000, S. 41–51.

»Neugier als Verpflichtung«, in: *Frankfurter Allgemeine Zeitung* vom 28. 12. 1995.

»Für und wider die Natur. Was weiß die Wissenschaft, und was darf sie wissen?«, in: Ruthard Stäblein (Hrsg.), *Glück und Gerechtigkeit. Moral am Ende des 20. Jahrhunderts.* Insel Verlag, Frankfurt am Main 1999. S. 105-117.

»Die Architektur des Gehirns als Modell für komplexe Stadtstrukturen?«, in: Christa Maar/Florian Rötzer (Hrsg.), *Virtual Cities. Die Neuerfindung der Stadt im Zeitalter der globalen Vernetzung.* Birkhäuser Verlag, Basel 1997. S. 153-161.

»Neurobiologische Anmerkungen zum Wesen und zur Notwendigkeit von Kunst«, in: *Atti della Fondazione Giorgio Ronchi* 5-6, 1984, S. 527-546.